高等学校工科专业"十三五"规划教材

Creo Elements/Pro
三维造型及应用

孙海波　陈　功　编著

东南大学出版社
SOUTHEAST UNIVERSITY PRESS
·南京·

内 容 提 要

本书是一本讲述如何使用 Creo Elements/Pro 进行三维造型和应用的教材,主要内容包括参数化草图的绘制、三维模型的建立、基准特征的建立与应用、曲面模型的建立与应用、零件装配的建立、工程图的创建等。全书深入浅出地介绍了使用 Creo Elements/Pro 进行三维造型应用的步骤方法和操作技能。其特点是:既内容全面,又重点突出;条理清晰,通俗易懂,实用性强。对于读者不易理解的内容,均给出了一个或多个具有代表性的示例,并介绍了我们在使用过程中积累的一些经验和处理问题的思路,有助于学习者掌握相关内容的基本方法和思路。

本书基于 Pro/ENGINEER 野火 5.0 发布的最后一个版本 M250 即 Creo Elements/Pro5.0 编写,在相关章节内容编写同时注意结合我国工程制图国家标准的要求,是一本实用性很强的教科书,可以作为研究生、大学生的教学用书,也可用作专业工程技术人员的参考资料和培训教材。

为了便于读者学习,建议将本教材和由陈功、孙海波主编、东南大学出版社出版的《Creo Elements/Pro 三维造型及应用实验指导》一书配套使用。读者还可以在东南大学出版社网站(http://www.seupress.com)下载覆盖全书所有内容的《Creo Elements/Pro 三维造型及应用电子教案》以及教材、实验指导和电子教案中的所有造型源文件。所有造型源文件均可以在 Creo Elements/Pro 中使用"工具"菜单下的"模型播放器"打开以重新再现模型的建立过程。

图书在版编目(CIP)数据

Creo Elements/Pro 三维造型及应用 / 孙海波,陈功编著 .
—南京:东南大学出版社,2017.1(2018.8重印)
ISBN 978-7-5641-6709-7

Ⅰ.① C… Ⅱ.①孙… ②陈… Ⅲ.①计算机辅助设计 – 应用软件 Ⅳ.① TP391.72

中国版本图书馆 CIP 数据核字(2016)第 207240 号

Creo Elements/Pro 三维造型及应用

出版发行	东南大学出版社(南京市四牌楼2号 邮编210096)
出 版 人	江建中
责任编辑	张 煦
经 销	全国各地新华书店
印 刷	江苏凤凰数码印务有限公司
版 印 次	2017 年 1 月第 1 版 2018 年 8 月第 2 次印刷
开 本	787 mm × 1092 mm 1/16
印 张	22.50
字 数	548 千字
书 号	ISBN 978-7-5641-6709-7
定 价	55.00 元

(凡因印装质量问题,请直接向东大出版社营销部调换。电话:025-83791830)

前　言

Pro/ENGINEER 号称"震撼业界的机械设计软件和世纪最强大的模具设计软件"，是 1988 年由美国 PTC（Parametric Technology Corporation，参数技术公司）推出的集成了 CAD/CAM/CAE 于一体的全方位的 3D 产品开发软件，在世界 CAD/CAM 领域具有领先地位并取得了相当的成功。广泛应用于电子、机械、模具、工业设计、汽机车、自行车、航天、家电、玩具等各行业，是目前世界上最为流行的三维 CAD/CAM 软件。其特点为：(1) 全参数化设计；(2) 全相关：即不论在 3D 实体还是 2D 工程图上作尺寸修正，其相关的 2D 图形或 3D 实体均自动修改，同时装配、制造、模具等相关设计也会自动修改；(3) 基于特征的实体建模。它改变了设计工程师的传统工作方法，提高了企业的工作效率，因此，受到了很多用户的欢迎。

Pro/ENGINEER 软件于 1993 年开始进入中国，但由于对硬件的要求比较高，同时学习起来上手比较困难，而且在 2001 年之前没有汉化的版本，这些因素都大大制约了它在我国的推广和应用。但是进入 21 世纪以后，随着三维 CAD 应用技术的突飞猛进，三维 CAD 取代二维已是必然的趋势，Pro/ENGINEER 在中国的用户群也日益扩大。使更多的学生掌握 Pro/ENGINEER 这一代表当今 CAD/CAM 软件最先进技术特点的三维 CAD 主流软件进行产品设计和造型的技能，有利于创新设计能力的培养和综合素质的提高。如今，Pro/ENGINEER 已被越来越多的用户所接受和推崇，广泛应用于电子、机械、模具、工业设计、汽车制造、航空航天、家电等各个行业，是目前世界上最为流行的三维 CAD/CAM/CAE 软件。

Pro/ENGINEER 自推出以后，软件不断更新。在经历了 19 版、20 版、2000i 版、2000i² 版、2001 版以后，于 2003 年推出了 Pro/ENGINEER WildFire 版，即野火版。到了 2010 年 10 月，PTC 公司又整合了 PTC 公司的三个软件——Pro/ENGINEER 的参数化技术、CoCreate 的直接建模技术和 ProductView 的三维可视化技术，推出了新型 CAD 设计软件包——Creo Parametric。作者曾经在东南大学出版社先后出版了《Pro/ENGINEER WildFire4.0 三维造型及应用》(2008)、《Creo Parametric2.0 三维造型及应用》(2014) 两套教材，均包括了教材、实验指导、电子教案及所有涉及的三维模型的源文件，非常适合于高校作为教材和工程技术人员使用，受到了一定的欢迎。Pro/ENGINEER 野火 5.0 版本身在业界又被称为 Creo Elements/Pro 5.0（之后统一使用 Creo Elements/Pro 的名称），确切地说应该是 Pro/ENGINEER 和 Creo Parametric 之间的一个过渡版本，由于计算机配置的要求和一些用户个人习惯的问题，还拥有不少的用户。应广大读者和出版社的要求，我们编著出版了《Creo Elements/Pro 三维造型及应用》《Creo Elements/Pro 三维造型及应用实验指导》《Creo Elements/Pro 三维造型及应用电子教案》。

本书主要针对 Creo Elements/Pro 三维造型及应用模块编写。全书共分九章，全面系统地讲解了 Creo Elements/Pro 软件在机械零件设计、零件装配、工程图等方面的具体应用、使用方法、操作技巧和相应的文件管理。 主要内容包括：（1）Creo Elements/Pro 概述及基本知识；（2）参数化草图的绘制及标注；（3）基础特征的建立；（4）工程特征的建立；（5）基准特征的建立；（6）曲面特征的建立和应用；（7）特征的复制与操作；（8）零件装配的建立；（9）工程图纸的创建。

　　本书作者从事 CAD/CG（计算机辅助设计／计算机图形学）方面的教学和研究工作多年，在内容的编排上，与许多传统的讲解 CAD 软件的书籍不同之处在于：不是集中介绍软件的菜单选项和相应命令，而是采用基于任务的方式着重讲解完成某一特定任务所要遵循的过程和步骤，从而使读者在学习过程中，不仅学会了如何使用软件的菜单选项和软件命令，更重要的是掌握零件建模、装配、工程图创建等设计工作的基本方法和思路。

　　本书由孙海波和陈功主编。第 1 章、第 3 章、第 4 章、第 6 章由孙海波编写，第 7 章、第 8 章由陈功编写，第 9 章由陈功、贺孝梅编写，第 2 章、第 5 章、附录由魏超编写。因作者水平有限，书中难免会有错误和疏漏之处，欢迎广大读者批评指正。

　　为了便于读者学习，建议将本教材和由陈功、孙海波主编、东南大学出版社出版的《Creo Elements/Pro 三维造型及应用实验指导》一书配套使用。读者还可以在东南大学出版社网站（http://www.seupress.com）下载覆盖全书所有内容的《Creo Elements/Pro 三维造型及应用电子教案》以及教材、实验指导和电子教案中的所有造型源文件。所有造型源文件均可以在 Creo Elements/Pro 中使用"工具"菜单下的"模型播放器"打开以重新再现模型的建立过程。

编　者

2016 年 6 月

本书配套资源使用说明

为了便于读者的学习,我们精心制作了内容丰富的多媒体课件及教材相关的电子资源,并出版了《Creo Elements/Pro 三维造型及应用电子教案》的光盘。光盘中包含了覆盖《Creo Elements/Pro 三维造型及应用》全部内容的电子教案,还包含了配套主教材所有实例的源文件、实验指导所有实例的源文件。读者可以在东南大学出版社网站(http://www.seupress.com)免费下载所有的资源。

《Creo Elements/Pro 三维造型及应用电子教案》主要内容:

(1)《Creo Elements/Pro 三维造型及应用》主教材中所有实例的源文件。

(2)《Creo Elements/Pro 三维造型及应用电子教案》及其所有实例的源文件。

(3)《Creo Elements/Pro 三维造型及应用实验指导》中所有实例的源文件。

《Creo Elements/Pro 三维造型及应用电子教案》使用方法:

(1)本电子教案覆盖了本教程所有的教学内容,包括有动画播放的幻灯片近 500 页。

(2)建议将电子教案的全部文件复制到电脑硬盘中。

(3)电子教案的播放直接使用 IE 浏览器即可。在使用过程中,使用键盘上的 PgUp、PgDn 键分别向前和往后翻页,单击鼠标的左键控制动画顺序播放。也可以使用链接按钮返回上一页,转到下一页,返回到本节或本章的首页。屏幕分辨率设置为 1 024×768 及以上为宜。

(4)电子教案的文件夹命名为"CreoElementsCourseChap X",X 为与主教材相对应的章节号,如"CreoElementsCourseChap1"文件夹对应书中第一章的内容。

(5)各文件夹中包含有电子教案和教案中所用图例的源文件,文件的命名和电子教案中的图号也是相对应的。例如"CreoElementsCourseChap3"中文件"J3-eg1.prt"直接对应于电子教案第三章中标记为"J3-eg1"的图例。

(6)电子教案中除了体现主教材的内容外,还进一步增补了用户自定义特征、族表、参数、关系、Top-Down、装配原件互换、挠性原件定义与装配、自动生成装配明细表（BOM 表）、自动生成零部件编号等内容，以进一步满足设计工作及企业实际应用的需求。

《Creo Elements/Pro 三维造型及应用》主教材及实验指导电子资源的使用方法：

（1）建议将光盘中的全部文件复制到电脑硬盘中。

（2）主教材电子资源所在文件夹命名为"CreoElementsChap X"，X 为与主教材相对应的章节号，如"CreoElementsChap1"文件夹对应书中第一章的内容。读者在使用时直接将该目录设置为 Creo Elements/Pro 的工作目录即可方便地使用。类似的，实验指导电子资源所在文件夹命名为"CreoElementsExChap X"，其中的内容与实验指导中 X 章节的内容对应。

（3）光盘中的文件命名和书中的图号也是相对应的。例如"CreoElementsChap3"文件夹中文件"3-12.prt"直接对应于书中图 3-12 所示的模型。

（4）光盘中随书插图文件，是在 Creo Elements/Pro 中完成的，可以在 Creo Elements/Pro 或更高版本中直接打开并进行编辑修改。

在学习的过程中，读者可以按照书中所讲的步骤自行完成这些实例模型的创建；也可以在 Creo Elements/Pro 环境中将这些文件打开，选择【工具】菜单→【模型播放器】命令，打开如下图所示的软件自带的"模型播放器"界面重新再现模型从开始至结束的建立过程，在此过程中亦可以显示当前特征的尺寸、父项、子项等相关信息，从而达到自主学习的目的。

目　　录

1　Creo Elements/Pro 概述及基本知识

1.1　Creo Elements/Pro 概述

Creo Elements/Pro 的前身 Pro/ENGINEER 号称"震撼业界的机械设计软件和世纪最强大的模具设计软件"，是 1988 年由美国 PTC（Parametric Technology Corporation，参数技术公司）推出的集成了 CAD/CAM/CAE 于一体的全方位的 3D 产品开发软件，在世界 CAD/CAM 领域具有领先技术并取得了相当的成功。自从 1988 年面世以来，就以其先进的参数化设计、基于特征设计的实体造型而成为业界的领头羊。到了 2010 年 10 月，PTC 公司又整合了 PTC 公司的三个软件 Pro/Engineer 的参数化技术、CoCreate 的直接建模技术和 ProductView 的三维可视化技术推出了新型 CAD 设计软件包——Creo。如今，Creo Elements/Pro 已被越来越多的用户所接受和推崇，广泛应用于电子、机械、模具、工业设计、汽车制造、航空航天、家电等各个行业，是目前世界上最为流行的三维 CAD/CAM/CAE 软件。

Creo Elements/Pro 提供了一套完整的机械产品解决方案，包括零件设计、产品装配、模具开发、加工制造、钣金设计、逆向工程、机构分析、有限元分析和产品数据库管理，甚至包括产品生命周期的管理。它为业界专业人士提供了一个理想的设计环境，使得机械产品的设计周期大为缩短，有力地推动了企业的技术进步。

1.1.1　特点

Creo Elements/Pro 三维造型的特点主要体现在以下几个方面：

1. 三维实体造型

三维实体模型可以将设计者的设计思想以最真实的模型在计算机上体现出来，并且可以随时计算出产品的体积、表面积、重量、重心、惯性张量、惯性矩等，以了解产品的真实性。

2. 采用全相关的单一数据库

Creo Elements/Pro 虽然包含众多的模块，但是所有模块使用的尺寸参数都是建立在单一的数据库之上，使得零件设计、模具设计、装配及加工制造等任何一个环节对于数据的修改都可以自动地反映到其他相关的各个环节。例如，不管在三维的造型模块还是二维的工程图模块作了尺寸修改，其相关的二维工程图或三维实体模型都会自动地加以修改；同时装配、制造等模块中的相关尺寸也会自动地加以更新。这样就可确保所有 CAD 资料的一致性和准确性。由于采用单一的数据库，提供了所谓的"双向关联"的功能，符合现代设计中同步工程和并行设计的思想。

3. 全参数化设计

参数化设计是指用尺寸参数来描述和驱动零件的结构和外形，是 PTC 公司在世界上首次提出并将之应用于 Pro/ENGINEER 软件中。全参数化的设计使得零件的设计、修改方便易行。例如,要在零件上打一个孔时,只要指定孔的中心线的位置、孔的大小和深度就可以了。不仅如此,在 Creo Elements/Pro 中还可以利用强大的数学运算方式建立各尺寸间的关系式,减少了尺寸逐一修改的繁琐费时和不必要的错误。

4. 基于特征的实体建模

系统采用基于特征的具有智能特性的功能去生成模型,零件由许多特征经过叠加、相交、切除等操作构成,使得设计工作简单易行。在造型过程中,可以方便地对特征进行编辑修改等操作,例如特征的复制、镜像、阵列、重新定义、重新排序、重定参考,等等。

另外,从 Pro/ENGINEER 2000i 开始引入"行为建模技术",该技术被业界称为第五代 CAD 技术。它把导出值包含到参数特征中,再反过来使用它们生成和控制其他模型的几何图形。使用行为建模技术,首先要定义一个工程分析模型,其中包括名称、类型和定义。然后,要建立分析模型中的新特征,为分析模型设置约束条件,包括目标值、一个参数的最小和最大值。这时,系统会出现解决方案的图表,协助用户为设计选择最优方案。采用行为建模技术的自动求解,能在最短的时间内找到满足工程标准的最佳设计。

1.1.2 Creo Elements/Pro 的建模原理

1. 基本概念

(1) 特征的概念:指可以用参数驱动的实体模型。

(2) 特征分类

基础特征(草绘特征):基础特征是指由二维截面草图经过拉伸、旋转、扫描和混合等方式形成的一类实体特征。因为截面是以草图的方式绘制,故又称为草绘特征。首先要选择一个草绘平面和一个定向参考平面,二者互相垂直。草绘平面用于绘制特征的二维截面,参考平面用于确定草绘平面的放置方向。

工程特征(放置特征):系统内部定义的一些参数化特征。在建立这类特征时,用户只要给出特征的放置平面、尺寸参照(即尺寸标注基准)、定位尺寸和定形尺寸即可。

(3) 参数化:指以尺寸参数来描述和驱动零件或装配体等模型实体,而不是直接指定模型尺寸的固定数值。这样,任何一个模型参数的改变都将导致其相关特征的自动更新;而且还可以运用数学运算方式建立各尺寸间的关系式,从而减少了尺寸逐一修改的繁琐费时和不必要的错误。

2. 设计准则及方法

(1) 分析零件,确定基本特征及特征顺序,例如需要建立哪些特征,按照什么样的顺序建立,等等;

(2) 简化特征类型;

(3) 建立特征的父子关系;

(4) 适当采用特征的复制操作。

3. 建模过程

(1) 分析零件特征,确定特征的创建顺序;

(2) 启动零件设计方式;

（3）创建基体特征，它是其他特征的父特征；

（4）建立其他特征；

（5）编辑和修改；

（6）保存图形。

1.2 Creo Elements/Pro 用户界面

1.2.1 Creo Elements/Pro 工作界面

Creo Elements/Pro 工作界面如图 1-1 所示。

图 1-1 Creo Elements/Pro 工作界面

1. 主窗口标题栏

列有当前的软件版本、工作模块和正在操作的文件名称。如果有多个窗口同时打开，则标有"活动的"标志者为当前的活动窗口。

2. 主菜单栏

用于控制整个 Creo Elements/Pro 的整体工作环境。包括以下各项内容：

（1）文件：包括处理文件的各项命令，如图 1-2 所示。

（2）编辑：包括对模型进行操作的命令，主要用于对建立的特征进行编辑管理，如图 1-3 所示。

图 1-2 【文件】菜单　　　　　　　　　　　图 1-3 【编辑】菜单

在这里需要特别指出的是,在 Creo Elements/Pro 中大量的操作都增加了【取消】(Undo)和【重做】(Redo)功能。并且可以使用快捷键、图标或者命令来执行这些操作。同其他的图形软件一样,利用【取消】和【重做】命令,可以恢复到上一个操作之前的状态。例如,经常会发生不慎删除某个特征或者元件的情况,这时就可以取消最后的删除操作命令。

可以通过下面的方法来执行【取消】和【重做】命令:

● 单击 ↶ 执行撤消,或单击 ↷ 执行重做。

● 选择【编辑】菜单中的【撤消】和【重做】命令选项。

● 按下 CTRL+Z 执行撤消,按下 CTRL+Y 执行重做。

(3)视图:包括控制模型显示与执行显示的命令。可以控制 Creo Elements/Pro 当前的显示设置、模型的放大与缩小、模型视角的显示等,如图 1-4 所示。

(4)插入:包括加入各种类型特征的命令,如图 1-5 所示。

(5)分析:包括对模型进行分析的各项命令,包括距离、角度、质量分析和曲线曲面的分析等,如图 1-6 所示。

图 1-4 【视图】菜单

图 1-5 【插入】菜单

图 1-6 【分析】菜单

（6）信息：包括显示各项工程数据的命令。它可以获得一些已经建立好的模型关系信息，并列出有关报表，如图 1-7 所示。

（7）应用程序：包括利用各种不同的 Creo Elements/Pro 的模块的命令。使用该菜单可以在 Creo Elements/Pro 造型中的各个模块之间进行切换，如图 1-8 所示。

（8）工具：包括定制 Creo Elements/Pro 工作环境的各种命令，如环境设置、映射键的定义等，如图 1-9 所示。

（9）窗口：用于对窗口进行控制，如图 1-10 所示。

（10）帮助：帮助文件，如图 1-11 所示。

图 1-7 【信息】菜单

图 1-10 【窗口】菜单

图 1-8 【应用程序】菜单

图 1-9 【工具】菜单

图 1-11 【帮助】菜单

3. 导航区

Creo Elements/Pro 在导航区集成了系统内部的 IE 浏览器，实现类似 Windows 中资源管理器的功能。导航器中包括模型树、文件夹树、个人收藏夹和层树，通过它们来显示所有零部件的特征模块名称、组织架构、组合顺序，以方便用户在编辑时的选择和辨识，如图 1-12 所示。

图 1-12　Creo Elements/Pro 的导航区

4. 模型树

　　包括当前零件、绘图或组件中每个特征或零件的列表。模型结构以分层（树）形式显示，根对象（当前零件或组件）位于树的顶部，附属对象（零件或特征）位于下部。在零件造型模块中的模型树是 Creo Elements/Pro 按照用户建立特征的顺序，将它们以树状列出的结构。在模型树上的每个特征旁边的图标都表示了特征的类型和它的当前状态。如果选中了某个特征，该特征就会在绘图区的模型上直接以加亮的形式显示出来。

　　在 Creo Elements/Pro 中，能够正确地使用模型树是非常重要的。它既反映了特征的建立顺序，又便于特征的选择操作。在模型树中单击某个对象，这个对象就被选中，并在图形区加亮显示以示区别。此时单击鼠标右键，在弹出的快捷菜单中可以实现对所选特征的删除、隐含、编辑（修改数值）、编辑定义、阵列等各种操作。零件造型模块中模型树的初始状态如图 1-13 所示。

　　模型树的【显示】 和【设置】 选项卡中包含了对模型树显示和定制内容进行设置的命令，分别如图 1-14 和图 1-15 所示。模型树的配置文件可保存为系统启动目录下的"tree.cfg"文件中，以便于在以后的启动中自动加载。

图 1-13　模型树的初始状态

图 1-14　模型树的【显示】选项卡

图 1-15　模型树的【设置】选项卡

【显示】选项卡用于设置模型树中节点显示的状态。例如图 1-13 中零件模型树的初始状态及当【显示】设置为【全部展开】、【全部折叠】的情况分别如图 1-16（a）、图 1-16（b）和图 1-16（c）所示。

【设置】选项卡主要包括【树过滤器】和【树列】。选择【树过滤器】将弹出如图 1-17 所示的【模型树项目】对话框，指定要在模型树中显示的节点的项目。选择【树列】将弹出【模型树列】对话框，用于设定和模型树一同显示的其他列的内容和宽度。

（a）初始状态　　　　　　　　　　（b）全部展开　　　　　　　　　　（c）全部折叠

图 1-16　模型树的显示状态

图 1-17　【模型树项目】对话框

图 1-18　导航区中显示的"层树"

5. 层树

层是 Creo Elements/Pro 中的一个非常重要的概念,主要用于对模型对象的分类管理。用户可将相同性质的对象或特征放在同一个图层上,这样可以方便地将该层中所有的对象作为一个整体进行操作,例如隐藏了某个图层,那么该层上所有的对象将不显示在屏幕上。选择图 1-14 所示模型树【显示】选项卡中的【层树】,导航区显示的内容将会从"模型树"切换到"层树",如图 1-18 所示。

鉴于层的重要性,本书在内容安排上,将其作为单独的一节列出,请读者参见 1.3.6"层的使用"内容。

6. 工具栏

Creo Elements/Pro 将常用的命令做成图形化的按钮,放在工作区域的上方和右方。单击某个按钮,就会快速启动相应的功能,这样可以省去用户查找菜单的麻烦,提高建模的效率。常用的工具栏包括文件、编辑、视图、模型显示、基准显示、帮助、基准、基础特征、工程特征、编辑特征、注释等,如图 1-19 所示。

图 1-19　Creo Elements/Pro 中常用到的工具栏

7. 信息提示区

在特征的建立过程中,系统会在信息提示区给出用户下一步操作的状态信息、警告或状态提示、要求输入必要的参数等。

8. 状态栏

用于说明鼠标所选中的图标或者命令的功能及其含义。

9. 绘图区

在模型的建构和编辑修改过程中,实时地显示所建立的模型及特征的形状。

10. 对话框

运行某些命令时,就会出现该命令的对话框,包含按钮和各种选项,通过它们可以完成特定命令。

11. 选择过滤器菜单

过滤器菜单用于当图中有许多对象重叠时的选择过滤。通过过滤操作,可以让用户只选中想要的对象类型,以达到快速选择的目的。

12. 命令操控板

命令操控板是 Creo Elements/Pro 中许多命令执行的载体,Creo Elements/Pro 中有许多复杂的命令,涉及多个操作对象的选取、多个参数以及控制选项的设定。这些设定工作都在命令操控板上进行,如图 1-20 所示。详细操作请见后面章节中的相应命令。

图 1-20 命令操控板

命令操控板一般由主设定区、扩展选项区和确认区 3 个部分组成。其中主设定区中列出命令操作过程中的主要步骤,扩展选项区包括其他辅助性的选项设定,主设定区和扩展选项区中可能会出现重复的设定项。

扩展选项区中常见的选项包括放置、选项、属性等类型,它们以下滑面板的形式出现。

确认区位于命令操控板的右侧,在命令的执行过程中,用户可以暂时中断当前命令的运行,而去临时执行其他的命令,此时命令操控板的【暂停】按钮 ▌▌ 启动,整个命令操控板灰显,在【暂停】按钮位置出现【恢复】按钮 ▶;当其他的操作完成后,单击【恢复】按钮 ▶ 就可以重新激活刚才中断的命令操控板。【特征预览】图标 用来预先观察命令操作的结果状况。单击【确认】按钮 完成命令的操作,单击【取消】按钮 则退出当前的命令。

13. 菜单管理器

菜单管理器是 Creo Elements/Pro 明显区别于其他图形软件的标志之一。它不同于我们常说的菜单,而是动态变化的,随用户的操作而不断地变化,提示可能进行的下一步操作。

有书也称之为"动态弹出式"菜单或"瀑布式"菜单,即当单击某个菜单选项后,与之相关的下一级菜单才会自动弹出;依此类推,菜单层层弹出,直至一个特征创建完毕。其标志也不同于一般的菜单。

▼——表示当前菜单选项处于压缩状态,不显示。

▶——表示当前菜单选项处于展开状态。

▼——表示处于压缩状态的菜单选项的伸展方向。单击该箭头,压缩菜单选项沿箭头方向伸展,呈现显示状态。

1.2.2　工具栏和屏幕的定制

Creo Elements/Pro 是一个大型的三维 CAD/CAM 软件,命令菜单和工具按钮众多。为了界面的简明起见,并非所有的工具按钮都显示出来,用户可以根据自己的需要对工具栏和屏幕进行定制。

选择【工具】菜单下的【定制屏幕】选项,或者在工具栏区域单击鼠标右键,从弹出的快捷菜单中选择【命令】或【工具栏】选项,将出现如图 1-21 所示的【定制】对话框,该对话框包括工具栏、命令、导航选项卡、浏览器和选项 5 个选项卡页面。

1.【命令】选项卡的定制

【命令】选项卡用于设定工具按钮在 Creo Elements/Pro 的界面上是否显示。在目录列表中列出了 Creo Elements/Pro 中所有的工具栏,右侧是相应的工具栏所包含的命令按钮。

图 1-21　【定制】对话框

选中某一命令按钮,单击【说明】按钮,将会出现对该命令的简要说明;将其拖动到 Creo Elements/Pro 界面的工具栏区域,则在工具栏的相应位置增加该命令按钮;反之,将工具栏上的现有命令按钮拖离工具栏,就可以从工具栏中移除该命令按钮。

2.【工具栏】选项卡的定制

用于设定工具栏在图形区中的显示位置是在图形区域的上侧、左侧或者是右侧。

3.其他选项卡的定制

【定制】对话框的其他选项卡用于设定导航器的显示位置及显示宽度、信息区的显示位置等。在对话框的下部有一个【自动保存到】复选框,如果选中该选项,则用户在【定制】对话框中的设定都会自动保存到当前启动目录下的 config.win 文件中,在下次启动 Creo Elements/Pro 时,会自动调用该文件,使用已保存的定制的结果。否则,本次定制的结果只能应用于当前的 Creo Elements/Pro 进程。

1.2.3　环境的设置

选择【工具】菜单中的【环境】选项,将出现如图 1-22 所示的【环境】对话框。在此可以对 Creo Elements/Pro 中的工作环境进行设置。

图 1-22　【环境】对话框

1.2.4 文件的存取操作

1. 设置工作目录

Creo Elements/Pro 中对于文件的存取操作都是针对当前工作目录进行的,所以在使用 Creo Elements/Pro 时应养成一个习惯,即要先设置好系统的工作目录。

Creo Elements/Pro 系统缺省的工作目录是安装时设定的起始目录,它可以通过下面的方法加以修改。在桌面上选中 Creo 图标 ,单击鼠标右键,从快捷菜单中选择【属性】菜单项,在弹出的如图 1-23 所示的【Creo 属性】对话框中修改【起始位置】的文件夹,该文件夹就成为 Creo Elements/Pro 缺省的工作目录。每次进入 Creo Elements/Pro 后,缺省的工作目录都是这个文件夹。

另外,用户也可以在进入 Creo Elements/Pro 以后临时更改工作目录。选择【文件】菜单→【设置工作目录】,将打开一个名为【选取工作目录】的对话框,选择文件夹作为临时的工作目录即可。

2. 新建一个文件

选择【文件】菜单→【新建】选项或者单击【文件】工具栏→【新建】图标 ,系统将弹出如图 1-24 所示的【新建】对话框,在此对话框中指定新文件的名称和工作模式。缺省的零件造型文件的名称为 prt0001, prt0002,…,依此类推。

3. 打开已有的文件

选择【文件】菜单→【打开】选项或者单击【文件】工具栏→【打开】图标 ,系统将弹出如图 1-25 所示的【文件打开】对话框,在此对话框中指定要打开的文件的名称即可。本书中用到的文件类型如表 1-1 所示。

图 1-23 【Creo 属性】对话框

图 1-24 【新建】对话框

图 1-25 【文件打开】对话框

说明：

（1）Creo Elements/Pro 从启动后到关闭前，称为一个会话区间（Session）或进程。

（2）同标准的 Windows 应用程序不同，只要不退出 Creo Elements/Pro，在关闭一个文件的窗口后，该文件仍然将驻留内存。这样，当用户需要再次使用这个文件时，可以单击 **在会话中** 按钮选择将其从当前的"会话"中打开。

表 1-1 本书中有关文件类型的说明

文 件 类 型	扩 展 名	说 明
草绘（Sketch）	.sec	二维截面草图
零件（Part）	.prt	三维零件模型
组件（Assembly）	.asm	三维装配模型
绘图（Drawing）	.drw	二维工程图纸
格式（Format）	.frm	二维工程图的图框

4. 文件的保存

（1）Creo Elements/Pro 中的文件名中间不允许有空格，只能是用字母、数字和下划线来命名，一般不支持汉字作为文件的名称（表 1-1）。

（2）文件在存盘时，新版本的文件不会覆盖旧版本的文件，而是自动生成相同文件名的最新版本，Creo Elements/Pro 系统将会在文件名称后面，以递增数字区别其不同的版本，如 car.prt.1、car.prt.2、car.prt.3, 等等。

（3）可以选择【文件】菜单→【保存副本】，将文件以新的不同名称保存在当前工作目录或者其他目录中；还可以将文件保存为其他格式，以便同其他绘图软件进行数据交换。Creo Elements/Pro 系统所能接受和输出的数据格式很多，例如 IGES、SET、VDA、STEP、JPEG、和 STL 等。

（4）可以选择【文件】菜单→【备份】,将当前文件以相同的文件名备份到其他磁盘目录中。

5. 文件的删除

选择【文件】菜单→【删除】选项,可以删除所指定的文件名的全部旧版本或所有版本。

6. 文件的拭除

当在 Creo Elements/Pro 中打开的文件很多时,内存的占用量就会增大,系统也就将不可避免地减慢速度,甚至会由于负载过大而崩溃。因此,在使用过程中必须使用【拭除】的方法从内存中清除过多的暂时无用的文件。

选择【文件】菜单→【拭除】选项,可以拭除当前显示在屏幕上的文件或者拭除当前已被关闭但仍然驻留内存的文件。

7. 关于文件操作的注意问题

（1）如果是从非工作目录中打开的文件,编辑后进行保存或者重新命名,则该文件仍然会保存在其打开的原始目录处,而不是保存在当前工作目录中。要将打开的非工作目录的文件保存在当前工作目录中,如果名称相同可以进行【备份】,名称不同可以进行【保存副本】操作。

（2）在文件的【保存副本】和【重命名】操作中,即使要将文件保存到不同的文件目录中,也不得使用其原来的文件名称,否则系统会提示出错消息。

（3）在文件相关操作的对话框中,可通过单击 【⌂ 工作目录】 按钮直接访问工作目录。

（4）当已经建立起包含某个零件的装配或者工程图文件时,一般不得对原有的零件进行删除或者重新命名的操作。否则当再次打开装配或者工程图时（对于 Creo Elements/Pro 中其他类似的关联模块也是如此）,系统自动根据创建装配或者工程图时的文件名称进行检索将出现错误。

1.2.5　窗口的基本操作规则

（1）在 Creo Elements/Pro 中可以同时打开多个窗口,并且各个窗口可以在不同的模块下工作。

（2）窗口之间的切换可以通过单击任务栏中相应的文件的名称,或者从【窗口】菜单下部列出的当前打开的文件名称列表中进行选择。但是被选中的文件不一定是活动窗口,若要将它激活,需要选择【窗口】菜单→【激活】菜单项将其激活变为活动窗口。

（3）使用【窗口】菜单中的【关闭】选项需要注意下列问题:

① 使用【关闭】选项关闭一个文件的窗口时,文件不会自动存盘,系统也不会给出提示信息。如果需要存盘,必须使用文件保存命令。

② 一个文件的窗口被关闭,文件仍然驻留内存,需要时还可以从进程中将其再次打开。选择如图 1-25 所示的【文件打开】对话框中的 【▣ 在会话中】 按钮,从出现的当前会话中的文件列表中选取要打开的文件即可。

1.3　显示控制和设置

1.3.1　模型的显示方式

Creo Elements/Pro 中模型的显示方式有四种，分别是线框模式、隐藏线模式、无隐藏线模式（消隐）和着色模式。此外，和以前的 Pro/ENGINEER 野火版本相比，在【模型显示】工具栏中增加了"增强的真实感"的按钮，以便于方便用户选择启用或禁用实时渲染，其对应的工具栏按钮如图 1-26 所示。其显示的效果如图 1-27 所示。

　　　　　　　　　　　　　　　　　增强的真实感开/关
　　　　　　　　　　　　　　　　着色
　　　　　　　　　　　　　　　消隐
　　　　　　　　　　　　隐藏线
　　　　　　　　　线框

图 1-26　【模型显示】工具栏

（a）线框显示模式　　　　（b）隐藏线显示模式　　　　（c）消隐显示模式

（d）着色显示模式（增强的真实感关闭）　　　（e）着色显示模式（增强的真实感打开）

图 1-27　模型的显示模式

1.3.2　模型的显示控制

在三维实体模型的设计中，为了能够让用户很方便地在计算机屏幕上观察所建立的模型，Creo Elements/Pro 提供了多种控制观察方式的功能。其相应的工具栏按钮如图 1-28 所示。

图1-28 【视图】显示控制用工具图标

具体功能说明如下：

（1）[图标]——将当前窗口的模型重画，具有清除作图痕迹的作用，类似于 AutoCAD 中的 Redraw 命令。

（2）[图标]——打开 / 关闭旋转中心。当旋转中心处于关闭的状态下，模型的旋转操作是围绕着鼠标指针的当前位置进行的。如果鼠标指针的位置不合适，模型在旋转的过程中就可能偏离屏幕上显示的图形区域。因此可以单击该按钮打开旋转中心，相同的标记出现在图形区域的模型中央，其中的红、绿、蓝轴分别对应于空间缺省坐标系的 x、y 和 z 轴。此时对模型的旋转操作只能围绕旋转中心进行。

（3）[图标]——激活 / 关闭视图模式。在视图模式被激活的状态下，在图形区域中单击鼠标右键，将出现如图 1-29 所示的快捷菜单，该菜单提供了几种视图操作模式——动态、固定、延迟和速度。

图1-29　视图操作模式快捷菜单

● 动态——缺省值，【视图中心】显示为◈，鼠标指针移动时模型的视角方向动态地更新。模型绕着【视图中心】自由旋转，与常规模式相同。

● 固定——【视图中心】显示为⚠，鼠标指针移动时模型的视角方向动态地更新。模型的旋转由鼠标指针相对于其初始位置移动的方向和距离控制。【视图中心】每转 90 度改变一种颜色（在红色和绿色之间循环切换）。与【动态】模式不同之处在于当鼠标返回到按下鼠标的起始位置时（此刻【视图中心】的小三角形显示为绿色），视图立即恢复到旋转前的视角方向。

● 延迟——【视图中心】显示为■。鼠标指针移动时不会直接引起图形区域中的模型视角立即发生变化，只有当松开鼠标后，模型的视角方向才发生相应的改变。当模型比较复杂时，可以使用延迟模式减少图形区中模型的刷新次数，从而提高计算机的工作效率。

● 速度——【视图中心】显示为◉。鼠标指针移动时模型不停地旋转。模型旋转的方向和速度由鼠标指针拖动的起点和终点之间的距离和方向决定，距离越大，旋转的速度越快。

（4）[图标]——外观库，用于查看和搜索可用外观，详见 1.3.7 "颜色的设置"。

（5）[图标]——Creo Elements/Pro 在信息区给出【指示两位置来定义缩放区域】的框的提示，要求用户指定一个矩形窗口的对角顶点，然后将指定的矩形窗口中的模型尽可能大地显示在整个屏幕上，类似于 AutoCAD 中的 Zoom Windows 命令。

（6）[图标]——将模型缩小为当前屏幕上显示的图形的 1/2。

（7）[图标]——将整个模型尽可能大地显示在屏幕上，类似于 AutoCAD 中的 Zoom All 命令。

（8）[图标]——从已保存的视图列表中选择一个视图，将其设置为当前要显示的视图。如果使用 Creo Elements/Pro 缺省的零件造型模板，那么【标准】和【缺省】的视图方向都为斜轴测图；而且标准的 6 个视图已经保存在视图列表中，用户可以直接选取并让它以定义时的视角方向显示在屏幕上，如图 1-30 右侧所示。图 1-31 为按我国《机械制图》国家标准第

图 1-30 【方向】对话框

图 1-31 按中国《机械制图》国家标准第一角投影配置的六个标准视图

一角投影配置的六个标准视图示例。

（9） ——重新定向视图,系统将弹出如图 1-30 所示的【方向】对话框。利用此对话框,用户可以重新设定模型的视角方向,必要时可将所定义的视图命名保存。其方式有三种:

● 动态定向。通过使用优先选项来旋转、平移、缩放和翻转模型,可以动态地定向视图。也可使用鼠标在图形区域中旋转、平移、缩放和翻转模型。

● 按参照定向。是系统缺省的工作方式。此时要求通过指定两个互相垂直的面(【参照 1】和【参照 2】,即第一参考面和第二参考面)的法线方向来定位。参考平面的法线方向共有前、后、上、下、左、右六种。例如,如果要得到图 1-27 所示的立体的主视图方向,可以指定 FRONT 基准面的法线方向朝前,TOP 基准面的法线方向朝上。

● 首选项。在模型中设置一个不同的旋转中心。缺省的旋转中心是模型的中心。也可以指定屏幕的中心、顶点或基准点、边或轴、坐标系作为新的旋转中心。

（10） ——在导航器中切换显示模型树和层树。

（11） ——将启动【视图管理器】,进行有关剖截面的建立、修改等操作,详见 4.8 节。

1.3.3 相切边的显示方式

在 Creo Elements/Pro 的缺省设置中,相切边是以实线的方式显示的。这样当模型以线框方式显示的时候,看起来更加自然,如图 1-32（a）所示。也可以将其设置为不显示、双点化线、中心线或灰色线显示。按照我国机械制图国家标准的规定,在工程图模块中,应将相切边设置为不显示才能得到正确的投影图。

（a）相切边以实线显示　　　　　　　　　　（b）相切边不显示

图 1-32　相切边的显示方式

改变相切边的显示方式可以选择菜单【视图】→【显示设置】→【模型显示】选项,系统将弹出如图 1-33 所示的【模型显示】对话框,选择其中的【边/线】选项卡进行设定即可。用户也可以选择【工具】菜单下的【环境】菜单项,系统将弹出如图 1-34 所示的【环境】对话框,从中进行设定。

此外,在【模型显示】对话框中选择【着色】选项卡,选中【带边】的复选框,如图 1-35 所示,将会在着色显示方式下同时显示模型的可见边线,如图 1-36 所示。

图 1-33 【模型显示】对话框
【边/线】选项卡

图 1-34 【环境】对话框

图 1-35 【模型显示】对话框
【着色】选项卡

（a）不显示模型的可见边线

（b）显示模型的可见边线

图 1-36 显示模型可见边线

1.3.4 曲面的网格显示

选择菜单【视图】→【模型设置】→【网格曲面】选项,将弹出如图 1-37 所示的【网格】对话框,需要指定要进行网格显示的模型表面或者曲面,并可指定该网格面在第一方向和第二方向显示的间距。如果要取消零件表面或者曲面的网格显示,只需选择【视图】工具栏中的【重画视图】按钮 即可。

图 1-37　设置曲面的网格显示

1.3.5　鼠标的基本操作

最常用的视角控制方法是改变图形区域中模型的显示方向和大小,例如缩放、平移和旋转等。虽然视图工具栏中提供了相应的命令按钮,但在实际操作中,使用鼠标和键盘相结合的方法更为快捷。表 1-2 中标明不同鼠标标记的作用,表 1-3 中显示了如何使用鼠标实现模型的缩放、旋转和平移操作的方法,这些操作方法应该牢牢记住。

表 1-2　不同鼠标标记的作用

按住中键上下左右拖动	按住中键上下拖动	按住中键左右拖动	前后滚动中间滚轮

表 1-3　利用鼠标实现模型的缩放、旋转和平移操作

操 作	3D 模式	2D 模式	说 明
旋 转			
平 移	SHIFT +		
缩 放	CTRL +	CTRL +	向下拖动放大 向上拖动缩小
			向前滚动缩小 向后滚动放大

操 作	3D 模式	2D 模式	说 明
翻 转	**CTRL** + ◀ 🖱 ▶		以过鼠标指针垂直于当前屏幕的直线为轴线旋转。向右拖动顺时针方向旋转,向左拖动逆时针方向旋转

1.3.6 层的使用

1. 基本概念

层是 Creo Elements/Pro 中的一个非常重要的概念,主要用于对模型对象的分类管理。用户可将相同性质的对象或特征放在同一个图层上,这样可以方便地将该层中所有的对象作为一个整体进行操作,例如隐藏了某个图层,那么该层上所有的对象将不显示在屏幕上。单击 ▤ ,或在【模型树】导航器窗口中单击【显示】菜单中的【层树】选项,都可以打开【层树】。

每当建立一个新的零件时,Creo Elements/Pro 都会建立多达 32 个缺省的图层,具体在配置文件中进行定义。常用的缺省图层及其作用如表 1-4 所示。用户还可以根据需要,建立任意数量的图层,并且一个对象可被包含于多个图层中。此外,层的使用还允许嵌套。

表 1-4 常用的缺省图层及其作用

层 的 名 称	说 明
PRT_ALL_DTM_PLN	所有的基准平面
PRT_DEF_DTM_PLN	初始设定的基准平面,包括 FRONT、TOP 和 RIGHT 基准面
PRT_ALL_AXES	所有的基准轴线
PRT_ALL_CURVES	所有的基准曲线
PRT_ALL_DTM_PNT	所有的基准点
PRT_ALL_DTM_CSYS	所有的基准坐标系
PRT_DEF_DTM_CSYS	初始设定的坐标系 PRT_CSYS_DEF
PRT_ALL_SURFS	所有的曲面

2. 建立新层的方法

层的控制操作可以通过层树的【层】菜单或者在层树的空白区单击鼠标右键弹出的快捷菜单中进行。建立新层可以选择层树【层】菜单(图 1-38)或者快捷菜单(图 1-39)的【新建层】选项,系统将弹出【层属性】对话框,如图 1-40 所示。用户可以使用系统缺省的层名,也可以指定一个新的层名。

3. 在层中增加或删除对象

层建立之后,应该向其中增加对象,否则是一个空层;已有对象的层,也可根据需要,继续添加新的对象或者删除已有的对象。对于后者,可以在层树中指定要为其增加或删除对象的层,从【编辑】菜单或者快捷菜单中选择【层属性】选项即可弹出相应的对话框。在该对话框的【内容】选项卡中可以通过【包括】和【排除】命令按钮来设置对象是否加入到该

图1-38 【层】菜单　　图1-39　快捷菜单　　图1-40 【层属性】对话框

层中。【包括】在层里的对象后方状态区会有【＋】的标记；【排除】在层外的对象状态区会有【－】的标记。在【包括】操作中，直接点选图形区中的对象就可将该对象添加到层中，如果选择层树中的层对象即可将该层中所有的对象添加到当前操作的层中，实际上被选中的层就成为了当前操作层中的嵌套子层。

在零件的建模过程中，用户可以将许多辅助特征如基准、文字注释、曲面等分类添加到相应的层中；在具体操作时，可以通过【过滤器菜单】进行设定。如果暂时不需要某些辅助特征，可将相应的层进行隐藏，那么这些层中的内容在屏幕上就不会被显示出来。

4.层的操作

用户将层中的对象作为一个整体进行相应的操作，如显示或隐藏等，而不必对层中的单个对象分别进行操作。

隐藏层是最常用的功能，在层树中指定要为其增加或删除对象的层，从【层】菜单或者快捷菜单中选择【隐藏】选项即可使相应层中的对象不显示在图形区中。在层树中，被隐藏的层以灰色显示。层被隐藏后需要单击工具栏中的【重画】按钮，更新绘制模型，更改后的层设置才会起作用。如果要使被隐藏的层正常显示，只要从快捷菜单中选择【取消隐藏】命令即可。

在任何模块下,被隐藏的层中只有基准特征等非几何项目才可以在绘图区消失不显示,即可以被隐藏的层中的项目类型有四大类:①基准特征,如基准平面、轴线、曲线、点、坐标系等;②特征本身产生的轴线,如旋转特征的轴线等;③装饰特征;④面组。实体特征不能够通过隐藏其所在的层的方式而只能通过特征的【隐含】使其在屏幕上不显示(具体参见 7.6 节特征的隐含、删除和恢复内容),只有非实体元素才能通过层的隐藏而不在屏幕上显示。

1.3.7 颜色的设置

1. 模型颜色的设置

模型外观和颜色的设置是通过【外观库】对话框实现的。【外观库】对话框,可用于查看和搜索可用外观、将可用外观分配给模型;可以为整个零件、单个曲面或面组分配或设置外观。

(1)单击【视图】工具栏→【外观库】图标 ● 图标可将活动外观分配给选定对象。如果要将活动外观分配给整个零件,可以选择"零件"过滤器进行操作。

(2)选择【视图】工具栏→【外观库】图标 ● 图标的命令溢出按钮 ▾,Creo Elements/Pro 将弹出【外观库】对话框,如图 1-41 所示。在此对话框中可以为实体零件或曲面设置新的、不同的颜色和外观。

(3)【外观库】对话框包括下列组成部分:

① 外观过滤器:用于在"我的外观"、"模型"和"库"调色板中查找外观。

② 清除外观:可移除应用到选定对象的外观。

③ 视图选项:用以设置外观缩略图的显示。

图 1-41 【外观库】对话框

④ 我的外观调色板:显示用户创建并存储在启动目录或指定路径中的外观。该调色板显示缩略图颜色样本以及外观名称。

⑤ 模型调色板:显示在活动模型中存储和使用的外观。如果活动模型没有任何外观,则模型调色板显示默认外观。

⑥ 库调色板:将 Photolux 库和系统库中的预定义外观显示为缩略图颜色样本。

⑦ 访问"更多外观"、"编辑模型外观"、"外观管理器""外观编辑器"和"复制并粘贴外观"。

a. 更多外观——用于创建外观。将打开如图 1-42 所示的【外观编辑器】对话框,创建并修改外观属性包括颜色、环境、光亮度、强度、反射、透明、加亮颜色等以及外观

图 1-42 【外观编辑器】对话框

的材料属性。还可以打开如图 1-43 所示的【颜色编辑器】，修改默认外观的属性以创建新外观。

b. 编辑模型外观——用于编辑或修改活动模型中外观的属性。将打开和图 1-42 所示的【外观编辑器】对话框相类似的【模型外观编辑器】对话框。例如，要设置材料为透明材质，只需将"透明"数值调整为 50 即可。如果活动模型中只应用了默认外观，此选项不可用。

c. 外观管理器——将打开【外观管理器】对话框，用于创建、修改、删除和组织【我的外观】调色板中的外观，如图 1-44 所示。

图 1-43 【颜色编辑器】对话框

图 1-44 【外观管理器】对话框

d. 从模型复制——可用于使用颜色拾取器来复制应用于模型的现有外观，并将所复制的外观粘贴至模型的某个曲面上

2. 系统颜色的设置

不同的系统颜色有助于方便地识别模型几何、基准和其他重要的显示元素。如果要改变系统的颜色，可以选择菜单【视图】→【显示设置】→【系统颜色】选项，Creo Elements/Pro 将弹出如图 1-45 所示的【系统颜色】对话框，用于改变显示和使用环境的颜色，包括背景、几何、隐藏线、截面、曲线、文字的颜色等。在该对话框的【布置】菜单中还列出了几种常用的颜色方案，可供用户选择。用户也可以自行定义改变"图形""基准"、"几何"、"草绘器"和"用户界面"中各元素的系统颜色，但要注意在设置的时候应该避免前景色和背景色一致。

图 1-45　【系统颜色】对话框

1.4　模型设置和对象的选取方法

1.4.1　模型属性设置

Creo Elements/Pro 提供了几种方法来设置一个模型。在零件建模过程中,建立适当的对象参数是十分重要的步骤。

选择【文件】菜单→【属性】,系统将弹出如图 1-46 所示的【模型属性】对话框,以便用户查看或修改模型的材料、单位等相关属性信息。

1. 材料设置

在图 1-46 所示的【模型属性】中对话框单击"材料"行中的"更改",可打开【材料】对话框用于对于模型的材料进行设置。

■ 模型属性					

材料

材料　　　　　未指定　　　　　　　　　　　　　　　　　　　　　　　更改
单位　　　　　毫米牛顿秒(mmNs)　　　　　　　　　　　　　　　　　　更改
精度　　　　　相对 0.0012　　　　　　　　　　　　　　　　　　　　更改
质量属性　　　　　　　　　　　　　　　　　　　　　　　　　　　　　更改

关系、参数和实例

关系　　　　　未定义　　　　　　　　　　　　　　　　　　　　　　　更改
参数　　　　　2 已定义　　　　　　　　　　　　　　　　　　　　　　更改
实例　　　　　未定义　　　　　　　　活动: 类属 - 1-37　　　　　　　更改

特征和几何

公差　　　　　ANSI　　　　　　　　　　　　　　　　　　　　　　　　更改
名称　　　　　22 已定义　　　　　　　　　　　　　　　　　　　　　　更改

工具

挠性　　　　　未定义　　　　　　　　　　　　　　　　　　　　　　　更改
收缩　　　　　未定义　　　　　　　　　　　　　　　　　　　　　　　更改
简化表示　　　4 已定义　　　　　　　活动: 主表示　　　　　　　　　更改
Pro/Program
互换　　　　　未定义　　　　　　　　　　　　　　　　　　　　　　　更改

模型界面

参照控制　　　缺省设置　　　　　　　　　　　　　　　　　　　　　　更改

关闭

图 1-46　【模型属性】对话框

图 1-47　【单位管理器】对话框【单位制】选项卡

2. 单位设置

Creo Elements/Pro 预先定义的单位制共有七种,如图 1-47 所示,英寸磅秒是缺省的单位制。每种单位制有 4 种主要单位类别:长度、质量或力、时间和温度。用户可以从预定义的单位制中选择一种,也可以建立自己新的单位制应用于模型。

(1) 在图 1-46 所示的【模型属性】中对话框单击"单位"行中的"更改",将打开【单位管理器】对话框【单位制】选项卡,如图 1-47 所示,其中列出了当前模型中所有已经定义的单位制。

从已有定义的单位制中选择一种,然后单击 ➡设置 按钮,Creo Elements/Pro 将弹出如图 1-48 所示的【更改模型单位】对话框。

在此对话框中,有"转换尺寸"和"解释尺寸"两种方式,用户可根据需要选择其中之一。为符合我国《机械制图》国家标准的要求,一般选择"毫米千克秒(mmKs)"或者"毫米牛顿秒(mmNs)"的公制单位。

（2）如果要建立一种新的单位制,单击【单位管理器】对话框中的 新建... 按钮,Creo Elements/Pro 将弹出如图 1-49 所示的【单位制定义】对话框,在此定义该单位制的四种主要单位类别:长度、质量（或力）、时间和温度。其他的单位将会由此衍生出来,而不需要另行指定。

图 1-48　【更改模型单位】对话框

图 1-49　【单位制定义】对话框

3.精度设置

模型的精度设置控制着几何计算的精确程度。模型精度的有效范围是 0.01 到 0.000 1,默认值为 0.001 2。精度的数值越小,重新生成的时间就越长。

（1）精度分类

① 相对精度——其值应小于模型上最短边长与模型边界框（即包容长方体）最长对角线长比率的一半。如果不需要从其他零件或模型复制或导入几何,则使用相对精度。相对精度是系统默认的精度设置,数值为 0.012。

② 绝对精度——将值设置为最小识别的线性尺寸（测量单位为当前单位）。当导入使用另一个系统创建的零件或将几何从一个模型复制到另一个模型时,使用绝对精度。必须设置统一的绝对精度或选择最小绝对精度值作为通用精度值,以使零件兼容。

（2）更改模型精度

在图 1-46 所示的【模型属性】中对话框单击“质量属性”行中的“更改”,将打开【精度】对话框进行相应的设置。

（3）要启用绝对精度,需将配置选项 enable_absolute_accuracy 的值设置为 yes。

1.4.2　模板的使用设置

所谓模板,类似于 AutoCAD 软件中的样板图,是在 Creo Elements/Pro 中各个模块中如零件造型、装配、建立工程图纸等进行工作的起点,文件类型和相应模块其他文件的类型相同。用户可以将某一个模块中所需要的共同的内容组织在模板中,供建立新的文件时使用。

例如在零件造型模块的模板中可以包括零件模型使用的单位制、三个缺省的基准平面（FRONT、TOP 和 RIGHT）和基准坐标系、基本视图的定义、零件设置的材料、精度等内容。Creo Elements/Pro 野火版中缺省使用的零件造型模板是英制单位的,名称为 inlbs_part_ solid。

我们可以通过下列两种方法应用公制单位的零件造型模板。

1. 临时性设置

如果用户在建立新的零件模型时想使用公制单位模板,操作如下:

(1) 在【新建】对话框中(如图 1-50 所示),不选择复选框【使用缺省模板】。

(2) 在系统弹出的【新文件选项】对话框中选择公制模板,其名称为 mmns_part_solid, 如图 1-51 所示。当然,用户也可以单击 浏览... 按钮选择自己建立的模板。

(3) 单击 确定 按钮,就可以将指定的模板应用于新的零件造型文件。

上述的模板指定方式在每建立一个新的文件时,都要重复进行相同的操作,比较麻烦, 是一种临时性的设置。

图 1-50 【新建】对话框   图 1-51 【新文件选项】对话框

2. 永久性设置

如果用户希望每次新建文件时都能够使用相同的公制模板时,则可以通过下列步骤 实现。

(1) 选择【工具】菜单→【选项】菜单项,系统将弹出【选项】对话框,如图 1-52 所示。

(2) 在对话框中,单击 查找... 按钮,在弹出的【查找选项】对话框的【输入关键字】栏 键入"template",并单击 立即查找 按钮,如图 1-53 所示。

(3) 在查找结果中选择【template_solidpart】选项,并在【设置值】区域中单击 浏览... 按钮,将其值设定为 Creo Elements/Pro 系统安装目录下 templates 文件夹中的 mmns_part_ solid.prt,如图 1-54 所示。如果用户建立了自己的模板,也可以进行同样的设置。

(4) 单击【查找选项】对话框的 添加/更改 按钮,然后单击 关闭 按钮关闭该对话框,返 回到【选项】对话框。

(5) 单击【保存当前显示的配置文件的副本】按钮 ,在随后弹出的【另存为】对话框 中将刚才的配置文件命名为 config.pro 并保存在 Creo Elements/Pro 系统安装目录下的 text 文件夹中,单击 Ok 按钮返回到【选项】对话框。

图 1-52 【选项】对话框

图 1-53 【查找选项】对话框

图 1-54　选择公制的零件造型模板

（6）在【选项】对话框中单击 确定 按钮，完成模板的永久性设置。

需要说明的是，不同的模块都可以有不同的模板，它们的设置方法都是相类似的。

1.4.3　对象的选取方法

1. 概念

在 Creo Elements/Pro 中，命令的执行方式有两种："操作—对象"和"对象—操作"。前者指先激活操作命令，然后再选择对象，例如拉伸特征和旋转特征的创建等；后者指只有在选中合适的操作对象后，相应的命令才能被激活，例如曲面的合并、镜像操作等。不管是哪种方式，选择对象的过程都是必不可少的。而且，在 Creo Elements/Pro 中许多命令的执行过程中也需要不断地进行对象的选择。调用某个特征工具时，选择的项目存储在该工具的收集器中，但只有工具需要的那些项目才能成为可选项。

一般情况下，特征级别的几何对象可以通过模型树选择，而特征中的点、边线、面，则需要在图形区中直接点击选择。Creo Parametric 2.0 采用"由上至下"的选择方式，即首先选择高层次的几何对象，然后再选择该对象范围内较低层次的几何要素。例如在组件环境下，当鼠标指针移过图形区域时，首先选择的是零件，然后再选择该零件中的特征，最后再选择该特征中的面、边线和点。而在零件造型模块中，首先选择的是某一个特征，然后再选择该特征中的面、边线和点。

2. 预选加亮

为了便于选择操作，应该确保系统处于【预选加亮】模式，该模式是系统的缺省模式。该模式可以通过勾选菜单【编辑】→【选取】→【首选项】对话框中的【预选加亮】复选框进行设置，如图 1-55 所示。

3. 操作步骤

选取操作分为两个步骤：一是预选加亮，二是单击选择。预选加亮指的是当属标指针位于图形区域中的每个可选项目时，预选加亮模式都会将其以青色加亮显示；同时，模型上的"工具提示"和"状态栏"都会显示被加亮显示的项目的名称。当选中合适的对象后，单击鼠标左键完成选取操作。

例如，要选择图 1-56 所示零件模型中外圆柱筒的上表面（以网格显示的部分）。首先将鼠标指针移到模型之上，当圆柱筒特征被预选加亮后，单击鼠标左键选择该特征。然后移动鼠标指针，此时只有属于该特征之中的几何要素（点、线、面）才能被再次预选加亮。当所想要选择的外圆柱上表面再次被预选加亮后，单击鼠标左键完成该曲面的选择。

图 1-55 【选取首选项】对话框

4. 说明

（1）在选取对象的过程中，按住 Ctrl 键可以选择多个几何对象。如果按住 Ctrl 键单击已经处于被选择状态的对象，则该对象被从选择集中移除。用户还可以借助于"状态栏"中可用的过滤选项进行选取。Creo Elements/Pro 会自动选取一个基本过滤模式，用户也可以单击"过滤器"并选取其他可选项来更改此模式。

图 1-56 选择外圆柱筒的上表面

（2）选取时，所选项目的个数列举在图形窗口下面"过滤器"旁的"状态栏"中。例如，如果选取了两个项目，就显示选取 2 个。从查看的选项中，双击此数字来打开【选定项】对话框。用户可以移除此列表中任何不想要的选项。如果要取消本次所有的选择，直接在图形区的空白处单击鼠标左键即可。

（3）由于模型中包含很多不同种类并且交织在一起的几何元素，鼠标指针所在位置可能有多个不同的几何元素，因此预选加亮阶段提供了更改选择对象的方法。如图 1-57 所示，当鼠标指针处于图中模型底板的上表面位置时，可能有图示两种不同的选择结果。在这种情况下，有两种操作方法。方法一是当预选加亮一个表面时，快速单击鼠标右键在可能的几种预选对象之间进行循环切换，此时信息提示区也会给出所选对象的相应提示；当选中合适的对象时，单击鼠标左键完成选取操作。或者是按住鼠标右键，从弹出的快捷菜单中通过选择【下一个】和【前一个】在可能的几种预选对象之间进行循环切换，如图 1-58 所示。方法二是从快捷菜单中选择【从列表中拾取】选项，打开同名的对话框，如图 1-59 所示。单击某一个列表项，相应的几何元素就会在图形区中加亮显示，单击 确定(0) 按钮完成选取操作。

（4）针对于三维建模过程中具体的边和曲面还有一些快速选择的方法，请分别参阅"4.3——倒圆角特征"和"4.7——拔模特征"的说明部分。

（a）选中底板的上表面　　　　　　　　　（b）选中底板的下表面

图 1-57　两种不同的选择结果

下一个

上一个

从列表中拾取

表示　　　　　　　　　▶

删除

组

隐含

重命名

编辑

动态编辑

编辑定义

编辑参照

创建驱动尺寸注释元素

阵列…

在此插入

设置注解　　　　　　　▶

信息　　　　　　　　　▶

编辑参数

选取组

从列表中拾取

曲面：F5（伸出项）
曲面：F5（伸出项）
目的曲面：F5（伸出项）
目的曲面：F5（伸出项）

↓　↑　确定(O)　取消(C)

图 1-58　选取对象时的快捷菜单　　　**图 1-59　【从列表中拾取】对话框**

2 参数化草图的创建

2.1 参数化草图创建的基本知识

2.1.1 参数化草图的作用

在使用 Creo Elements/Pro 进行三维造型设计时,必须先在空间中将基本实体建立出来;之后,再对此实体进行各种增加或切除材料的操作,如打孔、倒圆角等,以达到所需要的实体外形。三维的实体可视为二维的截面在第三维空间的变化,因此实体的建立必须先画出实体模型的二维截面,即参数化草图,然后再利用拉伸、旋转、扫描、混合等方式建立三维的实体模型。

2.1.2 参数化草图的概念

参数化草图是指在 Creo Elements/Pro 中使用直线、圆、圆弧等命令绘制的形状和尺寸大致精确的具有特殊意义的几何图形。参数化草图的绘制广泛应用于 Creo Elements/Pro 中特征的创建,贯穿整个零件的建模过程,通常是零件造型的第一步。用户也可以重新编辑已经生成的特征的截面草图,以达到更新零件造型的目的。

2.1.3 进入草绘模式的方法

在 Creo Elements/Pro 中进入草绘模式的方法有两种:

(1)建立草绘截面文件:选择主菜单中的【新建】菜单项,打开【新建】对话框,在类型选项组指定为"草绘",如图 2-1 所示。在此模式下只能进行二维截面草图的绘制,可保存成扩展名为 .sec 的文件,供今后实体造型时调用。

(2)在创建基础特征的过程中,定义好草绘平面和定向参考面后,系统将自动引导用户进入草绘模式。此时建立的草绘截面属于该特征,但也可以将其保存成扩展名为 .sec 的文件。

2.1.4 草绘模式的工作界面

1.草绘模式下的工作界面

图 2-1 直接建立草绘文件

草绘模式的工作界面如图 2-2 所示,由主菜单、草绘专用按钮(包括草绘器、草绘器诊断工具、分析工具等)、草绘器工具及绘图区组成。无论使用何种方法进入草绘模式,单击主菜单的【草绘】菜单项,都会打开下拉菜单,如图 2-3 所示。各命令的按钮工具如图 2-4 所示。

图 2-2 草绘工作界面

图 2-3 【草绘】下拉菜单

图 2-4 【草绘器工具】

2. 草绘器中几个在参数化草图绘制过程中常用到的按钮

▦——定向草绘平面使其与屏幕平行。

▦——尺寸显示与否的切换。

▦——几何约束显示与否的切换。

▦——网格显示与否的切换。

▦——草绘实体端点显示与否的切换。

2.1.5 草绘器中的术语

1. 图元

截面几何的任何元素（如直线、圆弧、圆、样条、圆锥、曲线、点或坐标系）。当进行草绘、分割、求交截面几何或者参照截面外的几何时,可创建图元。

2. 参照图元

用参照截面外几何的方法,在 3D 草绘器中创建的截面图元。参照的几何（例如,零件边）对草绘器来说属于"已知"的。 例如,对零件边创建一个尺寸时,也就在截面中创建了一个参照图元,该截面是这条零件边在草绘平面上的投影。

3. 尺寸

反映了图元本身的形状大小（定形尺寸）或者图元和图元之间的相对位置关系（定位尺寸）。

4. 约束

定义图元几何或图元间关系的条件。约束符号出现在应用约束的图元旁边。例如,可以约束两条直线平行,这时在两条直线的旁边会分别出现一个表示平行约束的符号。

5. 参数

草绘器中的一个辅助数值。

6. 关系

关联尺寸和 / 或参数的等式。 例如,可使用一个关系式将一条直线的长度设置为另一条直线长度的一半。

7. 弱尺寸或约束

在没有用户确认的情况下,草绘器可以移除的尺寸或约束就被称为弱尺寸或弱约束。由草绘器创建的尺寸是弱尺寸。添加尺寸时,草绘器可以在没有任何确认的情况下移除多余的弱尺寸或约束。弱尺寸和约束以灰色出现。

8. 强尺寸或约束

草绘器不能自动删除的尺寸或约束被称为强尺寸或强约束。由用户创建的尺寸和约束总是强尺寸和强约束。如果几个强尺寸或约束发生冲突,则草绘器要求移除其中一个。强尺寸和强约束以黄色出现。

9. 冲突

当两个强尺寸或约束发生矛盾时,例如圆的直径和半径尺寸同时存在,在这种情况下,必须通过移除一个不需要的约束或尺寸来解决已有的冲突问题。

2.1.6 草绘工作环境的设置

单击【草绘】菜单→【选项…】菜单项,可以打开【草绘器首选项】对话框进行草绘模式环境的设置。该对话框中包含 3 个选项卡:其他、约束和参数,分别如图 2-5、2-6 和 2-7 所示。

图 2-5 【其他】选项卡　　　图 2-6 【约束】选项卡　　　图 2-7 【参数】选项卡

1.【其他】选项卡说明

(1)栅格:显示纵横网格,用于帮助绘图定位。

(2)顶点:控制草绘实体端点的显示与否。

(3)约束:控制几何约束的显示与否。

(4)尺寸:控制尺寸的显示与否。

(5)弱尺寸:控制弱尺寸的显示与否。

(6)帮助文本上的图元 ID:显示帮助图元文件上的图元 ID。

(7)捕捉到栅格:控制是否仅仅允许在栅格的交点上绘制几何图元的顶点。

(8)锁定已修改的尺寸:控制是否锁定已经修改的尺寸,以便于移动尺寸。

(9)锁定用户定义的尺寸:控制是否锁定用户已经定义的强尺寸,以便于移动尺寸。

(10)始于草绘视图:控制是否在进入草绘模式的时候自动定向模型,以让绘图平面与屏幕平行。

(11)导入线型和颜色:控制是否在复制 / 粘贴时保留原始的线型和颜色,并从文件系统或草绘调色板中导入 .sec 文件。

2.【约束】选项卡说明

在这个选项卡中,用户可以指定是否启用系统假设的一些约束。用户在绘图的时候,应该充分利用草绘模式的特点。在草绘模式下,用户并不需要像在 AutoCAD 中作图那样要精确,而仅仅需要绘制出大致精确的形状。Creo Elements/Pro 会根据所绘制的图元,自动假设一些约束条件来帮助绘图,从而大大简化了绘图过程。此外,Creo Elements/Pro 能不断捕捉用户的设计意图,并时时刻刻保证所绘制的草图是一个完整定义的图形,既不过度约束,又不欠约束。

3.【参数】选项卡说明

(1)【栅格】:用于控制栅格的原点,在角度编辑框中输入角度值,就可以旋转栅格。另外还可以选择使用笛卡尔坐标系或者是极坐标系。

(2)【栅格间距】:用以控制栅格间距的大小。

(3)【精度】:用以控制屏幕上显示的尺寸的小数位数。

2.2 二维草绘的创建

Creo Elements/Pro 中集成了许多智能化的假设,使得绘制二维几何图形的操作更加简单。访问命令的方法有两种:一种是从【草绘】菜单中选取命令菜单项,第二种是从【草绘器工具】工具栏中选择相应的图标按钮。为操作和叙述上的方便,本书主要介绍如何从工具栏进行命令的访问。关于菜单的操作,读者可以自行练习。

2.2.1 点的绘制

作用:绘制参考点,这些点可用来标明切点的位置,或者在非水平和非垂直直线之间创建圆角时,在它们的交点处创建一个点来标注理论尖点的位置。

2.2.2 直线的绘制

1. 作用

绘制直线或中心线,图 2-8 所示为绘制直线的菜单和工具栏。

图 2-8 绘制直线的菜单和工具栏

2. 步骤

(1)从【草绘器工具】工具栏中选择【直线】图标 ，激活命令。

(2)用鼠标左键指定一点,该点即为直线的第一个端点;随即一条"橡皮筋"线附着在光标上。

(3)单击鼠标指定直线的终点,则 Creo Elements/Pro 在指定的两点间绘制一条直线,并开始另一条橡皮筋线。

（4）重复（3）的步骤，绘制其他直线。

（5）单击鼠标中键，结束直线命令的绘制。

3. 说明

还可以绘制和已有的直线平行或垂直的直线以及中心线、圆或弧的切线和公切线。

（1）2点中心线：2点中心线大多用作辅助线，如用于定义一个旋转特征的旋转轴，或在一个剖面内的对称线等。

（2）2点几何中心线：2点几何中心线常用作旋转特征的轴线。

（3）和已知直线平行的直线：首先用鼠标指定直线的起点，然后移动鼠标拖动附着在其上的橡皮筋线，当所绘制的直接接近于已知直线平行的位置时单击鼠标左键，由于 Creo Elements/Pro 具有的自动假设的功能，就可以绘制出一条与已知直线平行的直线，同时分别在两条直线上出现平行的约束符号标记。

（4）和已知直线垂直的直线：首先用鼠标指定直线的起点，然后移动鼠标拖动附着在其上的橡皮筋线，当所绘制的直线接近与已知直线垂直的位置时单击鼠标左键，由于 Creo Elements/Pro 具有的自动假设的功能，就可以绘制出一条与已知直线垂直的直线，同时在相应的两条直线上出现垂直的约束符号标记。

（5）创建与两个图元相切的线：激活相应命令后，用鼠标指定直线要与之相切的两个圆或者圆弧，就可以绘制出这两个圆或弧的公切线。

2.2.3　矩形和平行四边形的绘制

1. 作用

绘制矩形，图 2-9 所示为绘制矩形的菜单和工具栏。

图 2-9　绘制矩形和平行四边形的菜单和工具栏

2. 步骤

（1）从【草绘器工具】选择【矩形】图标□按钮，激活命令。

（2）创建矩形时，指定矩形的两个对角顶点即可；创建斜矩形或者平行四边形时，先指定其中的一条边，然后拖动得到想要的斜矩形或者平行四边形。

3. 说明

所绘制的矩形的四条边是独立的直线，可以进行单独的编辑和修改。

2.2.4　圆的绘制

在 Creo Elements/Pro 中可以使用各种方法完成圆和椭圆的绘制。其菜单和工具栏如图 2-10 所示。

图 2-10 绘制圆的菜单和工具栏

1. 通过圆心和圆上任意一点画圆

单击左键确定圆心的位置,然后移动鼠标到适当位置并单击左键,Creo Elements/Pro 将以指定的圆心为圆心,并通过指定点绘制一个圆。

2. 同心圆

此命令用于绘制现有圆或圆弧的同心圆。首先用左键指定一个欲与之同心的圆或圆弧,然后移动鼠标到适当的位置并单击左键,则可绘制出一系列与指定的圆或圆弧同心的圆。按鼠标中键结束命令。

3. 三点画圆

Creo Elements/Pro 要求指定不在同一条直线上的三个点,然后通过这三个点绘制一个圆。如图 2-11(a)所示。

4. 与三个图元相切的圆

该方法可以绘制一个与已有的三个对象相切的圆。发出命令后,只要求用鼠标左键指定相切的三个图元即可,如图 2-11(b)所示。

5. 轴端点椭圆

通过指定椭圆一根轴的两个端点来绘制椭圆。首先分别指定椭圆一根轴的两个端点 P1 和 P2,然后将椭圆拉至所需形状 P3 点处,单击鼠标左键即可完成椭圆的绘制,如图 2-12 所示。

(a)三点画圆 (b)与三个图元相切的圆

图 2-11 圆的绘制   图 2-12 轴端点椭圆

6. 中心和轴椭圆

通过指定椭圆的中心点和一根轴的一个端点来代替前面指定一根轴的二个端点方式来绘制椭圆。

7. 构造圆的绘制

所谓的构造圆,也就是使用中心线绘制的圆,经常用作辅助圆。首先用前面所介绍的任意方法绘制一个实线的圆,然后将其选中,选择【编辑】菜单→【切换构造】命令,则所选中的圆变为构造圆。

2.2.5 圆弧的绘制

Creo Elements/Pro 提供了多种绘制圆弧的方式,其菜单和工具栏如图 2-13 所示。现将各种方法分别介绍如下:

图 2-13　绘制圆弧的菜单和工具栏

1. 通过 3 点或通过在其端点与图元相切创建圆弧

该方法建立圆弧支持两种方式:一种是三点弧,即过不共线的三点产生圆弧,其中前两点分别是圆弧的起点和终点,第三点为圆弧上任意一点。另一种是相切圆弧,即以所选直线或圆弧的端点为起点和起始方向绘制的与其相切的圆弧。

当在已有端点上创建【3 点 / 切线终点圆弧】时,草绘器显示依附于该端点的目标符号。要创建 3 点圆弧,将光标从垂直于图元端点的象限中拖出,如图 2-14 中 3 所示的部分。要创建相切端圆弧,将光标从相切于图元端点的象限中拖出,如图 2-14 中 2 所示的部分。

图 2-14　绘制圆弧的菜单和工具栏

1—现有几何图元;2—创建相切圆弧的象限;
3—创建【3 点圆弧】的象限

2. 创建同心圆弧

绘制与已有的圆或圆弧同心的圆弧。用左键选择已有的圆或圆弧,然后单击左键以确定圆弧的起点,移动鼠标到适当位置,再单击左键确定圆弧的终点即可。

3. 通过圆心和端点建立圆弧

单击鼠标左键,确定圆弧的圆心,然后用鼠标左键确定圆弧的起点和终点。

4. 创建与 3 个图元相切的圆弧

用左键依次选择 3 个要相切的图元,将绘制出与指定的 3 个图元相切的圆弧。需要注意的是:圆弧的起点、终点分别在所指定的第一个和第二个图元上,如图 2-15 所示。

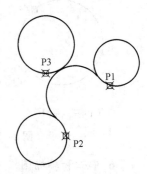

图 2-15　和 3 个图元相切的圆弧

5. 创建锥形弧

用左键确定圆锥曲线的起点、终点,然后移动鼠标到适当的位置,再次单击左键,就可以绘制出一条圆锥曲线,如图 2-16 所示。

2.2.6 圆角的绘制

Creo Elements/Pro 提供两种圆角方式:圆形圆角和椭圆形圆角,其菜单和工具栏如图 2-17 所示。

图 2-16 锥形弧

创建椭圆形圆角
创建圆形圆角

图 2-17 绘制圆角的菜单和工具栏

1. 圆形圆角

使用左键选择要产生圆角的两个图元(直线、圆、圆弧、不规则曲线),圆角的大小和位置取决于拾取点的位置。系统将构建一个圆角并自动对圆角的边沿部分进行修剪。注意,样条曲线或者两条平行的直线不能产生圆角。

2. 椭圆形圆角

与建立圆形圆角的使用方法类似,只不过是用椭圆来制作圆角。

2.2.7 样条曲线的绘制

从【草绘器工具】工具栏中选择【样条曲线】图标 ⌒,用鼠标左键指定一系列的点,系统将自动生成一条通过这些点的圆滑曲线,该曲线称为样条曲线。样条曲线常用于曲面的控制上。样条曲线默认的标注为首、末两个点之间的长度和高度。可以选中一条样条曲线并在其上双击,在弹出的编辑样条曲线的操控板中,进行插值、修改控制点以及曲率分析等操作。

2.2.8 文本的建立

从【草绘器工具】工具栏中选择【文本】图标 Ⓐ 激活命令后,系统提示用户在屏幕上指定两点,这两点连线的距离和方向决定了所生成的文本的高度和文本行的倾斜方向。然后将弹出如图 2-18 所示的【文本】对话框。在该对话框中用户可输入文本的具体内容、选择字体文件、设置文字的长宽比和倾斜角度以及决定是否要将文本沿着一条指定的曲线放置,如图 2-19 所示为指定文本沿着一条圆弧曲线放置。

图 2-18 【文本】对话框

图 2-19　沿曲线放置的文本

2.2.9　将外部数据插入到活动对象（当前的草绘截面）

1. 将调色板中的外部数据插入到活动对象

该命令类似于 AutoCAD 中插入一个图块的操作。选择【草绘】菜单→【数据来自文件】→【调色板】选项，或者从【草绘器工具】工具栏中选择【将调色板中的外部数据插入到活动对象】图标 ⊗ 激活命令后，系统将弹出如图 2-20（a）所示的【草绘器调色板】对话框，这时用户可以从多边形、轮廓、形状、星形四个选项卡中选择一个已有的图形；单击鼠标左键可以在对话框的上方窗口中进行预览，双击左键则选取该图形。此时信息提示区会给出"在草绘窗口中单击并释放鼠标左键，可以使用缺省大小放置；在草绘窗口中单击并拖动鼠标左键，可以使用定制大小放置。"的提示。用户可以直接拖动屏幕上显示的图形的缩放、旋转、平移图柄以改变图形的缩放比例、旋转角度和插入的位置；也可以在同时屏幕上出现的如图 2-20（b）所示的【移动和调整大小】对话框指定图形缩放的比例因子和旋转的角度。

（a）【草绘器调色板】对话框

（b）【缩放旋转】对话框

图 2-20　草绘器编辑对象

2. 插入来自于文件的数据

该命令类似于 AutoCAD 中插入一个图形文件的操作。选择【草绘】→【数据来自文件】→【文件系统…】选项，系统将弹出【打开】文件对话框，可从中选择已经保存了的 Creo Elements/Pro 的 .sec 文件或者其他格式的图形文件直接插入到当前的草绘截面中。可以打开的其他格式的文件包括 drw、dwg、iges、igs 等。

2.3　参数化草图的尺寸标注

我们前面已经提过，由于 Creo Elements/Pro 的草绘器具有草图意向管理和假设功能，使得系统能够自动地为几何图形标注尺寸并显示可利用的约束条件，即在任何时候都能够保证所绘制的草图都是完整定义的图形。当绘制某个截面时，系统会自动标注尺寸。这些尺寸被称为"弱"尺寸，因为系统在创建和删除它们时并不给予警告。弱尺寸显示为灰色。也可以添加自己的尺寸来创建所需的标注形式。用户自己添加的尺寸被系统认为是"强"尺寸。添加强尺寸时，系统自动删除不必要的弱尺寸和约束。

但是，系统提供的尺寸不一定与设计要求相符合，此时用户必须自己进行尺寸标注。

激活尺寸标注命令的方法是选择【草绘】菜单→【尺寸…】菜单项或者直接选择【草绘器工具】工具栏中的相应图标，其菜单和工具栏如图 2-21 所示。

图 2-21　创建尺寸标注的菜单和工具栏

尺寸标注的基本步骤是：
- 用鼠标左键选取要标注的几何图元。
- 用鼠标中键指定尺寸参数放置的位置。

2.3.1　直线的尺寸标注

直线的尺寸标注有多种方法：线段的长度、点到线的距离、线到线的距离、点到点的距离。

（1）线段的长度：用鼠标左键选择直线或直线的两个端点，然后用中键指定尺寸标注的位置，如图 2-22 中的尺寸 sd0 所示。

（2）点到线的距离：用鼠标左键分别选一个点和一条直线，然后用中键指定尺寸标注的位置，如图 2-22 中的尺寸 sd1 所示。

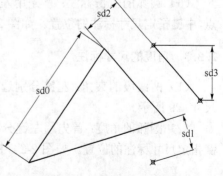

图 2-22　直线的尺寸标注

（3）线到线的距离：用鼠标左键分别选两条互相平行的直线，然后用中键指定尺寸标注的位置，如图 2-22 中的尺寸 sd2 所示。

（4）点到点的距离：用鼠标左键分别选两个点，然后用中键指定尺寸的摆放位置。注意使用该方法可以标注两点之间的水平、垂直或倾斜距离，与鼠标中键所指定的点的位置有关系，如图 2-22 中的尺寸 sd3 所示。

2.3.2 圆和弧的尺寸标注

（1）半径的标注：在圆或圆弧上单击鼠标左键，然后用鼠标中键指定尺寸标注的位置，如图 2-23 中的尺寸 sd4 所示。

（2）直径的标注：在圆或圆弧上双击鼠标左键，然后用鼠标中键指定尺寸标注的位置，如图 2-23 中的尺寸 sd5 所示。

（3）回转直径的标注：先用鼠标左键选择中心线，再用左键选一个点或平行于轴线的边，然后第三次用鼠标左键再次选择中心线，最后用中键指定尺寸标注的位置，如图 2-23 中的尺寸 sd6 所示。

（4）圆心到圆心的标注：用鼠标左键分别选两个圆或圆弧的中心点，然后用中键指定尺寸标注的位置。注意使用该方法可以标注两点之间的水平、垂直或倾斜距离，与鼠标中键所指定的点的位置有关系，如图 2-23 中的尺寸 sd7 所示。

（5）圆周到圆周的标注：用鼠标左键分别选两个圆或圆弧的圆周，然后用中键指定尺寸标注的位置，如图 2-23 中的尺寸 sd8 所示。使用该方法可以标注两圆周之间的水平或垂直距离，与鼠标中键所选择对象的点的位置有关。

图 2-23　圆和弧的尺寸标注

（6）圆弧的弧长标注：首先用左键分别选圆弧两个端点，再用左键选圆弧上的任意一点，中键指定尺寸标注的位置。如图 2-24 中的尺寸 sd11 所示。

2.3.3 角度的尺寸标注

（1）两线段的夹角：左键分别选两条线段，中键指定尺寸标注的位置。如图 2-24 中的尺寸 sd9 所示。

（2）圆弧的角度：首先用左键分别选圆弧两个端点，再用左键选圆弧上的任意一点，中键指定尺寸标注的位置。如图 2-24 中的尺寸 sd10 所示。

图 2-24　线段和圆弧的角度标注

2.3.4　尺寸基线的创建

所谓的尺寸基线,就是我国《机械制图》国家标准中的尺寸标注基准。可以使用【尺寸】组→【基线】 ▭ 用于尺寸标注基准的创建。

2.3.5　参照尺寸的标注

我们在前面已经提到过,Creo Elements/Pro 在任何时候都能够保证所绘制的草图都是完整定义的图形,既不会过度约束,又不欠约束。例如,同一个圆的定形尺寸标注,只可能是直径尺寸或者是半径尺寸两者之一,因为这两个尺寸互相冲突,不能够同时存在。但有时用户希望在图形完整定义的基础上还希望标注一些尺寸作为参考,这时候可以使用【尺寸】组→【参照】 ⧈ 用于标注参照尺寸,在参考尺寸文字的后面会有"参照"提示以区别于其他驱动尺寸。

也可以把现有的强尺寸转换为参考尺寸。方法是选中一个已有的强尺寸,然后单击鼠标右键,从弹出的快捷菜单中选择【参照】选项。为了保证图形的完整定义,系统会自动添加上一个新的尺寸作为补充。

2.3.6　创建周长驱动的尺寸

该命令的主要功能是用于通过控制的图元链的总长度来驱动该图元链中一个变量的尺寸。简言之,在图形所有其他尺寸不变的情况下,通过改变图形的周长来驱动那个变量的尺寸发生相应的改变。我们通过下面的实例步骤来说明。在图元链中,创建周长尺寸的方法如下:"尺寸选项—周长",按住 [Ctrl] 键选取要标注的项目,在选项里点击"确定",系统会提示选择一个现有尺寸作为可变尺寸,从而创建一个周长尺寸。如果删除了可变尺寸,那么周长尺寸也会被删除。

(1) 绘制由三条直线和一个半圆组成的封闭的图元链,系统自动标注半圆的半径和水平直线的长度方向尺寸。将尺寸数值进行修改并移动到合适的位置,如图 2-25 所示。

(2) 选择【尺寸】组→【周长】 ⧈ 激活命令。

(3) 在系统提示:"选择由周长尺寸控制总尺寸的几何。"下选择组成封闭图元链的四条边。注意选择完一条边后,其他边再选择的话同时需要按下 [Ctrl] 键。

(4) 选择结束后,用鼠标中键单击图形区域的空白处表示选择集结束。

(5) 在系统提示:"选择由周长尺寸驱动的尺寸。"下选择图中的圆弧的半径尺寸作为变量尺寸。

(6) 随即在半径的尺寸标注后面出现"变量"的标记,Creo Elements/Pro 自动计算出图元链的周长数值并以编辑框的形式进行显示,如图 2-26 所示。

(7) 用户可以输入不同的周长数值,则图元链中周长变为输入的数值,水平直线段长度方向的尺寸没有变化,而圆的半径尺寸根据周长的变化自动计算得到相应的数值,如图 2-27 所示。

在此需要说明的是:原来我们可以直接修改半圆的半径和水平线的长度数值,现在我们只可以直接对于图元链的周长或水平线的长度数值进行编辑,但是半径数值不能直接修改,它是由其他的两个尺寸数值来驱动或者说是约束着的。

图 2-25 原始的图元链　　　　　图 2-26 半径作为被周长驱动的变量

图 2-27 改变周长,半径尺寸随之更改

2.3.7　尺寸标注的编辑修改

在草绘环境下,我们可以通过用鼠标左键拖动几何图元来动态地修改图元的位置和尺寸大小,在操作的过程中所标注尺寸的数值会动态地显示其变化。如果要定量地改变尺寸为具体的设计数值,可以采用以下的方法对选中的尺寸标注的数值进行单个或整体性的修改。

图 2-28 【修改尺寸】对话框

1. 尺寸标注数值的单独修改

用鼠标双击要修改的尺寸数值,随即会在其旁边弹出一个输入框,用户直接输入修改后的尺寸数值即可。

2. 尺寸标注数值的整体修改

首先单击 选择要进行修改的尺寸标注,可以用矩形窗口一次选择多个尺寸标注,也可以按住 Ctrl 键一个一个地选取。然后单击【草绘器工具】工具栏中的【修改尺寸】图标,系统将弹出如图2-28 所示的【修改尺寸】对话框。

在该对话框中,有两个复选框:

(1) 再生:表示是否在修改某一尺寸数值后,直接重新生成该数值的尺寸。一般去掉该选项以避免在修改尺寸的过程中引起整个图形的失真。

(2) 锁定比例:若此项被选中,则修改某一个线性尺寸标注的数值时,其他所有被选中的线性尺寸标注数值也以相同的比例进行修改。

如果在建立尺寸标注和约束的过程中因为增加了一个尺寸或约束而导致冲突或重复,

系统会弹出如图 2-29 所示的【解决草绘】对话框,在其中列出了相冲突的尺寸标注或约束,并在绘图区域加亮显示,要求用户删除一个尺寸或去掉一个约束以解决冲突。

3.尺寸标注的其他编辑操作

用户可以通过单击鼠标右键,从弹出的如图 2-30 所示的快捷菜单对所选中的尺寸标注进行尺寸数值的修改、加强、锁定等编辑操作。在此需要说明的是如果一个尺寸被锁定,那么该尺寸的数值不得通过用鼠标左键拖动来进行修改。例如绘制的一条直线,我们可以通过直接用鼠标左键拖动其中的一个端点改变该尺寸的数值。但是如果一个尺寸被锁定了,不管在草绘环境中如何用鼠标左键拖动该直线,其尺寸的数值都不会被修改,即被锁定。我们在设计中可以要修改一些被锁定的尺寸数值只能通过上述 1、2 的方法修改。

图 2-29 【解决草绘】对话框

图 2-30 选择一个尺寸时的快捷菜单

2.3.8　其他需要注意的问题

1.加强弱尺寸

(1)选择一个要加强的弱尺寸。

(2)选择【编辑】菜单→【转换到】选项→【加强】子选项,则被选中的尺寸由灰色变为黄色。

(3)该操作也可以通过单击鼠标右键弹出的快捷菜单进行。

2.替换尺寸

(1)单击【编辑】菜单下的【替换】选项。

(2)系统要求选择一个要替换的尺寸,用户选取的尺寸将被删除。

(3)系统接着提示用户创建一个新的尺寸来替换刚才被删除的尺寸。

2.4　截面几何图元的编辑修改

2.4.1　求交

用于求两个图元之间的交点,并且在交点处将图元断开,即一分为二。直线、圆、圆弧等图元可以被断开,但中心线、轴线以及基准面可以作为相交的图元,但是它们不能被切断。

2.4.2 动态修剪

将所选中的图元从截面中删除。

2.4.3 剪切和延伸

（1）根据所选中的两个图元当前所处的状态不同而执行剪切或延伸的操作。

（2）如果所选中的两个图元已经相交，则互相以对方为边界执行剪切的操作，注意选择点所在的那一端的图元被保留，如图 2-31（a）所示。

（3）如果所选中的两个图元尚未相交，则互相以对方为边界执行延伸的操作，如图 2-31（b）所示。

（4）如果所选中的两个图元之一尚未相交，而另一个已和对方的延伸线相交，则互相以对方为边界分别执行剪切和延伸的操作，如图 2-31（c）所示。

图 2-31 剪切和延伸的操作

2.4.4 镜像

对所选中的图元进行镜像操作，Creo Elements/Pro 要求指定一条中心线作为镜像操作的对称线。

2.4.5 移动 / 缩放 / 旋转

用于对所选的图元进行移动、缩放和旋转的操作。系统将在所选中的图元上显示移动、缩放和旋转的图柄，如图 2-32（a）所示；同时弹出如图 2-32（b）所示的【移动和调整大小】

（a）移动、缩放、旋转操作的图柄　　　　　（b）【移动和调整大小】对话框

图 2-32 移动、缩放、旋转操作

对话框。用鼠标左键选取并拖动不同的操作图柄,可以进行相应的移动、缩放和旋转的操作;用户也可以在【移动和调整大小】对话框的文本框内设置相应的缩放比例和旋转角度。图元操作图中的操作手柄标记说明如下:

（1）【缩放】图柄 ↖：可修改截面图形的比例。

（2）【旋转】图柄 ↻：可旋转截面图形。

（3）【平移】图柄 ⊗：可移动截面图形或使所选内容居中。

2.4.6 复制

Creo Elements/Pro 的【草绘器工具】工具栏中没有有关图元复制的命令图标,但是我们可以通过【编辑】工具栏的【复制】图标 📋 将所选图元复制到剪贴板上,然后再使用【粘贴】📋 将剪贴板上的内容粘贴到图形区中。其操作与【旋转调整大小】的操作相类似,选中图元并激活命令后,在功能区也会弹出如图 2-32 所示【旋转调整大小】对话框,不同之处在于操作后保留原始图元。

说明:对于图元的镜像、拐角、旋转调整大小、复制操作必须先选中要进行编辑的图元之后,相应的命令才可使用。

2.4.7 使用已有边 □

从已有的特征的边线建立草绘的几何图元。被选中的已有的特征的边线在草绘平面上的投影将被直接作为草绘图元,而不需要重新绘制。

2.4.8 偏距已有边 ⊡

与使用已有边类似,只不过是从已有的特征的边线偏距一定的距离建立草绘的几何图元。

2.4.9 加厚草绘 ⊡

1. 功能

通过在两侧偏移一条已有的特征的边线或者草绘的图元来创建新的图元。

2. 方法

（1）单击【草绘】组→【加厚】⊡激活命令后,系统随即弹出如图 2-33 所示的加厚【类型】对话框要求用户【选择加厚边】的类型为单一、链或者环的方式。

（2）选择端口的封闭形式为开放、平整或者圆形的方式。

（3）系统提示在图形区上方编辑框中输入加厚的厚度数值,如图 2-34 所示。

（4）系统提示在图形区上方编辑框中输入按箭头方向的偏移数值。如果新建图元产生偏移的方向与箭头方向一致,偏移数值为正;否则,偏移数值为负。

图 2-34 加厚厚度数值输入操控板 　　　　　图 2-33 加厚【类型】对话框

3. 说明

【选取端封闭】实质为定义加厚边起点和终点端头的形式。

（1）开放：端头处开放，不作处理。

（2）平整：在端头处使用直线段将其封闭。

（3）圆形：在端头处使用圆弧将其封闭。

图 2-35 所示为加厚边为"链"形式的不同端口封闭类型得到的结果。

（a）原始图形　　　　（b）端头"开放"　　　　（c）端头"封闭"　　　　（d）端头"圆形"

图 2-35　加厚边为"链"形式的不同端口封闭类型结果

2.5　几何约束条件的使用

当用户进行二维草绘截面的绘制时，由于 Creo Elements/Pro 的草图意向管理功能，使得当鼠标出现在某约束的公差范围内时，系统自动对齐该约束并在图元旁边显示出该约束的图形符号。如果系统自动添加的约束条件与实际设计意图不相吻合，还可以通过在如图 2-36 所示的【草绘器工具】工具栏中单击相应图标手动添加适当的约束条件。各种约束命令的用途如表 2-1 所示。

图 2-36　【草绘器工具】工具栏【约束】图标

表 2-1　约束命令一览表

按钮	约　束
＋ 竖直	使直线或两顶点连线成垂直，系统要求指定一条直线或两个顶点
＋ 水平	使直线或两顶点。连线成水平，系统要求选择一条直线或两个顶点
⊥ 垂直	使两图元相互垂直，系统要求选择两条直线
⊱ 相切	使两图元相切，系统要求选择两个相切的图元：直线、圆、圆弧或椭圆等
↘ 中点	将点放在指定的线或弧的中间，然后创建中点约束
⊙ 重合	使两个点共点或使一个点位于某个图元上或者创建共线约束，系统要求指定两个点或一个点和另一个图元
⊣⊢ 对称	使两个点或顶点关于指定的中心线对称，系统要求指定一条中心线和两个顶点
＝ 相等	使两条线段等长度、两个圆或圆弧等半径，系统要求指定两条直线、圆或圆弧
// 平行	使两线平行，系统要求指定两条直线

2.6　草绘器诊断工具

【草绘器诊断工具】工具栏如图 2-37 所示,位于图形区的上部,可用来提供与创建基于草绘的特征和再生失败相关的信息。

图 2-37　【草绘器诊断工具】工具栏

：重叠几何,检测并加亮位于其他几何顶部或彼此重叠的几何。

：加亮开放端点,检测并加亮与其他图元的端点重合的图元端点。

：着色封闭环,用预定义颜色填充由图元包围的区域而形成封闭环的图元。

：特征要求命令,随即弹出如图 2-38 所示的【特征要求】对话框。在对话框中列出了对每个此类要求的当前特征和状态的要求,并列出指示该草绘是否适合当前特征的消息。

图 2-38　【特征要求】对话框

状态列包含下列符号,可指示如下要求状态:

✔——满足要求。

⚠——满足要求,但不稳定。表示对草绘的简单更改可能无法满足要求。

❶——不满足要求。

3 零件建模的基础特征

3.1 概述

3.1.1 概念

基础特征是指由二维截面草图经过拉伸、旋转、扫描和混合等方式形成的一类实体特征。因为截面是以草图的方式绘制,故也称为草绘特征。基础特征是 Creo Elements/Pro 在零件建模过程中最主要的特征,按基础特征形成的方法分类,可大致分为拉伸特征(Extrude)、旋转特征(Revolve)、扫描特征(Sweep)和混合特征(Blend)四大类。在零件建模的过程中,可以使用"加材料"或者"切除材料"的方法建立基础特征。

3.1.2 零件设计步骤

(1)启动 Creo Elements/Pro,进入零件设计(Part)模式,如图 3-1 所示。

(2)生成第一个基础特征,即基体特征。

(3)添加或修改特征,完善设计。

(4)满意后存盘退出,否则返回上一步继续操作。

图 3-1　建立新的零件造型

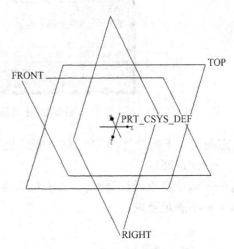

图 3-2　三个缺省的基准平面

3.1.3 有关零件设计的预备知识

1. 基准平面

(1)基准平面是作为其他特征加入基准的平面,即使用基准平面作为加入特征的参考。基准平面无限大,没有质量和体积。

（2）进入零件设计模块时，如果勾选【使用缺省模板】选项，进入 Creo Elements/Pro 界面后，系统将显示三个缺省的基准平面，它们以各自的正法线方向命名，分别为 FRONT、TOP 和 RIGHT；此外还有一个名称为"PRT_CSYS_DEF"的缺省的坐标系，其坐标原点位于三个缺省的基准平面的交点，x 轴方向水平向右（红色显示），y 垂直向上（绿色显示），z 轴方向垂直于屏幕从屏幕的内部指向屏幕的外部（天蓝色显示），如图 3-2 所示。

（3）基准平面的选择方法

● 从模型树中选择基准平面的名称；

● 直接在图形区域中选择基准平面的边框或者名称。

2. 草绘平面

草绘平面是用于绘制特征截面的平面，它可以是基准平面或是模型中已经生成的零件表面。在绘制截面草图时，草绘平面和屏幕是平行的。

3. 定向参考平面

因为截面的绘制要转换到二维平面上进行，为了使草绘平面与屏幕平行且方位确定，必须指定一个能够确定绘图平面位置的平面作为定向参考面。定向参考面必须垂直于已有的草绘平面。

4. 操控板

在 Creo Elements/Pro 中，许多特征都以操控板的形式创建。用户只需在相应的操控板上就可以指定所建立特征的所有参数。操控板又分为上、下两排，下面一排经常包含放置、选项和属性 3 个按钮，单击这三个按钮之后，会弹出相应的面板，可以定义相应的特征参数；下面的一排用于快速定义特征参数。

在所有的操控板的右侧都有如图 3-3 所示的几个按钮组成的命令确认区。

图 3-3　操控板右侧的命令确认区

3.2　拉伸特征

3.2.1　概念

由截面轮廓草图经过拉伸而成，适合于构造等截面的实体特征。

3.2.2　操作步骤

（1）单击【基础特征】工具栏→【拉伸工具】按钮 或选择【插入】菜单→【拉伸…】菜单项，Creo Elements/Pro 将弹出如图 3-4 所示的【拉伸工具】操控板。

（2）打开 放置 下滑面板选择已有的截面作为拉伸特征的截面或者单击其中的 定义… 按钮创建将要拉伸的二维截面。

（3）在弹出的如图 3-5 所示的【草绘】对话框中选取一个草绘平面和定向参考面，指定草绘视图的方向后，单击 草绘 按钮，进入草绘环境。

（4）在草绘环境中，一般情况下至少需要长度和宽度两个方向的参照，分别作为长度和宽度方向的尺寸标注基准。如果当前的造型环境比较简单，Creo Elements/Pro 能够根据所选草绘平面和定向参考面自动确定长度和宽度两个方向的尺寸标注基准。如果系统不能根据当前环境自动选定尺寸标注的基准时，会出现相应的提示信息；用户在草绘的过程中需要指定其他的参照或者删除已经存在的参照时，可以选择【草绘】菜单→【参照…】菜单项，将弹出如图 3-6 所示的【参照】对话框，从中选择或者删除参照。

（5）草绘一个二维截面，并进行适当的尺寸标注。单击【草绘工具】栏中的 ✔ 图标完成二维截面的绘制并退出"草绘器"。

（6）如果是切除材料的特征，需要指定材料的去除区域。

（7）指定拉伸的深度。

（8）单击操控板的 ✔，完成拉伸特征的建立。

图 3-4 【拉伸工具】操控板

图 3-5 【草绘】对话框

图 3-6 【参照】对话框

3.2.3 举例

通过如图 3-7 所示的草绘截面建立如图 3-8 所示的立体。

（1）单击【基础特征】工具栏→【拉伸工具】按钮 。

（2）选择 FRONT 面为草绘平面，接受缺省的草绘视图方向，指定 RIGHT 面为定向参考平面，法线方向向右。

（3）绘制如图 3-7 所示的截面草图。

（4）指定拉伸深度为 1。

（5）单击操控板的 ，完成拉伸特征的建立。

图 3-7   二维截面草图

图 3-8   拉伸所得的立体

3.2.4   说明

（1）使用【拉伸工具】可以建立拉伸的薄板特征、曲面特征和切除材料的拉伸特征。

（2）在草绘环境中，参照起到了尺寸基准的作用。如果需要修改或者删除、补充参照，可以选择【草绘】菜单→【参照】选项，Creo Elements/Pro 会再次弹出【参照】对话框，让用户重新添加新的参照或者删除已有的参照。需要指出的是，在指定参照时，有一些处于重合位置或者被遮挡状态的图元难以被选中，此时可以将鼠标移到要想作为参照的图元处，按住鼠标右键（时间略长一些），从弹出的如图 3-9 所示的快捷菜单中选择【下一个】或者【前一个】在所有可能的图元中进行查询选取；或者选择【从列表中拾取】选项，从而弹出【从列表中拾取】对话框，该对话框中列出了所有可能的图元，用户可以通过上、下箭头在其中进行遍历选择。

（3）拉伸的属性分为从草绘平面单侧生长还是双侧生长，图 3-10 所示拉伸圆柱的草绘平面为 TOP 面，图（a）为特征单侧生长的情况，图（b）为特征双侧生长的情况。

（4）拉伸的深度选项包括：盲孔、对称、到下一个、穿透、到选定的，其含义如下：

① 盲孔 ：即指定深度，从草绘平面以指定的深度值拉伸。

② 对称 ：从草绘平面双方向对称生长，各侧深度为指定深度值的一半。

| 下一个 |
| 上一个 |
| 从列表中拾取 |
| 显示图元锁定 |
| 选项… |
| 参照(R)… |
| 线(L) |
| 矩形(E) |
| 圆 |
| 3.点/相切端(P) |
| 构造中心线 |
| 圆角 |
| 尺寸 |

图 3-9   选择重合图元时的快捷菜单

③ 两侧盲孔：即双方向不对称生长，需要分别指定两侧的拉伸深度。

④ 到下一个 ：沿拉伸方向拉伸到零件的下一个实体表面，截面必须完全穿越下一个表面。参考必须为实体表面，基准平面不能作为终止曲面，在装配模式下此项不可用。

⑤ 穿透 ：沿拉伸方向拉伸到和所有曲面相交或穿越所有特征，特征到达最后一个曲面时终止。

⑥ 穿至 ：将截面拉伸，使其与选定的实体曲面相交。参考必须为实体表面，但不一定是平面。

⑦ 到选定的 ：沿拉伸方向延伸到一个选定的曲线、曲面、轴线或顶点，可以选择实体或者非实体的参考。在装配模式下此项不可用。

（a）单侧生长　　　　　　　　　　　　　（b）双侧生长

图 3-10　拉伸特征的生长属性

（5）草绘截面可以是封闭或开口的，若为开口截面，开口处端点必须对齐于零件模型的已有边线。

（6）草绘截面可由多个封闭环组成，这些封闭的环不可自相交但可以嵌套，嵌套的深度层次没有限制。Creo Elements/Pro 自动认为里环类似于孔特征，如图 3-11 所示。

图 3-11　内环作为孔特征处理

3.2.5　有关 Creo Elements/Pro 中直接建模的操作方法说明

所谓直接建模就是在图形区的模型上通过鼠标键完成各种操作，不但直观而且快捷。在直接建模过程中，经常需要用到鼠标的右键。

以图 3-12（a）所示的圆柱拉伸特征的建立过程为例。在特征的建立过程中，拖动方形图柄可以动态地改变拉伸特征的深度值，方形图柄的旁边显示了当前特征的高度。双击该数值，就会出现一个尺寸编辑框，用户可以直接输入拉伸的深度数值；或者单击该尺寸编辑框旁边的下拉式箭头，将会出现一个列出了最近几次使用过的拉伸深度值的下拉式列表框，从中选择一个数值，如图 3-12（b）所示。

如果按住 Shift 键拖动方形图柄，此时拉伸深度选项自动切换到【到选定的】工作方式，表明拉伸的深度值将沿拉伸方向延伸至指定的曲线、曲面、轴线或顶点，此时就可以捕捉已有模型上的几何对象，从而使拉伸特征与这些对象对齐。如图 3-13 所示，若需要将底板上面左端拉伸形成的圆柱高度和右端的长方体上表面对齐，则按住 Shift 键拖动方形图柄，捕捉长方体的上表面，松开鼠标后，圆柱特征的上表面与长方体的上表面就对齐了。需要注意的是，当捕捉到位后，图柄就不能再被拖动了。如果需要重新改变拉伸高度，必须再次按住 Shift 键后单击图柄，然后松开 Shift 键将其脱离原有的捕捉对象。

拉伸、旋转等特征的建立都需要确定特征的生长方向，在图形区域中用一个黄色的箭头表示特征的生长方向，如图 3-12（a）中所示，单击该箭头，就可以切换箭头的朝向，从而改变特征的生长方向。

（a）特征的创建过程　　　　　　　　　（b）单击下拉箭头选择拉伸的深度数值

图 3-12　圆柱拉伸特征的创建

（a）按住Shift键拖动鼠标左键捕捉到长方体上表面时　　　（b）松开鼠标后的状态

图 3-13　圆柱拉伸特征与长方体的上表面对齐

3.3　旋转特征

3.3.1　概念

由特征截面绕中心轴线旋转而成的一类特征，适合构造回转体。

3.3.2 操作步骤

（1）单击【基础特征】工具栏→【旋转工具】按钮 或选择【插入】菜单→【旋转…】菜单项，Creo Elements/Pro 将弹出如图 3-14 所示的【旋转工具】操控板。

（2）单击 放置 下滑面板中的 定义… 按钮创建旋转特征的二维截面。

（3）在弹出的如图 3-5 所示的【草绘】对话框中选取一个草绘平面和定向参考面，指定草绘视图的方向后，单击 草绘 按钮，进入"草绘器"。

创建旋转的实体特征
创建旋转的曲面特征
指定旋转的轴线
指定旋转的角度生长选项
指定旋转的角度数值
相对于草绘平面反转特征的生长方向
建立切除材料的旋转特征
创建旋转的薄板特征

打开"草绘器"建立或修改特征截面

图 3-14　【旋转工具】操控板

（4）在草绘环境中，一般情况下至少需要长度和宽度两个方向的参照，分别作为长度和宽度方向的尺寸标注基准。如果当前的造型环境比较简单，Creo Elements/Pro 能够根据所选草绘平面和定向参考面自动确定长度和宽度两个方向的尺寸标注基准。如果系统不能根据当前环境自动选定尺寸标注的基准时，会出现相应的提示信息；用户在草绘的过程中需要指定其他的参照或者删除已经存在的参照时，可以选择【草绘】菜单→【参照…】菜单项，将弹出此如图 3-6 所示的【参照】对话框，从中选择或者删除参照。

（5）草绘一个二维截面，并进行适当的尺寸标注。单击 退出"草绘器"。

（6）如果是切除材料的特征，需要指定材料的去除区域。

（7）指定旋转的角度。

（8）单击操控板的 ，完成旋转特征的建立。

3.3.3 举例

通过如图 3-15 所示的截面建立如图 3-16 所示的各立体。

（1）单击【基础特征】工具栏→【旋转工具】按钮 或选择【插入】菜单→【旋转…】菜单项，Creo Elements/Pro 将弹出【旋转工具】操控板。

（2）单击 放置 下滑面板中的 定义... 按钮创建将要建立的旋转特征的二维截面。

（3）选择 FRONT 面为草绘平面，接受缺省的草绘视图方向，指定 RIGHT 面为定向参考平面，法线方向向右。

（4）绘制如图 3-15 所示的截面草图。

（5）指定旋转的角度为 360°。

（6）单击操控板的 ✓，完成旋转特征的建立，如图3-16（a）所示。

图 3-15　二维截面草图

3.3.4　说明

（1）使用该命令同时可以建立旋转的薄板特征、曲面特征和切除材料的旋转特征。

（2）旋转的角度选项包括：变量、对称、到选定的，其含义如下：

① 变量：从草绘平面以指定的角度值旋转。可以设置所需要的角度数值；如图 3-16（b）、图 3-16（c）所示为旋转的角度数值分别为 225° 和 270° 的情况。

（a）旋转所得的立体

（b）旋转角度为 225°

（c）旋转角度为 270°

图 3-16　旋转的角度

② 对称：旋转特征沿草绘平面的两个方向对称生成。

③ 到选定的：旋转到指定的点、平面或曲面。

（3）必须有中心线表示的旋转轴线，并且截面中必须标注相对于中心轴线的参数（距离或角度）。

（4）要定义旋转特征的旋转轴，可使用以下方法之一：

① 外部参照——使用现有的有效类型的零件几何。

② 内部中心线——使用"草绘器"中创建的中心线。

（5）若有两条以上的中心线，则系统自动以第一条为旋转轴。如图 3-17 所示的二维旋转截面中，如果先画倾斜的那条中心线，得到如图 3-18 所示的立体；如果两条

图 3-17　旋转特征的二维截面

中心线绘制的先后顺序颠倒,则得到的立体如图 3-19 所示。

（6）截面必须封闭,并且截面的所有元素必须在旋转轴线的同一侧。

图 3-18　先画倾斜中心线得到的立体　　　　图 3-19　先画水平中心线得到的立体

3.4　扫描特征

3.4.1　概念

由二维草绘特征截面沿着一条平面的轨迹线扫描而成的特征。

3.4.2　操作步骤

（1）选择菜单【插入】→【扫描…】→【伸出项…】,可以建立扫描的实体特征,Creo Elements/Pro 将弹出如图 3-20 所示的实体扫描特征菜单管理器。

（2）如果当前模型中已存在扫描特征的轨迹线,可在扫描特征菜单管理器中选择【选取轨迹】选项,直接选取要作为扫描轨迹线的曲线;否则选择【草绘轨迹】临时绘制扫描的轨迹线。

（3）在弹出的【设置草绘平面】菜单管理器中选取一个草绘平面和定向参考面后,进入草绘模式绘制轨迹线。以上两步的操作可参见图 3-20 所示的流程。

（4）扫描轨迹线绘制完成后,系统自动切换到一个平面位置进行二维截面的绘制,此时截面的草绘平面位于扫描轨迹线的起始点,且垂直于轨迹线在起始点处的切线方向。在该平面上绘制扫描的特征截面,并进行适当的尺寸标注。单击✓完成二维截面的绘制,退出"草绘器"。

（5）如果是切除材料的特征,需要指定材料的去除区域。

（6）单击特征对话框的 确定 按钮,完成扫描特征的建立。

3.4.3　举例

建立如图 3-21（b）所示的立体。

（1）选择【插入】菜单→【扫描…】选项→【伸出项…】菜单项。

（2）选择【草绘轨迹】绘制扫描特征的轨迹线。

图 3-20 【扫描特征】菜单管理器

（3）指定 FRONT 面为草绘平面，接受缺省的查看草绘平面的方向（由屏幕外部指向内部），指定 RIGHT 面为定向参考平面，法线方向向右。

（4）以缺省的 PRT_CSYS_DEF 坐标系原点作为起始点，绘制如图 3-21（a）所示的扫描轨迹线。

（5）在弹出的如图 3-22 所示的是否添加内表面的属性菜单管理器中选择【无内表面】，不在轨迹线内部填充体积。

（6）系统自动切换到二维的草绘环境，信息提示区出现"现在草绘横截面"的提示。在

（a）扫描轨迹线　　　　　　　　　　（b）建立的扫描特征

图 3-21　立体

屏幕上会出现两条互相垂直的黄色的中心线,其交点就是刚才绘制的轨迹线的起点位置。以起点为圆心,绘制一个直径为 0.3 的圆作为扫描特征的横截面。

（7）单击特征对话框的 确定 按钮,完成扫描特征的建立。

3.4.4　说明

（1）扫描轨迹线绘制完成后,绘制二维截面的草绘平面是由系统自动切换的,此时截面的草绘平面原点位于扫描轨迹线的起始点,且垂直于轨迹线在起始点处的切线方向。

（2）当模型中已存在实体特征,同时扫描的轨迹线是开放的,并且一个端点位于该实体特征上时,在建模过程中系统会弹出如图 3-23 所示的端点是否合并属性的菜单管理器,其中【自由端】和【合并端】选项的区别分别如图 3-24 和 3-25 所示。

（3）如果扫描的轨迹线是封闭的,当轨迹线绘制结束时,系统弹出如图 3-22 所示的是否添加内表面的菜单管理器,用户需要指定扫描特征的该项属性。

图 3-22　【增加内表面】属性

图 3-23　【合并端点】属性

图 3-24　自由端点

图 3-25　合并端点

① 添加内表面:在特征截面沿着扫描轨迹线移动的时候系统自动添加底面和顶面,形成一个封闭的实体特征,如图 3-26 所示,此时要求特征截面必须是开放的,如图 3-28 所示。

② 无内表面:在特征截面沿着扫描轨迹线移动的时候系统不添加底面和顶面,如图 3-27 所示,此时要求特征截面必须是封闭的,如图 3-29 所示。

（4）扫描特征建立失败的原因常常是因为轨迹线或特征截面绘制有问题,例如截面的尺寸过大,引起特征的自相交。

图 3-26　添加内表面　　　　　　　　　图 3-27　无内表面

图 3-28　【添加内表面】的截面　　　　图 3-29　【无内表面】的截面

3.5　混合特征

3.5.1　概念

由两个或多个草绘截面通过一定的方式连在一起而生成的特征。

3.5.2　操作步骤

（1）选择菜单【插入】→【混合…】→【伸出项…】,可以建立混合的实体特征,Creo Elements/Pro 将弹出如图 3-30 所示的混合特征菜单管理器。

（2）指定混合特征的类型。

① 平行:各截面之间互相平行。

② 旋转:各截面可以围绕所定义的坐标系的 y 轴旋转一定的角度,最大旋转角度为 120°,需要指定局部的参考坐标系。

③ 一般:各个截面可以围绕所定义的坐标系的 x、y、z 轴旋转一定的角度,需要指定局部的参考坐标系。

（3）指定截面的获取方式和截面之间的连接属性。

① 规则截面:特征截面为草绘截面或选取现有零件已有的表面。

② 投影截面:特征使用选定曲面上的截面投影。该选项只用于平行混合。

③ 选取截面:选取截面图元,对【平行】混合方式无效。

④ 草绘截面:系统的默认选项,临时由操作者绘制截面图元。

⑤ 直的:各截面之间对应的顶点之间以直线的方式连接。

⑥ 光滑的:各截面之间对应的顶点之间以光滑的曲线方式连接。

（4）在弹出的【设置草绘平面】菜单管理器中选取一个草绘平面和定向参考面后,进入草绘模式,如图 3-30 所示的流程图。绘制多个特征截面并指定各个截面的起始点和起始方向。

（5）输入相邻的截面之间的距离。

（6）单击对话框中的 确定 按钮完成特征的建立。

图 3-30 【混合特征】菜单管理器

3.5.3 举例

建立如图 3-31 所示的"天圆地方"的立体。

（1）选择【插入】菜单→【混合…】选项→【伸出项…】菜单项。

（2）指定混合特征的类型为平行方式，截面的获取方式为【规则截面】和【草绘截面】，属性为【直的】(表示所有截面的各对应顶点之间以直线的方式连接)。

（3）指定 TOP 面为草绘平面，接受缺省的特征创建方向（向上），指定 RIGHT 面为定向参考平面，法线方向向右。

（4）系统自动进入二维草绘模式。绘制第一个截面，边长为 10 的正方形，如图 3-32 所示。

（5）选择【草绘】菜单→【特征工具】→【切换截面】菜单项，第一个草绘的截面变成灰色，此时绘制第二个截面：一个直径为 7 的圆，如图 3-33 所示。注意第二个截面的顶点的数量应该和第一个截面的顶点数量相等，起始点和起始方向应该和第一个截面相对应，否则造型会出现意想不到的结果。为了做到这几点，应考虑以下的步骤：

① 因为第一个截面为正方形，有四个顶点；而第二个截面是圆，没有顶点。所以在第二个截面中要画出两条中心线，与圆相交，如图 3-33 所示；然后使用 ⚡ 命令在圆和中心线的交点处设置四个断点作为第二个截面的顶点。

图 3-31　天圆地方

图 3-32　第一个特征截面

② 第二个截面中得到的起始点的位置可能与第一个截面中不相对应,此时可用 在第二个截面中选择要作为起始点的顶点,然后右击鼠标,弹出如图 3-34 所示的快捷菜单,从其中选择【起始点】选项,则所指定的点被定义为第二个截面的起始点。

③ 如果第二个截面中的起始点的起始方向和第一个截面中起始方向不一致,可用 在第二个截面中再次选择起始点,然后右击鼠标,从弹出的快捷菜单中选择【起始点】选项,则该起始点的起始方向被自动修改。

(6) 如果还要继续建立第三个截面,继续选择【草绘】菜单→【特征工具】→【切换截面】菜单项,那么第一个截面和第二个截面都会变成灰色,此时可进行第三个截面的绘制;依此类推可以创建第四个截面、第五个截面……如果所有需要的截面都已经创建结束,单击【草绘工具】工具栏中的 ✔ 图标进行下一步。

(7) 系统在信息提示区出现"输入截面 2 的深度"的提示,指定两个截面之间的距离为9,单击对话框中的 确定 按钮完成特征的建立。

图 3-33　第二个特征截面

图 3-34　选中点时的快捷菜单

3.5.4 说明

1. 混合的实体特征属性中【直的】和【光滑】的区别如图 3-35 和图 3-36 所示。

图 3-35 【直的】属性 　　　　　　　　图 3-36 【光滑】属性

2. 对于特征截面的要求如下：

（1）明确定义截面与截面之间的相对位置，或相对于同一个坐标系的位置。

（2）每个截面的线段数量要相等，即应有相同的顶点数量。

（3）每一个截面的起始点要同与它相连接的截面的起始点相一致，其区别如图 3-37 和图 3-38 所示。

图 3-37 各截面起始点相对应

图 3-38 两截面起始点不一致（例一）

（4）各个截面起始点的起始方向也应该一致。如图 3-31 所示的天圆地方，如果起始点和起始方向不一致，将分别得到如图 3-39 和图 3-40 所示的立体。从图上我们可以看出，立体发生了强烈的扭转。

图 3-39　两截面起始点不一致（例二）

图 3-40　两截面起始点和起始方向都不一致（例三）

3. 关于双重混合顶点的问题

在某些情况下，各特征截面之间的线段数量不相等，而必须在此条件下建立混合特征，这时可以通过【混合顶点】的方法来解决这个问题。

（1）如果其中的一个特征截面只有一个顶点，则这个顶点可被看成是任意个混合顶点，即这样的截面可以和具有任意个混合顶点的截面建立混合特征，如图 3-41 所示。

图 3-41　特征截面为一个顶点

（2）如果两个截面的混合顶点数量不等，并且不存在只有一个顶点的截面，此时可以建立双重的混合顶点。首先选中欲成为双重顶点的那个点，右击鼠标，从弹出的如图 3-34 所示的快捷菜单中选择【混合顶点】菜单项，则被选中的点成为双重混合顶点，如图 3-42 所示。

（3）特征截面的起始点不能作为双重混合顶点。

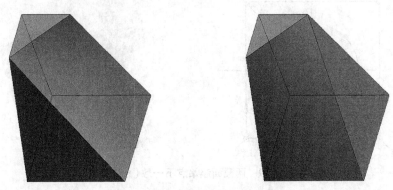

图 3-42　双重混合顶点的实例

3.5.5　旋转类型的混合特征举例

（1）选择【插入】菜单→【混合…】→【伸出项…】菜单项。

（2）指定混合特征的类型为旋转方式，截面的获取方式为【规则截面】和【草绘截面】，属性为【直的】和【开放】（表示所有截面的各对应顶点之间以直线的方式连接，并且不封闭）。

（3）选择 FRONT 面为草绘平面，接受缺省的查看草绘平面的方向（由屏幕外部指向内部），指定 RIGHT 面为定向参考平面，法线方向向右。

（4）系统自动进入二维草绘模式，创建一个参照坐标系与 TOP 面和 RIGHT 面对齐（即对齐于缺省的 PRT_CSYS_DEF 坐标系原点），并绘制一个矩形作为第一个截面，矩形相对于参考坐标系的尺寸如图 3-43（a）所示。单击【草绘工具】栏中的 ✔ 图标完成第一个截面的绘制。

（5）系统在信息区提示"为截面 2 输入 y_axis 旋转角（范围：0 - 120）"，输入 45，表示第二个截面要围绕 y 轴旋转 45°。然后进行第二个截面的绘制：此时仍然要先创建一个参照坐标系，然后绘制一个矩形，该矩形相对于参考坐标系的尺寸如图 3-43（b）所示。单击【草绘工具】栏中的 ✔ 图标完成第二个截面的绘制。

（6）系统在信息区出现"继续下一截面吗？（Y/N）"的提示，直接键入"Y"或者单击信息窗口右侧的"是"，表示要进行第三个截面的绘制。

（7）与步骤（5）类似，系统在信息区提示"为截面 3 输入 y_axis 旋转角（范围：0 - 120）"，输入 60，表示第三个截面要围绕 y 轴旋转 60°。然后进行第三个截面的绘制：此时仍然要先创建一个参照坐标系，然后绘制一个矩形，该矩形相对于参考坐标系的尺寸如图 3-43（c）所示。单击【草绘工具】栏中的 ✔ 图标完成第三个截面的绘制。

（8）单击信息窗口右侧的"否"回答系统"继续下一截面吗？（Y/N）："的提示，表示截面已经绘制结束。单击对话框的 确定 按钮完成特征的建立。得到的立体如图 3-44（a）所示。

图 3-43 旋转类型混合特征的截面

（9）重新定义特征的属性分别为【光滑 开放】和【光滑 闭合】,得到的立体分别如图 3-44（b）和 3-44（c）所示。

（a）直的、开放　　　　　　　（b）光滑、开放　　　　　　　（c）光滑、闭合

图 3-44　旋转类型混合特征

3.5.6　一般类型的混合特征举例

（1）单击【基础特征】工具栏→【拉伸工具】按钮 ; 选择 TOP 面为草绘平面,接受缺省的草绘视图方向,指定 RIGHT 面为参考平面,法线方向向右;绘制一直径为 10 的圆;指定拉伸深度为 180;如图 3-45 所示。

（2）选择【插入】菜单→【混合…】→【伸出项…】菜单项。

（3）指定混合特征的类型为【一般方式】,截面的获取方式为【规则截面】和【草绘截面】,截面各对应顶点之间以【光滑】的方式连接。

（4）建立一个与 TOP 基准面相距 20 的临时基准面作为草绘平面,接受缺省的特征生长方向（向上）,指定 RIGHT 面为定向参考平面,法线方向向右。（基准面的建立方法参见 5.2 节。）

图 3-45　拉伸的圆柱体

（5）系统自动进入二维草绘模式,首先绘制一个与 TOP 面和 RIGHT 面都对齐的参照坐标系（即对齐于缺省的 PRT_CSYS_DEF 坐标系原点）,然后绘制出第一个截面,如图 3-46 所示,将该二维截面另存为 section.sec,然后单击【草绘工具】栏中的 结束。

（6）在系统的提示下输入第 2 个截面绕草绘坐标系 x、y、z 轴的旋转角度分别为 0、0 和 45,然后选择【草绘】菜单下的【数据来自文件…】菜单项的【文件系统】选项,打开上一步保存的截面文件 section.sec,如图 3-47 所示。

（7）单击信息窗口右侧的"是"回答系统关于"继续下一截面吗？（Y/N）"的提示，输入第 3 个截面绕草绘坐标系 x、y、z 轴的旋转角度分别为 0、0 和 45，然后选择【草绘】菜单下的【数据来自文件…】菜单项调入保存的截面文件 section.sec，比例因子设置为 1，旋转的角度为 0。单击【草绘工具】栏中的 ✔ 图标完成当前截面的创建。

（8）重复执行 6、7 相同的步骤，依次调入各个截面直到第 8 个截面为止。

（9）输入各截面之间的距离为 20。

（10）单击对话框的 确定 按钮完成特征的建立。得到的立体如图 3-48 所示。

图 3-46　第 1 个截面　　　　　　　　图 3-47　第 2 个截面

图 3-48　一般类型混合特征

3.6　草绘的薄板特征

3.6.1　概念

所谓草绘的薄板特征，就是通过将草绘的截面加厚而形成的特征形式。

3.6.2　操作步骤

和建立拉伸、旋转、扫描、混合的实体特征操作相类似。

（1）对于拉伸和旋转的薄板特征,从各自的命令操控板上选择□图标即可,建立起的立体分别如图 3-49 和 3-50 所示。 ╳ 按钮用于改变薄板特征厚度产生的方向,即指定要添加厚度的那一侧,可在以下三种模式间切换,在设置的同时模型中会有箭头指明方向。

① 向"侧 1"添加厚度;

② 向"侧 2"添加厚度;

③ 向两侧同时添加厚度。

（2）对于扫描和混合的薄板特征,选择【插入】菜单→【扫描…】或者【混合…】选项→【薄板伸出项…】菜单项,采用同建立实体的扫描和混合特征相类似的操作步骤建立各自的薄板特征,分别如图 3-51 和 3-52 所示。

（a）特征截面　　　（b）拉伸的薄板特征　　　　（a）特征截面　　　（b）旋转的薄板特征

图 3-49　拉伸的薄板特征　　　　　　　**图 3-50　旋转的薄板特征**

图 3-51　扫描的薄板特征　　　　　　　**图 3-52　混合的薄板特征**

3.7　特征的"加材料"和"切除材料"方式的比较

3.7.1　概念

"切除材料"（软件菜单中译作"切口"）的操作是从现有零件中挖出体积,而体积的创建也有拉伸、旋转、扫描、混合等方式。其操作步骤和"加材料"（软件菜单中译作"伸出项"）相似,唯一不同的是当二维截面完成后,系统要求指定材料的切除区域。

在 Creo Elements/Pro 中,"加材料"与"切除材料"是两个最重要、应用最频繁的特征操作。熟练掌握"加材料"与"切除材料"的操作是进行三维零件造型的必要条件。

3.7.2　操作步骤

"加材料"与"切除材料"操作的命令访问方法相同,对于拉伸和旋转的特征,只要在相

应的操控板上选择 ∅ 表示要进行切除材料的操作。对于
扫描和混合特征,只要选择【插入】菜单下相应命令的【切
口…】菜单项即可,如图 3-53 所示。

"加材料"与"切除材料"操作的步骤相似,但却产生截
然相反的结果。前者是属于增加材料的操作,而后者是属
于减少材料的操作。

伸出项(P)…
薄板伸出项(T)…
切口(C)…
薄板切口(T)…
曲面(S)…
曲面修剪(S)…
薄曲面修剪(T)…

图 3-53 【切除材料】的菜单选择

3.7.3 说明

（1）"加材料"与"切除材料"操作产生相反的效果,如
图 3-54 所示。

（2）在进行"去除材料"的操作时,材料去除区域的方向不同,得到的结果也不相同,如
图 3-55 所示。

（3）特征生长方向和材料去除方向的修改。

在特征的建立过程中,会出现两个箭头分别代表特征的生长方向和材料的去除区域方
向,若要改变方向,只需要将鼠标指向要改变方向的箭头,单击鼠标;或者右击鼠标从快捷
菜单中选择【反向】即可。

（a）基体特征　　　　　（b）"加材料"　　　　　（c）"切除材料"

图 3-54　"加材料"与"去除材料"操作的比较

（a）材料去除区域为截面的内部　　　　　（b）材料去除区域为截面的外部

图 3-55　材料去除区域的比较

3.8　关于基础特征的共同说明

3.8.1　关于使用英制模板和公制模板

当建立一个新的零件文件时,在图 3-1 所示的【新建】对话框中如果勾选【使用缺省模
板】复选框,那么系统使用的模板的缺省单位是英制单位的模板"inlbs_part_solid"（英寸

磅秒制）。如果用户需要使用公制的造型模板，在【新建】对话框中不要勾选【使用缺省模板】复选框，系统就会出现如图 3-56 所示的【新文件选项】对话框，在其中指定公制单位的模板 "mmns_part_solid"（毫米·牛顿·秒制）就可以了。

图 3-56　【新文件选项】对话框

3.8.2　直接将草绘用作特征截面

在零件特征的创建过程中，我们可能将特征创建过程中需要的一些草绘以"草绘的基准曲线的方式"（参见 5.5.3"创建草绘的基准曲线的方法"）先建立好，以方便后创建的特征直接选用。我们以创建一个圆柱拉伸特征为例来说明。

（1）选择【基准】工具栏→【草绘】。

（2）选择 FRONT 面为草绘平面，接受缺省的草绘视图方向，指定 RIGHT 面为定向参考平面，法线方向向右，绘制一个尺寸为 $\Phi100$ 的圆，如图 3-57 所示。

（3）选择【基础特征】工具栏→【拉伸工具】按钮。系统会在功能区弹出如图 3-4 所示的【拉伸工具】操控板。

（4）在如图 3-58 所示【拉伸工具】操控板的【放置】面板中单击【草绘收集器】将其激活，选择刚才绘制的圆曲线。

（5）系统直接将圆曲线作为拉伸特征的截面使用，直接在操控板中输入特征的生长深度为 50，单击特征操控板中的 按钮，完成拉伸特征的创建，得到如图 3-59 所示的圆柱。

（6）观察一下模型树，原来正常显示的"草绘 1"特征在模型树中被自动隐藏并自动嵌入在"拉伸 1"特征中，在"拉伸 1"特征中包含了一个名为"草绘 1"的子节点，如图 3-60 所示。

我们通过下面的操作来说明前面的草绘与后创建的拉伸特征之间的关联性。

图 3-57　草绘的圆曲线

图 3-58　【拉伸工具】操控板的【放置】面板

（1）在模型树中右击"草绘 1"，从弹出的如图 3-61 所示的快捷菜单中选择【编辑】选项，将草绘的圆曲线的直径尺寸改成 60，我们发现后面用拉伸特征创建的圆柱的直径同步地发生了变化。

图 3-59　拉伸的圆柱特征　　图 3-60　断开链接前的模型树　　图 3-61　快捷菜单

（2）在模型树中右击"拉伸 1"，从弹出的快捷菜单中选择【编辑】选项，将圆柱的直径尺寸改成 120，我们发现前面草绘的圆曲线的直径也随之同步地发生了变化。

（3）在模型树中右击"草绘 1"，从弹出的快捷菜单中选择【编辑定义】选项，将原来草绘的圆直接删除，重新绘制一个长 120、宽 60 的矩形，单击 ✔ 完成草绘的更改，退出"草绘器"。我们会发现原先圆柱现在变成了长方体，如图 3-62 所示。

（4）如果我们要断开草绘和后创建的特征之间如上的关联性，可以在模型树中右击"拉伸 1"，从弹出的快捷菜单中选择【编辑定义】选项，在系统弹出的如图 3-63 所示【拉伸】工具操控板的【放置】面板中选择 断开... 按钮，系统会弹出如图 3-64 所示的【断开链接】对话框，按下 确定 按钮即可断开特征与选定草绘的关联，并复制草绘作为内部草绘。这时再观察模型树，在"拉伸 1"特征中原有的子节点"草绘 1"被截面"S2D0001"所替代，如图 3-65 所示。

图 3-62　长方体

图 3-63　【拉伸】操控板的【放置】面板

图 3-64 【断开链接】对话框　　　　图 3-65 断开链接后的模型树

（5）我们再次重复上面（1）、（2）、（3）步的操作,会发现草绘的曲线和后创建的拉伸特征之间不再有任何关联。

3.8.3 特征工具操控板中的【属性】面板

在拉伸、旋转等基础特征包括后面的工程特征的工具操控板中,都有一个【属性】面板,如图 3-66 所示。

图 3-66 特征工具中的【属性】面板

（1）在名称编辑框中可以直接编辑修改特征的名称,模型树中的特征名称也会同步更新。同样,如果在模型树中更改特征的名称,【属性】面板中也会自动更改。

（2）单击 图标在 Creo Elements/Pro 浏览器中显示详细的元件信息,包括特征的内码、所在的零件的名称、父特征列表、特征元素数据和特征的尺寸信息等。

3.8.4 关于拉伸、旋转、扫描和混合特征的共同说明

当建立一个新的造型文件时,在图 3-1 所示的【新建】对话框中如果不勾选【使用缺省模板】复选框,在接着出现的【新文件选项】对话框也不指定模板,则不会出现使用模板时的三个基准平面:TOP、FRONT 和 RIGHT 以及基准坐标系 PRT_CSYS_DEF,此时如果使用拉伸、旋转、扫描、混合的方法进行特征的造型时,不需要指定草绘的平面和定向参考平面,Creo Elements/Pro 自动地将屏幕面作为草绘平面,特征的生长方向垂直于屏幕。

4 零件建模的工程特征

4.1 选择集的构建及工程特征概述

Creo Elements/Pro 中支持直接建模。所谓直接建模,就是首先直接选取特征创建的参照,然后再激活命令创建特征,即"对象—操作"的操作方式。在 Creo Elements/Pro 中可以完全采用直接建模的特征包括孔特征、倒角特征、倒圆角特征、抽壳特征、拔模特征等。我们前面第 3 章所讲的拉伸和旋转特征,也可以通过先选择特征创建的草绘平面,然后再激活命令的方式进行。

但在 Creo Elements/Pro 中仍然支持传统的先激活命令,然后选择需要创建特征的参照即"操作—对象"的操作方式。虽然直接建模的特征是 Creo Elements/Pro 的发展趋势,但这种操作方式更多地通过选择集的构建、使用鼠标拖动特征中的控制柄来完成特征的定位和定形,没有固定的模式可循,使用起来非常灵活,对于初学者也更难于上手,需要大量的练习。为了叙述上更具有条理,我们仍然按照传统的操作方式结构讲述,只在必要的地方给出说明。

要对模型进行操作,必须选择相应的设计图元、基准或几何参照。因此,合理、正确地构建选择集对于提高建模的效率至关重要。在激活特征命令前后均可选择图元构建选择集。

4.1.1 链选择集的构建

链由相互关联(如首尾相连或相切)的多条边或曲线组成。在建模过程中的某些特征的创建(例如倒圆角、倒角操作)或者编辑修改,可以在激活命令前或者在命令执行过程中构建链并使用它们。使用链有利于更加快捷地选取对象,有效地执行建模操作。

1. 链的类型

(1) 依次链——选择单独的边、曲线或复合曲线组成链。

(2) 目的链——是由创建它的事件自动定义和保留的链,和当前的造型环境有关。

(3) 相切链——和当前选中的边相切的、首尾相连的所有的边都被选中。

(4) 部分环——使用位于指定的起点和终点之间的部分环。

(5) 完整环——包含曲线或边的整个环的链。

其中,依次链和目的链是非基于规则的链,而相切、部分环和完整环是基于规则的链。

2. 链选择集的构建

构建链选择集需要首先在模型上选择一条边或曲线以建立锚点,Creo Elements/Pro 将突出显示选定的边或曲线。

(1) 依次链

① 首先选择一条边线作为锚点。

② 按住 [Shift] 键,不要放开。

③ 将鼠标移动至所选棱边上,此时鼠标右下方弹出"依次"提示,点击鼠标左键选择此棱边。

④ 依次选取所需的相邻棱边直到选择结束,放开 [Shift] 键。

(2)目的链

① 首先选择链中的一条边线作为锚点。

② 随后略等一小会儿或轻微晃动鼠标,鼠标右下方会弹出"目的边:xxx"的提示。

③ 点击鼠标左键确认。如图 4-1 所示。

先选择其中一条边作为锚点

目的边:F6(拉伸_2)

图 4-1 目的链

(3)相切链

① 首先选择一条边线作为锚点。

② 按住 [Shift] 键,不要放开。

③ 将鼠标移至链中与所选边线相隔(不相邻)的棱边处,此时鼠标右下方弹出"相切"提示。

④ 点击鼠标左键确认,放开 [Shift] 键,则和当前选中的边相切的、首尾相连的所有的边都被选中,如图 4-2 所示。

在命令的执行过程中,也可以直接先在【链】对话框中选择基于"相切"的规则,此时只要选择其中任意一条边,就可以将整个相切的链选中。

先选择其中一条边作为锚点

相切

按住[Shift]键,选择链中与锚点边不相邻的边

图 4-2 相切链

(4)部分环

① 首先选择环起始的边线作为锚点。

② 按住 [Shift] 键,不要放开。

③ 将鼠标移动至环的终止边处,鼠标右下方会出现"曲面环起止"提示。

④ 通过鼠标右键切换曲面环的方向,直至所需要的方向的部分环被选中。

⑤ 点击鼠标左键确认，放开 [Shift] 键。如图 4-3 所示。

在命令的执行过程中，也可以直接先在如图 4-4（a）所示【链】对话框中选择基于"部分环"的规则，然后激活【锚点】收集器选择链开始的第一条边，再激活【范围参照】收集器选择链的终止边；通过按下 反向 按钮调整所需要的环的方向。

选择链中的第一条边作为锚点

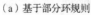曲面环起止

按住[Shift]键移动鼠标到链的终止边处，会出现"曲面环起止"提示；此时通过鼠标右键要选择的环的方向，确定后点击鼠标左键确认，放开[Shift]键

图 4-3　曲面的部分环

（a）基于部分环规则　　　　　　　（b）基于完整环规则

图 4-4　基于规则的【链】对话框设置

（5）完整环

① 首先选择链中的任意一条边线。

② 按住 [Shift] 键，不要放开。

③ 将鼠标移动至链所在的曲面上，此时鼠标右下方弹出"曲面环"提示。

④ 点击鼠标左键确认，放开 [Shift] 键，则整个曲面的边线被选中。如图 4-5 所示。

选择环中的任意一条边作为锚点

曲面环

按住[Shift]键不要放开，将鼠标移动至所选棱边相邻的曲面上，此时鼠标右下方弹出"曲面环"提示；点击鼠标左键确认

图 4-5　曲面的完整环

在命令的执行过程中，也可以直接先在如图 4-4（b）所示【链】对话框中选择基于"完整环"的规则，然后激活【锚点】收集器选择链中的任意一条边线，再激活【环参照】收集器选择链所在的曲面即可。

3.说明

（1）按住 [Ctrl] 键并单击链即可从选择集中移除整个链。

（2）[Ctrl] 键是逐一添加的多选键，所添加的几何之间无直接的关系；而 [Shift] 键是同一个链中的多选键，添加的几何都是同一个链中的组成部分。

相切链

曲面的完整环

图 4-6　通过 [Ctrl] 键和 [Shift] 键构建同一个选择集中的两条链

（3）如果要在同一工作流中构造其他链，需要松开 [Shift] 键，按住 [Ctrl] 键并单击模型上的边或曲线，以选择新链的锚点；松开 [Ctrl] 键后，再次按住 [Shift] 键，按照上文所介绍的方法构建新链的选择集。

例如，要对图 4-4 中模型前表面中的相切链和左侧面的完整环进行相同半径倒圆角的操作，得到的结果如图 4-6 所示。模型中的相切链和完整环是分别是同一个链选择集中的两条链。

4.1.2　曲面集的构建

曲面集包括选择并放置到组中的多个曲面。使用曲面集，可在一次性选定的曲面上有效地执行建模操作。

1.曲面集的类型

（1）单曲面集——包含一个或多个实体或面组曲面的选择集。

（2）目的曲面集——目的面就是所谓的"智能面"，是由创建它的事件自动定义和保留的特定曲面的集合，和当前的造型环境有关。目的曲面是基于特征、按照特征的构成由系统自动选择的。例如，拉伸特征的所有侧面、混合曲面特征的所有截面等。

（3）排除的曲面集——包含从一个或多个曲面集中排除的所有曲面。

（4）所有实体曲面集——包含活动零件的所有实体曲面。

（5）面组曲面集——包含从活动零件中选定的面组曲面。

（6）环曲面集——环曲面是一个模型表面的封闭边线轮廓所相邻模型表面的集合，这些模型表面集构成一个环绕模型表面的曲面环。

（7）种子和边界曲面集——包含选定的种子和边界曲面以及二者之间的所有曲面。其中，单曲面集、目的曲面集和排除的曲面集是非基于规则的曲面集，而所有实体曲面集、面组曲面集、环曲面集、种子和边界曲面集是基于规则的曲面集。

2. 曲面集的构建

在构建曲面集时，必须首先选取参照，然后按住 [Shift] 键以激活曲面集构建模式。

（1）单曲面集

① 在模型上选择一个曲面，Creo Elements/Pro 会突出显示选定的曲面。

② 如果要将其他曲面添加到选择集中，需要按住 [Ctrl] 键的同时进行选择。

③ 如果要将已经添加到选择集中的曲面从选择集中移除，只要按住 [Ctrl] 键的同时再次选择该曲面即可。

（2）目的曲面集

以图 4-7 所示为例，假设我们要选择底板上方拉伸特征的六个侧面。

① 先预选择底板上方的拉伸特征。

② 把光标移动到拉伸特征的前表面。

③ 按住鼠标右键，从弹出的快捷菜单中选择【从列表中选取】选项，然后在系统弹出的如图 4-8 所示的【从列表中选取】对话框中选择想要的目的曲面就可以了。

图 4-7　目的曲面选择

图 4-8　在【从列表中选取】对话框
中选择的目的曲面

图 4-9　【选定项】对话框

（3）排除的曲面集

在选择曲面对象构建曲面集时，可能会出现选中的曲面比实际需要的对象要多的情况，这时就要求构建排除的曲面集以去除多余的曲面。

① 首先在在图形窗口中的模型上构建曲面集。

② 然后按住 [Ctrl] 键在图形窗口中选取一个或多个曲面，这也就是我们要排除的曲面。

③ 在状态栏双击所选项目，打开选定项如图 4-9 所示的【选定项】对话框。在对话框中也可以看到后面的曲面为排除的曲面。

④ 继续其他操作。

（4）所有实体曲面集

所有实体曲面集的选择比较简单,首先选择一个面,然后按下鼠标右键,从弹出的快捷菜单中选择【实体曲面】,零件中所有实体的表面就都会被选中。

（5）面组曲面集

所谓面组是指非实体的表面曲面,可由单个的曲面或一组曲面组成。面组曲面集的构建和单曲面集类似,首先选中一个曲面,然后按住 [Ctrl] 键选择其余的要加入选择集的曲面即可。在选择面组的时候,可以使用状态栏上的面组过滤器进行过滤而使得操作简便。

（6）环曲面集

环曲面是一个模型表面的封闭边线轮廓所相邻模型表面的集合,这些模型表面集构成一个环绕模型表面的曲面环。在选取环曲面的过程中,环曲面围绕的模型表面为锚点。图4-10 显示了曲面环的选取过程。

① 首先预选择长方体底板拉伸特征。

② 单击鼠标左键选取长方体的上表面,即所选环曲面的锚点,该曲面加亮显示。

③ 按住 [Shift] 键选择不同的边线,与该边线相连的环曲面就被选取,以网格显示。实际上,所选的边线就是要被选取的环曲面和锚点曲面的交线。

④ 按住 [Ctrl] 键并重复上述步骤可以构建多个环曲面。

按住[Shift]键选择不同的边线的结果

图 4-10　【曲面环】选择方法

（7）种子和边界曲面集

种子面和边界面是 Creo Elements/Pro 2.0 中一种独特的曲面多选方法。首先选择种子面作为锚点,然后单击指定边界曲面,这样种子面到边界面之间的所有的模型表面（不包括边界面本身）都将被选取。图 4-11 显示了种子面和边界面的选取过程。

① 首先预选择模型中长方体底板上方右端的拉伸特征的上表面作为种子面。

② 按住 [Shift] 键的同时选择长方体的上表面作为边界面。

③ 松开 [Shift] 键后,种子面以及种子面和边界面之间所有的表面都被选取。在模型旁会显示一个"种子和边界曲面"的标签。

按下 [Ctrl] 键并重复上述步骤可以构建多个种子和边界曲面组。

图 4-11 种子面和边界面的选择方法

3. 说明

（1）所有曲面集也可以在特征命令的内部即命令的执行过程中通过如图 4-12 所示的【曲面集】对话框进行构建。

（2）当要从已经构建的曲面集中去除曲面时，可构造排除的曲面集。但是不能将单曲面集中不想要的曲面添加到"排除的"曲面集中。

（3）使用目的曲面的选择方法进行面组的选择在一些工程特征比如拔模等的处理上对于维持模型的健壮性上具有独特的优势。例如，对图 4-7 中底板上方拉伸特征的六个侧面以底板上表面为枢轴进行 10° 的拔模（请参见 4.7 节"拔模特征"），得到如图 4-13 所示结果。将图 4-7 中拉伸特征的截面重新定义为椭圆，结果如图 4-14 所示。如果是用目的曲面选择的拔模参照面，拔模特征就会自动找到椭圆柱的侧面更新原有的参照面，得到如图 4-15 所示的结果。而用基于几何的选择方法，如单曲面多选、环曲面或种子面和边界面的选择方法就会因为曲面或边界的丢失而导致后面特征重新生成的失败，在拉伸特征截面重新定义过程中会出现如图 4-16、图 4-17 所示的警告提示。

（a）基于环曲面规则　　　　　　　　（b）基于种子和边界曲面规则　　　　　（c）基于所有实体曲面规则

图 4-12 【曲面集】对话框

图 4-13　底板上方拉伸特征侧面拔模结果

图 4-14　将拉伸特征截面重新定义为椭圆

图 4-15　选择目的曲面拔模的特征重新生成成功

图 4-16　非目的曲面拔模拉伸截面重新定义时警告信息

图 4-17　非目的曲面拔模拉伸截面重新定义后特征重新生成失败提示

4.1.3　工程特征的概念

在创建完零件的基本实体特征以后,就可以进行零件的工程特征(也称放置特征)的创建,进一步完善造型设计。

零件建模的工程特征通常是指由系统提供的或者用户自定义的一类模板特征,它的特征几何形状是确定的,用户通过改变其尺寸大小,可以得到大小不同的相似的几何特征。如打孔特征,用户只要指定孔的放置平面、孔的直径、深度、定位方式以及定位尺寸,就可以得到一系列大小不同的孔。

Creo Elements/Pro 提供了许多类型的工程特征,如打孔特征、倒圆角特征、倒角特征、抽壳特征等。在零件建模的过程中使用放置特征,用户一般需要给系统提供以下几个方面的信息:

(1) 工程特征的位置。如打孔特征,用户要首先指定特征的放置平面,即在哪一个平面上打孔,然后需要确定孔的定位方式并提供相应的定位尺寸。

(2) 工程特征的尺寸。如孔特征的直径和深度尺寸,倒圆角特征的半径尺寸、拔模特征的拔模角度尺寸等。

4.1.4　工程特征的分类

(1) 规则的形状特征

此类特征只需要指定特征的放置位置和输入相关的数值即可生成。包括规则的孔特征、倒角特征、倒圆角特征、筋板特征、抽壳特征、拔模特征等。对于这些特征可以采用先选择特征的放置位置(如平面、曲面、边等),然后再用激活命令的方法来提高工作效率。

(2) 不规则的形状特征

此类特征必须绘制出其截面的形状,并输入相关的尺寸数值后才能生成。包括草绘的孔特征(异形孔)、沟槽特征、轴颈特征、法兰特征、管道特征等。

4.2 打孔特征

4.2.1 功能及分类

打孔特征是机械设计中最常用到的一种特征之一。在 Creo Elements/Pro 中,打孔特征分为以下的三种:

(1)直孔:是最简单的一类孔特征,只需要指定孔的放置平面、定位方式、定位尺寸、孔径大小和深度就可以了。又分为有标准直孔(钻孔轮廓为标准直孔,带有底端盲孔夹角)和简单直孔(钻孔轮廓为矩形,不带有底端盲孔夹角)两种类型。

(2)草绘孔:需要在草绘模式下定义孔的截面形状的孔特征,实际是一种旋转特征。

(3)标准孔:标准孔是可以与标准的外螺纹(螺栓、螺钉、螺柱)相配合的螺纹孔。它是基于相关的工业标准的,可带有不同的末端形状、标准沉孔和埋头孔。用户既可以利用系统提供的标准查找表,也可以创建自己的查找表来查找这些直径。

(4)无论是简单孔还是标准孔,都可以同时创建圆柱形或者圆锥形的沉孔结构。

4.2.2 操作步骤

(1)选择【插入】菜单→【孔…】菜单项或单击【工程特征】工具栏→【孔】工具按钮 ,将弹出如图 4-18 所示的【孔】工具操控板。

(2)选择孔的类型。

(3)指定孔放置的主参照,即孔的放置平面。

(4)指定孔特征的生成方向。

(5)指定孔特征的定位类型和定位尺寸。

(6)指定孔的直径。

(7)指定孔的深度类型和深度值。

(8)单击操控板右端的 按钮完成孔特征的创建。

下面我们通过一个创建直孔的实例来比较 Creo Elements/Pro 中传统建模和直接建模的区别。

【例1】 在一个长、宽、高分别为 260、200、100 的长方体的上表面创建一个直径为3,深度为 8 的简单直孔。孔的中心距离长方体右侧面和前侧面的定位尺寸分别为 60 和 40。

方法一:传统建模的方法

(1)选择【插入】菜单→【孔…】菜单项或单击【工程特征】工具栏→【孔】工具按钮 ,将弹出如图 4-1 所示的【孔】工具操控板。

(2)选择孔的类型为简单直孔。

(3)在 放置 下滑面板中定义孔的放置参照为长方体的上表面;孔的生长方向从上表面向下。

(4)指定孔的定位类型为【线性定位】。

图 4-18 【孔】工具操控板

（5）选择定位参照并指定定位尺寸。激活 放置 下滑面板中【偏移参照】收集器，然后选择长方体的右侧面为第一个线性参照；选择长方体的前侧面作为第二个线性参照时，注意选择的同时要按住【Ctrl】键；修改定位尺寸分别为 60 和 40。相应的 放置 面板中的设置如图 4-19 所示。

（6）在操控板上指定孔的直径为 30。

（7）指定孔的深度类型为盲孔，深度值为 80。

（8）指定孔的深度类型和深度值。

（9）单击操控板右端的 ✓ 按钮完成特征的创建，如图 4-20 所示。

方法二：直接建模的方法

（1）首先选择长方体的上表面作为孔的放置表面，然后选择【插入】菜单→【孔…】菜单项或单击【工程特征】工具栏→【孔】工具按钮 ，将弹出如图 4-18 所示的【孔】工具操控板。

图 4-19 放置 下滑面板   **图 4-20** 线性定位创建的孔

（2）接受缺省的孔的类型为简单直孔。

（3）接受缺省的孔的定位类型为【线性】定位。

（4）在图形区的孔特征处会出现 5 个图柄，如图 4-21 所示。其中两个绿色菱形的是线性参照控制柄；另外三个矩形的分别是直径、深度和中心位置控制柄。

①拖拽线性参照控制柄到一个平面、曲面、边或者轴参照，那么这个参照就成为孔的一个线性定位参照；此刻菱形的图柄变为带黑点的矩形形状。

②拖拽孔中心位置控制柄将改变孔中心的位置，其相对于线性参照的尺寸也会随之动态地变化。此外，也可以直接在 放置 面板的【偏移参照】中修改孔的定位尺寸。

③拖拽孔的直径控制柄将改变孔的直径大小。此外，也可以用鼠标双击直径尺寸数值，直接输入新的尺寸；或者在操控板中指定直径的大小。

④拖拽孔的深度控制柄将改变孔的深度方向和数值。

（5）单击操控板右端的 ✓ 按钮完成孔特征的创建，如图 4-21 所示。

从上面孔特征创建的两种不同方法的操作比较我们可以看出，直接建模的方法更加快捷、灵活和方便。但是不同特征的不同建立方式（例如孔特征可以有线性定位和径向定位之分等）下，图柄的数量和操作方法也不尽相同，所以需要读者大量的练习才能够熟练地掌握。

图 4-21 孔的直接建模过程

4.2.3　说明

（1）孔的定位类型分为线性、径向、直径、同轴四种，其说明如下：

① 线性——通过标注两个不同方向的线性尺寸来决定孔的位置；偏移参照（尺寸参照）可以是零件的棱边、零件已有的表面、基准平面或轴线等。在操作时，指定孔特征的放置平面和生长方向后，激活如图 4-19 所示的 放置 面板中的【偏移参照】收集器，先选择第一个线性参照；选择第二个线性参照时，注意要按住 [Ctrl] 键。如图 4-20 所示直径为 $\phi30$ 的孔。

也可以使用鼠标拖动工作窗口中的菱形控制柄到达相应的参照面或者边来对孔的中心位置和尺寸进行控制。此外，在拖动定义深度尺寸的时候如果按住 [Shift] 键可以实现捕捉功能。

② 径向——创建与选定参照轴线保持一定距离，并与指定参照平面保持一定角度的孔特征。这种定位方式下，孔的轴线位置实际上是以极坐标的方式来标注的。需要指定一个参照轴和角度的参照平面，然后指定半径尺寸，这个半径实际就是孔所在的分布圆的半径，如图 4-22 所示。

图 4-22　径向定位的孔

③ 直径——与径向方式类似，不同之处在于指定的是直径尺寸。这个直径实际就是孔所在的分布圆的直径，如图 4-23 所示。

④ 同轴——创建一个与某已有轴线同轴的孔特征。注意在创建同轴的孔特征时，在 放置 面板的【放置】参照中首先要选择一条已有的轴线作为主参照，然后再按住【Ctrl】键的同时选择孔的放置平面，【偏移参照】中无须设置，如图 4-24 所示。

图 4-23　直径定位的孔

（2）孔的深度类型说明如下：

① ⬓ —可变，从放置参照开始以指定深度值的方式钻孔。

② ⬓ —对称，从放置参照开始以指定深度值的一半分别两个方向对称钻孔。

③ ⬓ —穿过下一个，钻孔直到下一个曲面。

④ ⬓ —到选定项，钻孔直到选定的点、曲线、平面或曲面。

⑤ ⬓ —穿透，钻孔直到穿透所有实体。

⑥ ⬓ —穿至，钻孔直到与选定曲面或平面相交。

放置

| 曲面:F5(拉伸_1) |
| A_1(轴):F6(孔_1) |

反向

类型　同轴

偏移参照

方向

尺寸方向参照

图 4-24　创建同轴孔时的 放置 面板设置

（3）Creo Elements/Pro 支持在曲面或者圆柱面上直接创建孔特征。选择曲面或者圆柱面，激活命令后，将控制柄拖拽到相应的参照进行角度和线性尺寸的标注即可。如图 4-25 所示，创建了一个直径为 $\phi30$ 的通孔，孔的中心线与长方体的底面夹角为 70°，与前侧面的距离为 80。

（4）还可以通过曲面上的点（基准点或顶点）创建一个孔，孔的轴线通过这个点并且垂直于点所在的曲面。如图 4-26 所示，PNT0 是过驱动曲线创建的圆角曲面上的一个基准点（通过曲线倒圆角请参见 4.3，创建基准点请参见 5.4），过该基准点创建了一个直径为 $\phi40$、深度为 90 的直孔。

图 4-25　曲面上创建的孔　　　　　　图 4-26　过曲面上的点创建的孔

（5）在创建草绘孔时，系统会自动转入二维的草绘环境中以便让用户绘制孔的截面。草绘的孔以旋转特征的方式生成，必须符合旋转特征截面的要求，即要有作为旋转轴的几何中心线、截面完全封闭并且位于轴线的同一侧；此外，截面中必须有与轴线相互垂直的直线段，作为对齐放置平面之用。

【例 2】　在【例 1】中长方体的上表面中心创建一个截面如图 4-27（a）所示的草绘孔，由于草绘截面上方没有与轴线垂直的线段用于与放置平面对齐，系统只好使用截面下部的线段用作对齐使用，所以得到的立体中孔的截面如图 4-27（b）所示。

（a）草绘孔截面　　　　　　　　　　（b）草绘孔结果

图 4-27　草绘孔实例

（6）标准孔和简单孔的定位方法相类似，只是操控板的内容略有不同。如图 4-28 所示为在【例 1】中长方体的上表面中心创建一个公称直径 30，螺距 3.5，螺纹孔深度 60，光孔深度 75 的标准孔时的【孔】工具操控板，其结果如图 4-29 所示。

图 4-28　创建标准孔的【孔】工具操控板

图 4-29　标准螺纹孔及标注实例

（7）如果要查看螺纹孔的注解（即螺纹孔的标注），需要对于模型树中的【树过滤器】进行设置。方法是在模型树中选择【设置】🔧下拉菜单中的【树过滤器】，系统弹出如图4-30所示的【模型树项目】对话框。在左边的【显示】区域中勾选【注释】复选框，然后单击[确定]即可。设置以后螺纹孔的注解内容会作为螺纹孔的子节点显示在模型树中；当图形窗口上方工具栏中的【注释显示】图标🏷处于打开状态时，在模型树中选择注释，图形窗口中会相应地显示注解文字，如图4-29所示。

在模型树中选择并右击螺纹孔的注解，从弹出的快捷菜单中选择【属性】，在系统弹出如图4-31所示的【注解】对话框中可以对螺纹孔的标注进行修改。

图 4-30 【模型树项目】对话框

4.3 倒圆角特征

4.3.1 功能及分类

倒圆角是工程设计和制造中不可缺少的一个环节，光滑过渡的外观对于产品的机械结构性能非常重要，不仅可以减少尖角造成的应力集中，还有助于造型的美化与美观。在 Creo Elements/Pro 中，倒圆角特征分为以下两种：

（1）常规倒圆角。设置较为细致，可创建不同方式的圆角特征，操作较为复杂。

（2）自动倒圆角。一种快速创建一系列相同半径圆角的方法。

常规倒圆角的创建步骤分为以下的两步：

（1）圆角设置。选择圆角的放置参照和空间形态，指定圆角的半径等。

（2）过渡设置。控制多个圆角在相交处，即过渡区域的相交状况。

图 4-31 【注解】对话框

4.3.2 操作步骤

（1）选择【插入】菜单→【倒圆角…】菜单项或单击【工程特征】工具栏→【倒圆角】工具按钮 ，系统将弹出如图 4-32 所示的【倒圆角】工具操控板。

图 4-32　【倒圆角】工具操控板

（2）选取圆角的放置参照（边链、曲面 - 曲面、边 - 曲面）。

（3）定义圆角的半径（常半径、变半径）。

（4）设置圆角的过渡区域类型。

（5）单击操控板右边控制区域的 ✔ 按钮完成倒圆角特征的创建。

4.3.3　说明

（1）圆角的放置参照集，可以创建下列不同参照的圆角，请读者注意相应的链的构建方法。

① 边链：选取已有特征的边链以产生圆角特征。可以在激活命令前构建链选择集，也可以激活命令后单击 集 面板中【参照】区域下面的 细节… 按钮，在系统弹出的类似图 4-4 所示的【链】对话框中修改选择的规则为【标准】或者【基于规则】。

图 4-33 所示单独选择模型中的两条不相连的边线进行倒圆角的情况。

② 曲面 - 曲面：选取相邻零件表面生成倒圆角特征，如图 4-34 所示。

③ 边 - 曲面：选择零件的边线和表面生成倒圆角特征，要求先选择曲面，然后按住 [Ctrl] 键选择一条边，此时圆角半径应大于所选择的边到曲面的距离，如图 4-35 所示。否则"边 - 曲面"的倒圆角特征就会变成边所在的曲面和选择的曲面交线的圆角特征了。

④ 曲面链：曲面链是模型已有表面边线构成的封闭轮廓。在选择对象时，首先选择其中的一条边线，此时按住 [Shift] 键选该链所在的曲面，则该曲面的该条曲面链被选中，如图 4-36 所示。

⑤ 完全倒圆角：根据选取的零件的边线之间的距离，用户无需指定半径，系统自动生成全圆角，并且该全圆角将通过被选定的零件的边缘，如图 4-37 所示，实际上相当于对边最大倒圆角。

⑥ 通过曲线倒圆角：生成的圆角曲面将通过所选取的曲线，无需指定圆角的半径值，如图 4-38 所示。注意驱动曲线必须草绘在其中的一个面内，其长度不得小于要倒圆角的边的长度。（基准曲线的绘制请参照 5.6 节"基准曲线"）

（2）圆角的半径值可为常半径或变半径，其说明如下：

① 常半径：圆角特征的半径为常数。

② 变半径：圆角特征的半径为变量。在倒圆角特征的创建过程中，用户可以添加不同的圆角半径值以实现变半径的倒圆角。如图 4-39（a）所示为倒圆角前的立体，如图 4-39（b）所示为对于其中的一条边进行变半径倒圆角后的情况。

图 4-33　边的圆角

图 4-34　曲面 - 曲面的圆角

图 4-35　边 - 曲面的圆角

图 4-36　曲面链的圆角

图 4-37　完全倒圆角

图 4-38　通过曲线倒圆角

（a）倒圆角前的立体

（b）变半径倒圆角的结果

图4-39 可变半径的倒圆角

（3）圆角的【过渡】模式主要用于控制不同圆角之间的过渡情况，具体参见后面的实例。

（4）通过段管理，可更好地控制倒圆角特征。可使用操控板中 段 面板来执行倒圆角段管理。使用 段 面板可执行以下操作：

① 查看倒圆角特征的全部倒圆角集；

② 查看当前倒圆角集；

③ 查看当前倒圆角集中的全部倒圆角段；

④ 查看倒圆角段的当前状态（包括、排除、或已编辑）；

⑤ 从倒圆角集中排除倒圆角段；

⑥ 修剪或延伸倒圆角段；

⑦ 处理放置模糊问题。

（5）圆角的创建从表面上看较简单，但在复杂的模型上创建圆角时常常会出现各种问题，所以需要注意以下几点：

① 在造型过程的后期创建圆角；

② 在创建较大半径的圆角前，先创建半径较小的圆角；

③ 避免使用圆角特征作为创建特征的参照和尺寸标注的参照，以避免不必要的特征父子关系；

④ 对于需要拔模的表面，应先创建拔模特征，后创建倒圆角特征；

⑤ 先创建加材料的倒圆角特征，后创建减材料的倒圆角特征；

⑥ 对于存在抽壳特征的零件，应该先创建倒圆角特征，后创建壳特征，因为先创建壳特征后倒圆角会使得壳的壁厚度不均匀。

（6）对于不成功的倒圆角常用的操作技巧如下：

① 尝试键入一个不同的圆角半径值；

② 使用不同的圆角放置参照类型，例如使用"面－面"、"边－边"的倒圆角；

③ 在【倒圆角】工具操控板的 选项 面板中将"圆角的附着形式"改为【曲面】，先将圆角创建为曲面，然后使用曲面的编辑技巧，手工修复有问题的区域；

④ 采用其他类型的特征创建方式（例如扫描特征）来取得相同的效果。

4.3.4 举例

【例3】 变半径倒圆角。

（1）打开"4-39-a.prt"文件。

（2）选择【工程特征】工具栏→【倒圆角】工具按钮 ，在弹出的【倒圆角】操控板的 集 面板中，选择圆角的放置参照为立体的右上侧棱边。

（3）在 集 面板的【半径】区域的空白处右击，从弹出的快捷菜单中选择【添加半径】选项，指定在边线的两个端点、比率为 0.3 和 0.7 四个位置处的圆角半径分别为 35、25、45 和 60，如图 4-40 所示。

（4）单击操控板右端控制区域的 按钮完成特征的创建，如图 4-41 所示。

说明：添加半径的方法有多种，可以在图形区选中圆形控制柄，也可以在 集 面板的【半径】区域的空白处单击鼠标右键，从弹出的快捷菜单中选择【添加半径】。如果需要转为常半径圆角，可以在同样的快捷菜单中选择【成为常数】。

图 4-40　变半径倒圆角的 集 面板

图 4-41　变半径倒圆角实例

【例 4】　曲面到曲面之间的完全倒圆角。

（1）打开如图 4-42（a）所示的相应文件。

（2）选择【工程特征】工具栏→【倒圆角】工具按钮 ，激活倒圆角命令。

（3）在弹出的【倒圆角】操控板的 集 面板中，选取圆角的放置参照为零件模型右端的上表面和下表面（注意按住【Ctrl】键）。

（4）在 集 面板中单击按钮 完全倒圆角 。

（5）Creo Elements/Pro 激活 集 面板中的【驱动曲面】收集器，选择模型中单独的曲面作为驱动曲面，如图 4-42（b）所示。

（6）单击操控板右侧控制区域的 完成圆角的创建。

（7）在模型树中选择单独创建的驱动曲面并单击鼠标右键，从快捷菜单中选择【隐藏】选项使得该曲面特征在屏幕上不显示，如图 4-42（c）所示。

（a）倒圆角前

（c）结果

（b）设置驱动曲面

图 4-42　曲面到曲面之间的【完全倒圆角】

4.3.5　有关倒圆角特征中直接建模的操作说明

我们在前面一节中已经提到过,所谓直接建模就是在图形区的模型上通过鼠标键完成各种操作,不但直观而且快捷。在倒圆角特征的创建过程中我们也可以通过鼠标进行直接建模,先选择要进行倒圆角的放置参照,然后发出命令；如果选择的放置参照是边,还可以单击鼠标右键从弹出的快捷菜单中选择【倒圆角边】来激活命令。

图 4-43 是倒圆角的操作过程。前面已经介绍过,拖动方形控制柄可以直接动态地改变圆角特征的半径值,方形控制柄的旁边显示了当前半径的数值。双击该数值,就会出现一个尺寸编辑框,用户可以直接输入半径值；或者单击该尺寸编辑框旁边的下拉式箭头,将会出现一个列出了最近几次使用过的圆角半径值的下拉式列表框,用户可以从中选择一个数值；当然,用户也可以直接在 集 面板中直接输入半径值。除了方形控制柄外,还有一个标示倒圆角位置的圆形空心控制柄,拖动该控制柄可以改变圆角测量点在边线上的位置。选中

图 4-43　【添加半径】的直接建模过程

圆形控制柄,单击鼠标右键,在快捷菜单中选择【添加半径】可以增加新的倒圆角测量点,即转换成为变半径倒圆角的方式;在快捷菜单中选择【删除】,可以消除多余的倒圆角测量点。在图形空白区单击鼠标右键,在快捷菜单中选择【成为常数】可以将变半径圆角转化为常半径圆角。

4.3.6 过渡区域的设定方法

1. 概念

如果进行倒圆角的几何对象之间没有对齐,或者有多个圆角交汇于一点,就会出现圆角过渡区域的处理问题。Creo Elements/Pro 允许用户指定处理重叠或不连续倒圆角段的方法。一般情况下,Creo Elements/Pro 使用缺省过渡,这些缺省过渡根据特定的几何环境进行选取。但是,在特定情况下,用户可以修改现有过渡以获得满意的倒圆角效果。

2. 方法

在【倒圆角】工具操控板中单击【切换至过渡模式】图标 ,激活【过渡】模式。

3. 过渡区域类型

在操控板的【过渡类型】框中显示了当前过渡的缺省类型,并包含基于当前几何环境下可能有效的过渡类型的列表。需要说明的是,并非所有列出的过渡类型都可用于给定的环境。常见过渡类型的如下:

(1)缺省——Creo Elements/Pro 确定最适合几何环境的过渡类型。

(2)混合——使用边参照在倒圆角段间创建圆角曲面。

(3)连续——将倒角几何延伸到两个倒圆角段中。

(4)相交——有明显的相交棱线,以向彼此延伸的方式延伸两个或更多个重叠倒圆角段,直至它们会聚形成锐边界。仅当活动的倒圆角集包含两个或多个重叠的倒圆角段时,此选项才为可用。

(5)拐角扫描——半径小的圆角绕大的圆角过渡,利用扫描对由三个重叠倒圆角段所形成的拐角过渡进行倒圆角。扫描会用最大半径来包络倒圆角段。

(6)仅限倒圆角——使用复合倒圆角几何创建过渡。

(7)拐角球——球面半径=最大半径,用球面拐角对由三个重叠倒圆角段所形成的拐角过渡进行倒圆角。

(8)曲面片——在三个或四个倒角段重叠的位置处创建修补曲面。

表 4-1 说明了常见的可能的圆角过渡情况。

从表中图例我们可以看出,在模型中对于要进行倒圆角的参照的设置,如形状、大小、相对位置关系、过渡区域的类型等因素,对于产生的圆角的空间表现形态都有着十分重要的影响。即便是对相同位置的参照设定相同类型的圆角过渡区域,由于各个参照圆角半径的不同,圆角具体的表现情况也不一样。

Creo Elements/Pro 提供了丰富的圆角过渡形式,具体说明可以参见 Creo Elements/Pro 的帮助文件。但是并非所有的圆角过渡通过设定都能产生令人满意的效果。除了需要使用经验的积累以外,对于复杂的圆角过渡问题经常需要使用曲面过渡的方法才能有效地加以解决。

表 4-1　常见圆角过渡情况

过渡类型	$R1=R2=R3$	$(R1=R2)<R3$	$(R1=R2)>R3$	$R1<R2<R3$
拐角球面				
拐角扫描				
曲面片（没有曲面）				
具有曲面 1 的曲面片				
具有曲面 2 的曲面片				
具有曲面 3 的曲面片				
仅倒圆角				

表中：$R1$、$R2$ 及 $R3$ 是各倒圆角段的半径,箭头指示选取的修补可选曲面。

4.3.7　自动倒圆角

1.功能

一般倒圆角工具都需要用户一一指定放置圆角的位置参照,对于复杂模型需要花费一定的时间。在 Creo Elements/Pro 中提供了"自动倒圆角"工具用于快速地创建一系列的圆角。

2.操作步骤

（1）选择菜单【插入】→【自动倒圆角】,系统将弹出如图 4-44 所示的【自动倒圆角】工具操控板。

（2）选择自动倒圆角特征的范围。

（3）分别指定凸边和凹边的圆角半径。

（4）如果不想对某些边倒圆角,在 排除 面板中选择要从自动倒圆角特征中排除的边。

（5）单击操控板的 ✔ 按钮完成倒圆角特征的创建。

图 4-44 【自动倒圆角】工具操控板

3. 说明

（1）在实际的工程中，为了设计和加工上的方便，往往尽可能采用统一的圆角半径。与常规的倒圆角特征相比，采用自动倒圆角特征不仅方便、快捷，而且可以加快零件重新生成的速度。

（2）在 选项 面板中包含以下内容：

① 实体几何。模型中包含实体几何时的默认选项，在模型的实体几何上创建自动倒圆角特征。

② 面组。在模型的单个面组上创建自动倒圆角特征，仅在模型包含一个或多个面组时可用。

③ 选定的边。在选定的边或目的链上创建自动倒圆角特征。

④ 凸边。选择在模型中所有凸边上要建立自动倒圆角特征。

⑤ 凹边。选择在模型中所有凹边上要建立自动倒圆角特征。

（3）自动倒圆角特征中所有凸边的圆角半径相同，所有凹边的圆角半径也相同；但凸边和凹边的圆角半径可以不相同。

图 4-45 自动倒圆角特征在模型树中的显示

（4）如果不想对某些边倒圆角，在 排除 面板中选择要从自动倒圆角特征中排除的边。

（5）默认情况下，自动倒圆角特征在模型树中显示为一个特征，如图 4-45 所示。可以在模型树中，右击自动倒圆角特征，从快捷菜单中选择【转换为组】将自动倒圆角特征转换为常规的倒圆角特征组，如图 4-46 所示，或者直接在操控板的 选项 面板中勾选【创建常规倒圆角特征组】，如图 4-47 所示。

（6）可以将自动倒圆角特征转换为常规的倒圆角特征，从而使圆角半径数值可以独立修改。

（7）自动倒圆角特征不能够进行阵列操作。

4.举例

【例 5】 在图 4-47（a）所示的模型上创建自动倒圆角特征，结果如图 4-47（b）所示。

图 4-46　转换为常规圆角特征在模型树中的显示

（a）原模型　　　　　　　　　　　　（b）结果

图 4-47　自动倒圆角特征实例

4.4　倒角特征

4.4.1　功能及分类

和倒圆角类似，倒角特征是在零件的边线或角落上切削材料，在相应位置生成一个斜面，以达到设计要求的一类以去除材料为主的特征。倒角特征分为以下的两种：

（1）边线倒角。指在选定的边线上创建斜面。

（2）拐角倒角。指在三条边线的交点处创建一个斜面。

常规倒角的创建步骤分为以下的两步：

（1）倒角设置。选择倒角的放置参照和空间形态，指定倒角的距离等。

（2）过渡设置。控制多个倒角在相交处即过渡区域的相交状况。

4.4.2　边线倒角的操作步骤

（1）选择【工程特征】工具栏→【倒角】 命令，系统将弹出如图 4-48 所示的【倒角】工具操控板。

控制倒角集的距离和位置

切换至"过渡"模式

切换至"设置"模式

更改倒角特征的名称

名称 倒角_2

建立倒角特征的放置参考集

倒角的附着方式

附件
○ 实体
○ 曲面
□ 创建终止曲面

倒角特征的段管理

已定义的过渡列表

图 4-48 【倒角】工具操控板

（2）选取要倒角的参照边。

（3）定义倒角的距离。

（4）如果需要，适当定义倒角的过渡模式。

（5）单击操控板右端控制区域的 ✔ 按钮完成特征的创建。

4.4.3　有关边倒角的说明

（1）倒角的放置参照，可以创建下列不同参照的倒角，请读者注意相应的对象选取方法。

① 边或边链的倒角。

② 曲面到边的倒角：注意这种方式的倒角要先选择曲面，然后按住 [Ctrl] 键选择边。

③ 曲面到曲面的倒角。

④ 拐角的倒角。

（2）Creo Elements/Pro 提供下列两种倒角创建方法：

① 偏移曲面 - 通过偏移边参照的相邻曲面来确定倒角距离。缺省情况下，Creo Elements/Pro 会选取此创建方法。

② 相切距离 - 用相切于边参照的相邻曲面的向量来确定倒角距离。

（3）常用设置倒角距离的方法如图 4-49 所示，有以下 6 种：

① 45×D：创建的倒角和两个曲面都成 45°，并且距离每个曲面边的距离都是 D，仅适用于使用 90° 曲面和【相切距离】创建方法的倒角，如图 4-49（a）所示。

② D×D：创建等边倒角，可用于不相互垂直的两个表面的交线的倒角。对"边"倒角，边链的所有成员必须正好由两个 90° 平面或两个 90° 曲面（例如，圆柱的端面）形成。对"面对面"倒角，必须选取定角度平面或恒定 90° 曲面，如图 4-49（b）所示。

③ D1×D2：创建不等边倒角。适用的条件与（1）相同，如图 4-49（c）所示。

④ 角度 ×D：创建的倒角沿一个曲面的距离为 D，并且倒角边和这个面成指定的角度。适用的条件与①相同，如图 4-49（d）所示。

⑤ O×O：在与各曲面上的边之间的偏移距离为（O）处创建倒角。

⑥ O1×O2：在一个曲面上距选定边的偏移距离为（O1）、在另一个曲面上距选定边的偏移距离为（O2）处创建倒角。

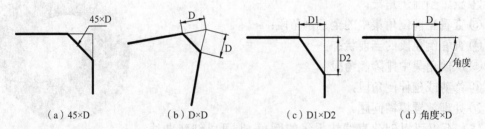

（a）45×D   （b）D×D   （c）D1×D2   （d）角度×D

图 4-49　设置倒角距离的方法

（4）对于不等边倒角，如果要反转倒角距离，可在对话栏中单击 ⫽ ；再次单击会恢复原始设置。也可将光标置于倒角数值的控制柄上，右键单击鼠标，然后使用快捷菜单中的【反向】。

（5）Creo Elements/Pro 中也可以先选择要倒角的边，然后再发出命令。

（6）定义倒角的过渡区域

如果多个倒角交汇于一点，就会出现倒角的过渡问题，需要对这些重叠或不连续的倒角段进行处理。一般情况下，Creo Elements/Pro 使用默认过渡。这些默认过渡根据特定的几何环境进行选择。在多种情况下，只需使用默认过渡。但是，在某些情况下，用户需要修改现有过渡以获得满意的倒角几何。倒角的过渡类型分为以下几种：

① 默认。Creo Elements/Pro 自行确定最适合当前几何环境下的过渡类型。

② 混合。使用边参照在倒角段间创建圆角曲面。

③ 继续。将倒角几何延续到两个倒角段中。

④ 相交。以向彼此延伸的方式延伸两个或更多个重叠倒角段，直至它们会聚形成锐边

界,如图 4-50 所示。

⑤ 拐角平面。对由三个倒角段重叠而形成的拐角过渡以平面进行倒角,如图 4-51 所示。

⑥ 曲面片。在三个或四个倒角段重叠的位置处创建修补曲面,系统要求"选取要其上放置带弧圆角的曲面"并指定圆弧的半径,然后创建曲面片过渡,如图 4-52 所示。

⑦ 终止于参照。在指定的基准点或基准平面处终止倒角几何。

注意:Creo Elements/Pro 根据选定过渡的几何环境确定有效过渡类型。也就是说,对于特定类型的过渡,上面所列出的各种过渡类型并不是都可用的。

图 4-50 【相交】过渡

图 4-51 【拐角平面】过渡

图 4-52 【曲面片】过渡

(7) 选择操控板上的 段 面板,可以进行段管理,以更好地控制倒角特征,其管理内容如下:

① 查看倒角特征的全部倒角集;

② 查看当前倒角集;

③ 查看当前倒角集中的全部倒角段;

④ 查看倒角段的当前状态;

⑤ 从倒角集中排除倒角段;

⑥ 修剪或延伸倒角段;

⑦ 处理放置模糊问题。

(8) 不仅可以创建直线边界线的倒角,也可以创建曲线边界线的倒角,如图 4-53 所示。

图 4-53 曲线边界的倒角

4.4.4 边线倒角举例

【例 6】 创建如图 4-54 所示的三维模型。

(1) 打开如图 4-54(a).prt 所示的文件。

(a) 要倒角的立体　　　　　　(b) 指定倒角的过渡区域

图 4-54 边线倒角举例

（2）选择【工程特征】工具栏→【倒角】命令，系统将弹出如图 4-48 所示的【倒角】工具操控板。

图 4-55 集 面板

（3）在图 4-55 所示的 集 面板中指定如图 4-54（b）所示的三条边作为倒角参照（先选其中的一条边，然后按住 [Ctrl] 键加入其他参照），设置倒角的距离方式为 D×D，大小等于 1。

（4）单击倒角操控板的【切换至过渡模式】图标，Creo Elements/Pro 出现"从屏幕上或从过渡页的过渡列表中选取过渡"的提示，在屏幕上选择倒角的过渡区域（三个倒角边的交汇之处）。

（5）在过渡区域类型列表框中指定为"曲面片"过渡，激活放置圆角的【可选曲面】收集器，选择长方体的上表面（要在其上放置带弧圆角的曲面，以进行曲面片过渡），并指定圆弧的半径为 1.5，此时 过渡 面板如图 4-56 所示。如果设置过渡形式为【相交】或者【拐角平面】类型，只要在过渡区域类型列表框中进行相应的选择即可。

（6）单击操控板右端控制区域的 按钮完成特征的创建，得到的结果如图 4-54 所示。

图 4-56 过渡 面板

4.4.5 拐角倒角

1. 功能

拐角倒角用于在三条边线的交点处创建一个斜面。

我们以在图 4-54（a）.prt 文件中创建拐角倒角为例来说明其操作步骤。

2. 操作步骤

（1）打开如图 4-54（a）.prt 所示的文件。

（2）选择【插入】菜单→【倒角】→【拐角倒角】，系统将弹出如图 4-57 所示的【倒角（拐角）：拐角】菜单管理器。

（3）选择要进行倒角的顶角为长方体的右前上顶点处。

（4）系统弹出如图 4-58 所示的菜单管理器，加亮

图 4-57 【倒角（拐角）】菜单管理器

显示选定的边并出现"在绿色边上选择尺寸位置,或从菜单选择"输入"。"的提示。

（5）执行下列操作之一:

① 选择【选出点】方式,并在加亮边上选取一个点,定义沿顶点的边的倒角长度。Creo Elements/Pro 会缺省选取此命令。

② 选择【输入】方式,在尺寸框中键入长度尺寸值,并单击✔。这就定义了沿顶点的加亮边的倒角长度。

（6）定义了第一条边上的倒角距离后,Creo Elements/Pro 逐个加亮其他边,这样就能定义其他两条边的倒角距离。重复步骤 4 来定义每个顶点。注意,可为每条边选取不同的定义方法。

（7）单击菜单管理器的 确定 ,Creo Elements/Pro 创建如图 4-59 所示的拐角倒角。

图 4-58 【指定倒角距离】菜单管理器

图 4-59 拐角倒角

4.5 筋特征

4.5.1 功能及分类

在 Creo Elements/Pro 中,筋特征分为轮廓筋和轨迹筋两种,而轮廓筋又分为平直型加强筋和旋转型加强筋两种。

（1）轮廓筋

轮廓筋特征是零件建模过程中常用的一类特征,它主要通过加强两部分实体之间的连接而达到增加零件强度和刚度的目的。

① 平直型加强筋:连接的两个特征是平直造型,此时产生平直型加强筋,如图 4-60 所示。

② 旋转型加强筋:连接的两个特征中存在旋转特征的造型,此时产生旋转型加强筋,如图 4-61 所示。

图 4-60 平直型加强筋

图 4-61 旋转型加强筋

（2）轨迹筋

轨迹筋主要用于塑料壳体零件内部起到加强连接的作用，如图 4-62 所示。

4.5.2 操作步骤

（1）选择【工程特征】工具栏→【筋】命令溢出按钮 ▾ →【轮廓筋】 命令，系统将弹出如图 4-63 所示的【轮廓筋】工具操控板。

图 4-62　轨迹筋

图 4-63　【轮廓筋】工具操控板

（2）选择已有的草绘或者创建轮廓筋的草绘。

（3）指定轮廓筋的生长方向。

（4）指定轮廓筋的厚度。

（5）单击操控板右端控制区域的 ✔ 按钮完成特征的创建。

4.5.3 说明

（1）草绘的截面必须是开放的，并且截面的端点必须对齐于零件模型已有特征的边线上。

（2）如果需要产生中空的筋，草绘截面中必须要有一段是开口的，如图 4-64（a）所示的中空加强筋特征的草绘截面如图 4-64（b）所示。

（a）中空的加强筋　　　　　　　　　　（b）草绘截面

图 4-64　中空的筋

（3）在一般情况下,轮廓筋特征的生长方向是以草绘平面为基准向两侧对称生长的。单击操控板上的 ⚡ 可以改变加强筋特征的产生方向,在"反向、正向、两者都"三种方式之间进行切换。

（4）对于旋转型加强筋,草绘平面应该是过其旋转轴线的平面。

4.5.4 轨迹筋

1. 功能

轨迹筋主要在塑料壳体零件内部起到加强连接的作用,这些零件壳体的曲面之间含有基础或其他空心区域。

要创建轨迹筋的零件壳体曲面和基础必须是几何实体。通过在壳体曲面之间草绘筋路径或选择现有的草绘来创建轨迹筋的截面。轨迹筋具有顶部和底部。底部是与零件底部曲面相交的一端;顶部则是筋草绘定义所在的平面。

2. 操作步骤

（1）选择【工程特征】工具栏→【筋】命令溢出按钮 ▾ →【轨迹筋】 📷 命令,系统将弹出如图 4-65 所示的【轨迹筋】工具操控板。

图 4-65 【轨迹筋】工具操控板

（2）选择已有的草绘或者重新创建轨迹筋的草绘。

（3）指定轮廓筋的生长方向。

（4）指定轮廓筋的厚度。

（5）根据需要选择为轨迹筋添加侧曲面拔模和倒圆角特征，同时在 形状 面板中进行参数的设置并预览横截面的形状。

（6）单击操控板右端控制区域的 ✔ 按钮完成轨迹筋特征的创建。

3. 举例

创建如图 4-66 所示的三维模型。

（1）打开如图 4-66（a）.prt 所示的文件。

（2）选择【模型】选项卡→【基准】组→【基准平面】 ▱ 命令创建轨迹筋的草绘平面 DTM1，在 TOP 基准面上方，距离 80。（基准平面的创建请参照 5.2 "基准平面" 一节内容）

（3）选择【工程特征】工具栏→【筋】命令溢出按钮 ▾ →【轨迹筋】 ⬠ 命令，系统将弹出如图 4-65 所示的【轨迹筋】工具操控板。

（4）打开 放置 面板，选择 定义... 创建轨迹筋的草绘。选择 DTM1 为草绘平面，RIGHT 面作为定向参照面，法线方向向右。绘制如图 4-67 所示的轨迹筋的截面。

（5）接受轮廓筋的生长方向为从草绘平面到壳体底部的方向。

（6）指定轮廓筋的厚度为 6。

（7）为轨迹筋添加侧曲面拔模角度为 3°，顶部和底部的圆角半径均为 R3，同时在面板中进行参数的设置并预览横截面的形状。

（a）原模型

（b）创建轨迹筋后的模型

图 4-66 轨迹筋特征创建实例

图 4-67 轨迹筋的草绘截面

（8）单击操控板右端控制区域的 ✅ 按钮完成轨迹筋特征的创建。

4.轨迹筋创建过程中需要注意的问题

（1）轨迹筋的草绘可以自相交，并且允许有多个开放的环或封闭的环。

（2）在绘制轨迹筋的截面时，不需要将草绘截面与壳体表面对齐。如果草绘没有达到零件壳体的内表面，系统会自动将其延伸至壳体零件的内表面；如果草绘的截面已超出零件壳体的外表面，系统也会自动将其修剪至壳体的内表面，如图4-67所示。

（3）如果轨迹筋创建过程中穿越壳体中的孔或者槽，轨迹筋特征的创建将会失败。例如要在如图4-68所示的模型中创建图4-66（b）中的轨迹筋特征将会失败。

轨迹筋的草绘穿过此处的孔

轨迹筋生长过程中将在此孔位置处与壳体相连

图4-68　轨迹筋的草绘或成长不得经过壳体中的孔或槽

（4）在创建轨迹筋的同时可以对轨迹筋进行拔模和倒圆角的操作，如图4-66（b）所示。

（5）轨迹筋的倒圆角集类型如图4-69所示，包括以下两种：

① 暴露边——草绘平面上的暴露边，即草绘产生厚度后的轨迹筋的边线。

② 内部边——轨迹筋的内部边，又包括以下两项：

● 筋到筋——同一轨迹筋特征中两个筋相交位置处的边。

● 筋到模型——与任何现有特征相交的筋边。

暴露边：即草绘产生厚度后的轨迹筋的边线

内部边：筋到模型，轨迹筋和零件壳体底面或侧面的交线

内部边：筋到筋，同一轨迹筋特征中两个筋的交线

图4-69　轨迹筋的倒圆角集的不同类型

（6）可以将轨迹筋特征中的倒圆角"外部化"，使其成为一个独立的倒圆角特征。方法是在模型树中选择选择一个或多个包含内部倒圆角的轨迹筋特征，右键单击，从弹出的快捷菜单中选择"外部化倒圆角"菜单项，系统将随即弹出【特征外部化】对话框，单击 确定 按钮将使得轨迹筋中所有的倒圆角外部化而成为各自独立的倒圆角特征。

（7）轨迹筋的宽度值至少应为圆角值的 2 倍。

（8）轨迹筋的拔模角度在 0° ～ 30° 之间。

4.6 抽壳特征

4.6.1 功能及分类

用于产生壳体或箱体。通过删除实体中的一个或多个曲面,然后移除内部的材料,使立体形成中空形状,形成指定壁厚的壳,属于去除材料的操作。

4.6.2 操作步骤

（1）选择【工程特征】工具栏→【壳】命令回,系统将弹出如图 4-70 所示的【壳】工具操控板。

（2）选取要移除的一个或多个曲面。

（3）指定壳的厚度。

（4）可以设置壁厚值不等的外壳。

（5）单击操控板右端控制区域的✔按钮完成特征的创建。

图 4-70 【壳】工具操控板

4.6.3　说明

（1）Creo Elements/Pro 中也可以先选择要移除的表面，然后再发出抽壳命令。

（2）在指定要移除的表面时，可以按住 [Ctrl] 键选取多个表面。

（3）在一个收集器中选定的曲面不能在任何其他收集器中进行选择。例如，如果在【移除的曲面】收集器中选择了某个曲面，则不能在【非默认厚度】收集器或【排除的曲面】收集器中选择同一曲面。

（4）单击操控板上的 ⁒ 改变壳特征的产生方向，在"反向、正向"两种方式之间进行切换，以指定从内侧或者外侧产生壳体的厚度。

（5）不能对圆角表面或者与圆角表面相切的平面进行抽壳操作。

（6）在抽壳的过程中，如果出现单个曲面的曲率过大（曲面半径小于壳的壁厚）、相邻的两个曲面偏移后无法相交、抽壳后出现几何退化或出现特征自相交的情形，都会造成抽壳特征的失败。如对于图 4-71（a）所示的模型的前表面进行抽壳操作，当向内部产生壳体的厚度时数值不得大于 2，如图 4-71（b）所示；而当向外部产生壳体的厚度时，只要不引起几何退化，壳体的厚度不受限制，如图 4-71（c）和图 4-71（d）所示。

（a）初始模型　　　　　　　　　　　　　　（b）向内产生壳体的最大厚度为2

（c）向外产生壳体厚度为6　　　　　　　　　　（d）向外产生壳体厚度为60

图 4-71　抽壳尺寸不当会造成特征失败

4.6.4　举例

【例 7】　创建如图 4-72（b）所示的等壁厚的立体抽壳特征。

（1）创建如图 4-72（a）所示的立体，长方体的长、宽、高分别是 100、100 和 60，中间是一直径为 $\phi30$ 的通孔。

（2）选择【工程特征】工具栏→【壳】命令 ◙ 命令，系统将弹出如图 4-70 所示的【壳】工具操控板。

（3）单击 参照 面板激活【移除的曲面】收集器，选择立体的上表面和前表面为待移除的表面。

（4）在操控板的【厚度】编辑框中输入壳的厚度值为3。

（5）单击操控板的 ✔ 按钮完成壳特征的创建，如图4-72（b）所示。

【例8】 创建如图4-72（c）所示的不相等壁厚的立体抽壳特征。

（1）~（4）同例1中步骤（1）~（4）。

（2）单击 参照 面板激活【非默认厚度】收集器，选择立体的右侧面，该表面的厚度为非缺省的厚度值。

（3）指定右表面抽壳的厚度值为6。

（4）单击 ✔ 按钮完成壳特征的创建，如图4-72（c）所示。

（a）抽壳特征前的立体　　　（b）等壁厚的立体抽壳特征　　（c）不等壁厚的立体抽壳特征

图4-72　抽壳特征举例

【例9】 创建如图4-73、图4-74、图4-75所示的立体抽壳特征。

（1）打开如图4-73（a）所示的初始模型。

（2）分别选择模型中一条凸边和一条凹边进行倒角操作，如图4-73（b）所示。

（3）选择【工程特征】工具栏→【壳】命令 回 命令，系统将弹出如图4-70所示的【壳】工具操控板。

（4）在 参照 面板中激活【移除的曲面】收集器，选择立体的上表面为待移除的表面。

（5）如果不指定【排除的曲面】，倒角的结果如图4-73（c）所示。

（6）在 选项 面板中激活【排除的曲面】收集器，选择立体的凹边倒角表面为待排除的表面，如图4-74（a）所示；选择防止壳穿透实体的"凹角"，结果如图4-74（b）所示；如果此处不是选择防止壳穿透实体的"凹角"，则结果如图4-74（c）所示。

（a）初始模型　　　　　（b）分别选择一条凸边和凹边进行倒角　　（c）不指定【排除的曲面】的抽壳结果

图4-73　抽壳之前的立体

（a）选项 面板设置　　　　（b）抽壳时壳没有穿透实体的凹角　　　（c）抽壳时壳穿透实体的凹角

图 4-74　防止壳穿透实体的凹角设置及结果

（7）在 选项 面板中激活【排除的曲面】收集器，选择立体的凸边倒角表面为待排除的表面，如图 4-75（a）所示；选择防止壳穿透实体的"凸角"，结果如图 4-75（b）所示；如果此处不是选择防止壳穿透实体的"凸角"，则结果如图 4-75（c）所示。

（a）选项 面板设置　　　　（b）抽壳时壳没有穿透实体的凸角　　　（c）抽壳时壳穿透实体的凸角

图 4-75　防止壳穿透实体的凸角设置及结果

4.7　拔模特征

4.7.1　功能及分类

注塑件和铸造件往往需要拔模斜面，才能顺利脱模。Creo Elements/Pro 提供的拔模分为以下两种：

（1）常规拔模：拔模特征的角度范围为 −30°~30°。

（2）可变拖拉方向拔模：可以创建同一拔模曲面多角度拔模，即可以在一次拔模中同时设定多个拔模角度。

4.7.2 几个与拔模特征有关的术语

（1）拔模曲面：选取的零件表面，这些面上将生成拔模斜度。

（2）枢轴平面：拔模曲面可以围绕枢轴平面与拔模平面的交线旋转而形成拔模斜面，在拔模特征的创建过程中，该平面的大小保持不变。

（3）拔模方向：也称拖拉方向，用于测量拔模角度的方向，通常为模具开模的方向。通过选择平面（在这种情况下拖动方向垂直于此平面）、直边、基准轴或坐标系的轴进行定义。

（4）拔模角度：指定拔模面的拔模斜度值。

4.7.3 操作步骤

（1）选择【工程特征】工具栏→【拔模】命令，系统将弹出如图 4-76 所示的【拔模】工具操控板。

图 4-76 【拔模】工具操控板

（2）选取要进行拔模的曲面，按住 [Ctrl] 键可以选择多个曲面。

（3）选择拔模枢轴平面或者拔模枢轴曲线。

（4）选择拖动方向的参照，一般情况下，系统默认以枢轴平面或枢轴曲线为定义拔模角的拖动方向。

（5）如果要创建多角度拔模，可右键单击拔模角控制滑块或在 参照 面板上右键单击"角度"框并从弹出的快捷菜单中选择"添加角度"。

（6）如果需要"分割"，即创建分型面，可进行相应的设定。

（7）指定拔模角度的大小和方向。

（8）单击操控板右端控制区域的 ✔ 按钮完成拔模特征的创建。

4.7.4 说明

（1）Creo Elements/Pro 中可以先选择要进行拔模操作的曲面，然后再发出命令。

（2）拔模特征不能很好地创建在圆角特征之后，因此，对于有圆角表面的拔模特征，可以先创建拔模特征，后进行倒圆角的操作；如果还有抽壳特征，在倒圆角之后再进行。

（3） 选项 面板中【拔模相切曲面】复选框用来设置选择拔模曲面时，与已选定的曲面相切的所有曲面也同时被选中。

（4） 选项 面板中【延伸相交曲面】复选框用来修剪或延伸拔模表面，使之与模型的相邻曲面相平齐或相交。

如果拔模曲面无法延伸和相邻的模型曲面相交，则对于拔模曲面超出相邻模型曲面的部分进行修剪，使两者平齐。如对于图 4-77（a）中模型底板上方的圆柱表面进行拔模操作，图 4-77（b）所示为没有选中【延伸相交曲面】的情况，拔模曲面悬垂于相邻模型曲面之上；图 4-77（c）所示为选中【延伸相交曲面】的情况，拔模曲面超出相邻模型曲面的部分被自动修剪，使其与模型表面对齐。需要注意的是，【延伸相交曲面】只适用于在拔模之前待拔模曲面和相邻的模型曲面不存在相交而在拔模之后存在相交的情况。如果待拔模曲面在拔模之前就已经出现和相邻的模型曲面相交，则【延伸相交曲面】不起作用，如图 4-77（d）所示。

待拔模的圆柱表面

待拔模表面的相邻表面

（a）拔模前的立体　　（b）未选中【延伸相交曲面】　　（c）选中【延伸相交曲面】　　（d）拔模之前待拔模曲面和相邻的模型曲面相交时【延伸相交曲面】不起作用

图 4-77 【延伸相交曲面】拔模效果 1

如果拔模曲面能够延伸到和相邻的模型曲面相交,则拔模曲面会被自动延伸到与相邻的模型曲面相交。如图 4-78(b)所示为没有选中【延伸相交曲面】的情况,拔模曲面悬垂于模型曲面之上;图 4-78(c)所示为选中【延伸相交曲面】的情况,拔模曲面被延伸至与模型相邻表面相交。同理,如果待拔模曲面在拔模之前就已经出现和相邻的模型曲面相交,则【延伸相交曲面】不起作用,如图 4-78(d)所示。

（a）拔模前的立体　　　（b）未选中【延伸相交曲面】　　　（c）选中【延伸相交曲面】（d）拔模之前待拔模曲面和相邻的模型曲面相交时【延伸相交曲面】不起作用

图 4-78 【延伸相交曲面】拔模效果 2

需要注意的是,【延伸相交曲面】只适用于待拔模曲面在拔模之前和相邻的模型曲面不存在相交而在拔模之后存在相交的情况。如果待拔模曲面在拔模之前就已经出现和相邻的模型曲面相交,则【延伸相交曲面】不起作用,如图 4-77(d)和 4-78(d)所示的情况下。

（5）拔模曲面可以不进行分割,如图 4-79(b)所示;也可以对拔模曲面进行分割,并设定不同的拔模角度值,形成分型面,如图 4-80(b)所示。

4.7.5 举例

【例10】 创建如图 4-79(b)所示的不进行分割的拔模特征。

（1）打开如图 4-79(a)所示的初始模型。

（2）选择【工程特征】工具栏→【拔模】 命令,系统将弹出如图 4-76 所示的【拔模】工具操控板。

（3）选取要进行拔模的曲面为圆柱表面。

（4）指定圆柱特征的上表面为拔模枢轴平面。

（5）选择拔模角的参照平面,一般情况下,系统默认以枢轴平面为拔模角的参照平面,此处仍选择圆柱特征的上表面作为拔模角度的参照平面。

（6）指定拔模角度为 6°。

（7）单击操控板右端控制区域的 按钮完成特征的创建,结果如图 4-79(b)所示。

（a）拔模前的立体　　（b）不进行分割的拔模特征

图 4-79 不进行分割的拔模

【例11】 创建如图 4-80(b)所示的通过拔模枢轴平面进行分割的拔模特征。

（1）打开打开如图 4-80(a)所示的初始模型。

（2）选择【工程特征】工具栏→【拔模】 命令,系统将弹出如图 4-76 所示的【拔模】

工具操控板。

（3）选取要进行拔模的曲面为圆柱面。

（4）选择拔模枢轴平面为刚创建的基准平面 DTM1。

（5）在 分割 面板的【分割选项】区域中，选择【根据拔模枢轴分割】。

（6）选择枢轴平面作为拔模角的参照平面。

（7）指定枢轴平面两端的拔模角度都为 6°。

（8）单击操控板右端控制区域的 ✔ 按钮完成特征的创建，结果如图 4-80（b）所示。

（a）拔模前的立体　　　（b）【根据枢轴】分割的拔模特征

图 4-80　通过拔模枢轴平面进行分割的拔模

【例 12】 创建如图 4-82（b）所示的多角度的拔模特征。

（1）打开如图 4-82（a）所示的初始模型。

（2）选择【工程特征】工具栏→【拔模】 命令，系统将弹出如图 4-76 所示的【拔模】工具操控板。

（3）选取要进行拔模曲面为长方体的右侧面。

（4）选择拔模枢轴平面为长方体的底面。

（5）以枢轴平面为拔模角的参照平面。

（6）指定枢轴平面两端的拔模角度为 2°（默认在长度比率为 0.5 的位置上）。

图 4-81　 角度 面板及快捷菜单中设置【多角度】拔模

（7）在图形区选中长方形的角度控制柄，或者在 角度 面板中选择拔模角度值的序号单击鼠标右键，从弹出的快捷菜单中选择【添加角度】，如图 4-81 所示，在长度比率为 0.25 和 0.75 的位置上，分别设置拔模角度为 −25° 和 20°。

注意：设置拔模角度的位置可以通过双击拔模角度位置，在出现的编辑框中进行设定。

（8）单击操控板右端控制区域的 ✓ 按钮完成特征的创建，结果如图 4-82（b）所示。

（a）拔模前的立体　　　　　　　（b）【多角度】的拔模特征

图 4-82　多角度的拔模

4.8　横截面的创建和编辑

在机械制图中，为了清楚地表达物体的内部结构和形状，可用假想的剖切面剖开物体，将处在观察者和剖切面之间的部分移去，而将其余部分向投影面投影所得到的图形称为"横截面"，在我国《机械制图国家标准》中称为"剖视图"，简称"剖视"。在本书的叙述中，为了和软件界面中的用语保持一致，我们仍然使用横截面这一名词。

在横截面中，用来剖切被表达物体的假想平面，称为"剖切面"。

假想用剖切面剖开物体，剖切面与物体的接触部分，称为"剖面区域"。

在 Creo Elements/Pro 中，横截面既可以在 3D 环境中创建，也可以在 2D 工程图环境中创建，只是不很方便。本节主要介绍如何在零件造型模块中创建横截面，以备在工程图中进行调用。在组件模块或者工程图模块创建横截面的步骤基本相同。

横截面创建完成后，可以用鼠标右键的快捷菜单对其进行各种编辑和修改，例如剖面线的间距和角度等。需要说明的是，在三维环境中定义的剖面线属性可以反映到二维工程图的相应剖视图中。

4.8.1　横截面的种类

按照我国《机械制图国家标准》的规定，在创建零件的横截面时，应该根据零件的结构特点，恰当地选择不同的剖切面。常用剖切面的种类如下。

（1）单一剖切面：适用于零件的内部结构比较简单，或有较多的内部结构，但它们的轴线在同一平面内的情况，通过一个平面或者基准平面就可以创建。

（2）几个平行的剖切面：适用于零件中有较多的内部结构形状，而它们的轴线不在同一平面内的情况。这种剖切方式又称为阶梯剖。

（3）几个相交的剖切面：适用于零件的内部结构形状用一个剖切平面不能表达完全，且这个零件在整体上又具有回转轴时，可用两个或多个相交的剖切平面创建其横截面。这种剖切方式又称为复合剖。

在 Creo Elements/Pro 中,横截面分为【平面】和【偏移】两种类型。前者用单一的剖切面创建;后者用几个平行或者相交的剖切面创建。

4.8.2　创建平面横截面(单一剖切面)

平面横截面(如图 4-83 所示)通过单一剖切面创建。

| (a) 原模型 | (b) 横截面显示 |

图 4-83　创建平面横截面

(1) 打开如图 4-83(a)所示的相应文件。

(2) 选择【视图】菜单→【视图管理器】选项,或者单击【视图】工具栏中→【视图管理器】图标,将弹出【视图管理器】对话框。

(3) 在对话框中切换到【横截面】选项卡,如图 4-84 所示,选择【新建】菜单。

(4) 接受 Creo Elements/Pro 中缺省的横截面名称或者输入新的名称,在此输入横截面的名称"A"后按回车键,系统将弹出【横截面创建】的菜单管理器。

(5) 在菜单管理器的组选择中选择【平面】|【单一】|【完成】,如图 4-85 所示。。

(6) 随即将弹出【设置平面】菜单管理器,要求用户选择【平面】选项指定一个平面或者选择【产生基准】选项产生临时基准面来作为剖切平面。在此,选择 FRONT 基准面,从而完成 A-A 横截面的创建,如图 4-83(b)所示。

(7) 将该文件保存起来,以备后面部分调用。

图 4-84　【视图管理器】对话框【横截面】选项卡　　　　**图 4-85　建立单一横截面**

4.8.3 创建偏移横截面(阶梯剖和旋转剖)

偏移横截面是通过有转折的无限延伸平面所创建的,表示横截面的剖切平面并不是简单的平面,而要由用户自己定义。

1. 剖切平面为几个平行的平面(阶梯剖)

(1)打开如图 4-86(a)所示的相应文件。

(2)选择【视图】菜单→【视图管理器】选项,或者单击【视图】工具栏中→【视图管理器】图标,将弹出【视图管理器】对话框。

(3)在对话框中切换到【横截面】选项卡,选择【新建】菜单(如图 4-84 所示)。

(4)接受 Creo Elements/Pro 中缺省的横截面名称或者输入新的名称,按回车键确认,系统将弹出【横截面创建】的菜单管理器。

(5)在菜单管理器的组选择中选择【偏移】|【双侧】|【单一】|【完成】,如图 4-87 所示。

(6)随即将弹出【设置平面】菜单管理器,要求用户"选取或创建一个草绘平面"。选择零件右端的上表面作为草绘平面,并接受缺省的查看草绘平面的方向。

(7)当系统要求"为草绘选取或创建一个水平或垂直的参照"时选择 RIGHT 面,指定其法线方向朝右。

(8)系统自动转到二维草绘状态,要求用户绘制剖切线路径,绘制如图 4-88 所示的剖切线路径。

(9)单击✔完成横截面的创建,如图 4-86(b)所示。

（a）原模型

（b）横截面显示

图 4-86　创建阶梯剖

图 4-88　绘制剖切路径

图 4-87　【横截面创建】菜单管理器

2. 剖切平面为几个相交的平面(复合剖)

复合剖的横截面的定义和阶梯剖相类似。其剖切平面也要由用户自己定义。

(1)打开如图 4-89(a)所示的相应文件。

（2）选择【视图】菜单→【视图管理器】选项,或者单击【视图】工具栏中→【视图管理器】图标,将弹出【视图管理器】对话框。

（3）在对话框中切换到【横截面】选项卡,选择【新建】菜单（如图 4-84 所示）。

（4）接受 Creo Elements/Pro 中缺省的横截面名称或者输入新的名称,按回车键确认,系统将弹出【横截面创建】的菜单管理器。

（5）在菜单管理器的组选择中选择【偏移】|【双侧】|【单一】|【完成】,如图 4-87 所示。

（6）随即将弹出【设置平面】菜单管理器,要求用户"选取或创建一个草绘平面"。选择零件圆柱筒的上表面作为草绘平面,并接受缺省的查看草绘平面的方向。

（7）当系统要求"为草绘选取或创建一个水平或垂直的参照"时选择 RIGHT 面,指定其法线方向朝右。

（8）系统自动转到二维草绘状态,要求用户绘制剖切线路径,绘制如图 4-90 所示的剖切线路径。

（9）单击 ✔ 从而完成横截面的创建,如图 4-89（b）所示。

（a）原模型　　　　　　　　　　　（b）横截面显示

图 4-89　创建阶梯剖

绘制的剖切路径线

图 4-90　绘制剖切路径

4.8.4　创建区域横截面

区域性横截面是通过对区域进行定义而创建的三维横截面。

（1）打开如图 4-91（a）所示的相应文件。

（2）选择【视图】菜单→【视图管理器】选项,或者单击【视图】工具栏中→【视图管理器】图标,将弹出【视图管理器】对话框。

（3）在对话框中选择【横截面】选项卡中的【新建】菜单,选择以【区域】方式创建横截面。

（a）原模型

（b）横截面显示

图 4-91　创建区域横截面

（4）接受 Creo Elements/Pro 中缺省的横截面名称或者输入新的名称，在此输入横截面的名称"A"后按回车键，系统将弹出如图 4-92 所示的创建区域横截面 A 的【区域】对话框。

（5）单击对话框中的 ➕ 向区域中添加第一个参照，选择 FRONT 基准面。此时在在图形窗口中将出现九个箭头，指定区域的基准侧（即保留侧）为后侧，如图 4-93（a）所示。可以使用参照列表下方的反向按钮 ↻ 来反转箭头方向。

（6）以"与"的方式添加新参照。单击对话框中的 ➕ 向区域中添加第二个参照，选择 RIGHT 基准面。指定区域的基准侧为左侧，如图 4-91（b）所示。

（7）单击对话框的 ✔ 按钮完成 A-A 区域横截面的创建，结果如图 4-91（b）所示。

关于区域横截面，有几点说明如下：

（1）创建区域横截面对话框中参照之间"与"和"或"的区别分别如图 4-94（a）和 4-94（b）所示。

图 4-92　【区域】对话框

（a）区域第一个参照及基准侧

（b）区域第二个参照及基准侧

图 4-93　两参照两基准侧

（a）"与"的结果

（b）"或"的结果

图 4-94　参照之间"与"和"或"的区别

（2）可以单击【区域】对话框 　　　或 　　 按钮添加或删除参照。

（3）可添加任意数量的平面参照。但如果要对模型进行修剪,最多只可以使用六个平面参照来定义区域。

4.8.5　剖截面的编辑

剖截面的编辑、修改是通过在【视图管理器】的【横截面】列表中选中要编辑剖面线的横截面,右击鼠标,从弹出的快捷菜单中选择【重定义】选项进行的。系统将弹出如图 4-95 所示的【剖截面修改】菜单管理器。

【剖截面修改】菜单管理器中的各选项说明如下:

1. 尺寸值

主要用于修改偏移型剖截面定义中的剖切平面路径的尺寸值。

2. 重定义

此选项只对偏移型剖截面有效,可以重新定义剖截面的属性、方向、截面等参数。系统将弹出剖截面【重定义】的菜单管理器,如图 4-96 所示。

3. 剖面线

用于修改剖面线的间距、角度、偏移、线的样式等参数。系统将弹出【修改剖面线】的菜单管理器,如图 4-97 所示。

（1）间距:修改剖面线之间的间距,可以修改剖面线之间的间距为当前间距的【一半】、【加倍】;或者以【值】的方式输入一个具体的数值。

（2）角度:修改剖面线的倾斜角度,可以从已有的角度列表中选择一个角度,也可以输入具体的角度数值。

（3）偏移:偏移的缺省值为 0。如果给定一个具体值(通常是在 0 至剖面线实际间距以内有效),可以使剖面线在现有基础上偏移给定的数值。该选项用得比较少,读者可以在修改偏移数值的同时注意观察一下第一条剖面线相对于剖截面的位置变化。

（4）线造型:修改剖面线的线型。

4.8.6　使用横截面显示修剪的模型

使用横截面显示修剪的模型也是通过【视图管理器】中【横截面】选项卡实现的。在【横截面】列表中选择一个已有的横截面,选择【选项】菜单或者右击鼠标从弹出的快

图 4-95　【剖截面修改】
　　　　　菜单管理器

图 4-96　剖 截 面【重 定
　　　　　义】菜单管理器

图 4-97　【修改剖面线】
　　　　　菜单管理器

捷菜单中选择【设置为活动】选项，系统将使用横截面来显示修剪后的模型，如图 4-98（b）所示。

　　在【选项】菜单中选择【反向】可以更改模型中发生修剪的一侧，结果如图 4-98（c）所示。

（a）不修剪　　　　　　　　　　（b）向前修剪　　　　　　　　　　（c）反向向后修剪

图 4-98　使用横截面显示修剪的模型

4.9　机械零件建模实例分析

零件的构形与建模主要应满足零件的功能要求,同时也要有必要的工艺结构。首先应按照零件各个组成部分所起的作用进行功能性分解,再构建以简单体为模型粗胚的各分解体。最后,利用各分解体之间的相对位置关系,完成零件的建模。但总的建模原则与复杂几何体的建模原则是一致的,只是零件的建模要考虑到零件结构的特殊性,否则其造型过程及实体的构形结构会影响到实体零件模型的稳定性、可修改性,因此针对不同结构的零件建模的方法是不同的,下面给出具体的例子进行讨论。

4.9.1　轴类零件举例

1. 轴类零件建模分析

在三维的造型软件中提供了许多构建特征的方式,即使构建相同的几何特征也可应用许多不同的方法来创建。例如,要构建一个孔特征,我们可以采用一般的【切除材料】的方式创建,而在【切除材料】方式中,我们还可以使用【拉伸】或者是【旋转】的方法来创建这个孔;在一些大型的三维 CAD 软件中还可以使用一些具有代表性的特征命令以简化构建的步骤。在 Creo Elements/Pro 软件中可以直接使用【孔】命令创建孔的特征,使用【螺旋扫描】的命令来创建诸如螺纹、弹簧等特征;其他一些具有代表性的特征命令还包括倒角、倒圆、抽壳、筋板、拔模斜度等。

2. 建模步骤

图 4-99 所示的轴的结构主要是回转体,因此主体件同样为该零件本体。

(1) 以【旋转】的方法创建轴的粗胚模型,其截面草图如图 4-100 所示,构建的旋转特征如图 4-101 所示。

(2) 以【切除材料】或【退刀槽】的方法创建砂轮越程槽和螺纹退刀槽。

(3) 在轴端创建必要的倒角和圆角。

图 4-99　零件　　　　　　　　　　　　图 4-100　截面草图

(4) 以【切除材料】或【孔】的方法创建两个直径为 5 的通孔和直径为 2 的销孔,如图 4-102 所示。

(5) 以【切除材料】的方法创建键槽,如图 4-103 所示。

(6) 在轴的右端以【螺旋扫描】的方式创建 M10 的外螺纹特征,结果如图 4-99 所示。

图 4-101　旋转特征　　　　　　　　　　　　　图 4-102　创建销孔

图 4-103　创建键槽

4.9.2　叉架类零件举例

1. 分析零件

将图 4-104 所示的零件按各部分的功能分解为四部分，即底板、连接部分、肋板、轴座及凸台。从建模角度可确定底板为主体件，依附件是以形状类似于四分之一空心圆柱的连接部分、轴座和肋板。

2. 建模步骤

（1）以【拉伸】的方法创建底板实体特征，截面轮廓草图如图 4-105 所示，拉伸深度为 12。

图 4-104　叉架类零件　　　　　　　　　　图 4-105　截面轮廓草图

（2）以【对称拉伸】的方法创建四分之一的空心圆柱，截面轮廓草图如图 4-106 所示，拉伸深度为 32；结果如图 4-107 所示。

（3）以【对称拉伸】的方法创建轴座，外径 30，内径 16，长度 48。

（4）在轴座的左部创建凸台，如图 4-108 所示。

（5）以【筋板】的方式创建肋板。

（6）在底板上以【切除材料】的方法开两个槽，如图 4-109 所示。

（7）创建必需的圆角、倒角等其他工艺特征。

图 4-106　四分之一空心圆柱
截面轮廓草图

图 4-107　创建结果

图 4-108　创建凸台

图 4-109　开槽

4.9.3　盖类零件举例

1. 分析零件

图 4-110 所示的阀盖零件的建模主要分为法兰、管接头和螺纹
三部分。其结构主要为回转体,主体件为管接头部分。

2. 建模步骤

（1）以【旋转】的方法生成管接头,截面草图如图 4-111 所示,
得到的回转体如图 4-112 所示。

（2）以【拉伸】的方法生成法兰部分,如图 4-113 所示。

（3）以【螺旋扫描】的方式生成管螺纹部分的结构,如图 4-114
所示。

（4）创建必需的圆角、倒角等其他的工艺特征。

图 4-110　阀盖零件

图 4-111　截面草图

图 4-112　管接头

图 4-113   创建法兰部分

图 4-114   创建螺纹部分

4.9.4   球阀阀体零件建模举例

　　球阀阀体如图 4-114 所示,主要由工作部分和连接部分组成。连接部分指与阀盖的连接,工作部分指与管路的连通部分。根据零件的工作原理、装配连接关系、设计工艺性,其建模步骤如下:

　　(1) 以【旋转】的方法创建阀体的主体件,截面草图如图 4-115 所示,构建的旋转特征如图 4-116 所示。

图 4-115   阀体主体件截面草图

图 4-116   构建的旋转特征

　　(2) 以【拉伸】的方法创建阀体左端与阀盖相连接的法兰部分,如图 4-117 所示。

　　(3) 以【拉伸】的方法创建阀体上方的圆柱部分,并以【切除材料】的方式创建圆孔部分,如图 4-118 所示。

　　(4) 以【拉伸】的方式在阀体的管接头上方创建装配扳手时所需的凸台,如图 4-119 所示。

　　(5) 在阀体的左端法兰上以【切除材料】的方式创建装配密封圈和调整垫所需的凹口,如图 4-120 所示。

　　(6) 以【倒圆角】的方式创建必需的圆角结构。

　　(7) 以【螺旋扫描】的方式在阀体的右端管接头处创建管螺纹特征。结果如图 4-114 所示。

图 4-117　创建法兰部分

图 4-118　创建圆柱和圆孔部分

图 4-119　创建凸台

图 4-120　创建凹口

5 基准特征的创建

5.1 基准的基本知识

5.1.1 基准的概念和作用

在零件的建模过程中，经常需要使用辅助平面、辅助轴线、辅助点等帮助完成特征的创建，Creo Elements/Pro 将这些起辅助作用而不构成零件表面形状的特征称为基准特征。

基准特征没有质量和体积等物理特性，其显示与否也不影响其他的几何结构。通常当需要使用基准特征作为参考时，就可以将它们显示出来；反之，则可将基准特征关闭。

5.1.2 基准的种类

根据基准的作用不同，可以将基准分为以下几种：

Plane：基准面

Axis：基准轴

Curve：基准曲线

Point：基准点

Coord Sys：基准坐标系

Graph：基准图形

根据基准的创建方式，可以将基准分为以下两种：

常规基准。又称独立基准，它是一个独立的特征，存在于特征的模型树中。一旦生成，其后面的特征都可以使用它作为参考。

异步基准。又称嵌入基准，它是在某个特征创建的过程中创建的隶属于该特征的基准特征，附属于某一个特征，在特征的模型树中的常规特征列表中不出现，而显示为常规特征的一个"子节点"并且默认方式下会被自动隐藏，其他的特征无法直接参考该基准。

5.1.3 基准的显示控制方法

基准特征的显示与否可以通过【基准显示】工具栏→对应的工具按钮实现，如图 5-1 所示，分别用于控制基准平面、基准轴线、基准点和基准坐标系的是否显示。

另外，用户也可以通过设置【环境】对话框的相应选项，如本书第 1 章中图 1-22 所示，决定相应的基准特征是否显示；或者选择菜单【视图】→【显示设置】→【基准显示】项，从如图 5-2 所示的【基准显示】对话框中加以设置。

5.1.4 基准的命名

基准特征通常都有相应的默认名字，如使用缺省模板进入 Creo Elements/Pro 零件造型模块后有 FORNT、TOP、RIGHT 三个基准平面和一个名为 PRT_CSYS_DEF 的坐标系。以后创建的基准特征中默认的基准平面名称为 DTM1，DTM2，DTM3…；基准轴线为 A_1，A_2，A_3…；基准点为 PNT0，PNT1，PNT2…；基准坐标系为 CS0，CS1，CS2…。系统按照基准的创建顺序，在名称后面依次加上数字表示。

基准特征的名称也可以更改。需要先在模型树中选中要修改名称的基准，然后使用下列方法进行更改：

（1）用鼠标快速双击基准名称，在出现的文本编辑框中直接修改。

（2）右击鼠标，从弹出的快捷菜单（图 5-3）中选择【重命名】选项进行更改。

（3）右击鼠标，从弹出的快捷菜单中选择【编辑定义】选项，在随后弹出的创建基准的对话框中通过 属性 选项卡进行修改。

（4）右击鼠标，从弹出的快捷菜单中选择【属性】选项，在随后弹出的【基准】对话框的【名称】编辑框中进行修改。

图 5-1　【基准显示】工具栏　　　　图 5-2　【基准显示】对话框　　　　图 5-3　快捷菜单

5.1.5　基准特征的创建步骤

基准特征命令的创建是通过如图 5-4（a）所示的【插入】菜单→【模型基准】子菜单或者如图 5-4（b）所示的【基准】工具栏（默认位置在图形区域的右侧）来完成的。用户也可以先选择好创建基准的参考，然后再激活命令的方法创建基准特征。

（a）【插入】菜单→【模型基准】子菜单 （b）【基准】工具栏

图 5-4 创建基准的命令访问方法

5.2 基准平面

5.2.1 基准平面的用途

（1）草绘平面。

（2）定向参考面。

（3）尺寸标注的参考。

（4）设定视角方向的参考平面。

（5）产生剖视图的剖切平面。

（6）镜像特征的参考面。

（7）装配时零件相互配合的参考平面。

5.2.2 基准平面的方向

在 Creo Elements/Pro 的系统缺省配置颜色中,每个基准平面都有两个侧面:黄色的一面和灰色的一面,因此,基准面的法线方向也有两个。规定黄色一面的法线方向为基准平面的正方向,灰色一面的法线方向为负方向。我们在零件建模过程中,需要指定基准平面的法线方向时,指的是正法线的方向。

对于已有零件的表面,正法线的方向是指垂直于表面并且由零件内部指向外部的方向。

5.2.3 创建基准平面的步骤

在 Creo Elements/Pro 中,基准面的生成是智能的,即 Creo Elements/Pro 根据用户选择的参考来判定采用何种方法生成基准平面。例如,用户首先选择一个空间点,那么 Creo Elements/Pro 就会认定即将生成的基准平面将通过该空间点;如果用户再次选择一个平面,

Creo Elements/Pro 就会过该空间点生成一个与指定的平面相平行的基准平面。

（1）选择【基准】工具栏→【基准平面】 ⬛，将激活创建基准平面的命令，系统将弹出如图 5-5 所示的【基准平面】对话框。

（2）在 放置 选项卡的【参照】区中添加参照。如果需要选择多个参照，则必须在选择的时候按下 [Ctrl] 键。在选取了参照之后，这些参照将出现在对话框的【参照】区的列表中。

（3）单击某一参照右边的【约束】下拉列表可以改变所选参照的约束条件。

（4）如果要删除某一参照，右击鼠标，从弹出的快捷菜单中选择【移除】即可。

（5）在 显示 选项卡中可以改变新建的基准平面的正、负方向，并可以调整基准平面显示的大小。

（6）在 属性 选项卡中可以修改新建的基准平面的名称。

（7）单击对话框的 确定 按钮完成基准平面的创建。

（a） 放置 选项卡

（b） 显示 选项卡

（c） 属性 选项卡

图 5-5 【基准平面】对话框

5.2.4 创建基准平面的约束条件

（1）通过：新创建的基准平面将通过选取的轴线、边、曲线、基准点、顶点、已经创建或存在的平面或圆锥曲面等。

（2）垂直：新创建的基准平面将垂直于指定的轴线、边或平面。

（3）平行：新创建的基准平面将平行于某个平面。该约束条件必须和其他约束条件配合使用。

（4）偏移：新创建的基准平面将与某个平面或坐标系偏移一定的距离。

（5）角度：新创建的基准平面将与某个指定的平面成一定的角度。

（6）相切：新创建的基准平面将与某个圆柱面或圆锥面相切。

（7）混合截面：新创建的基准平面将通过某混合特征的特征截面。

5.2.5 举例

在如图 5-6（a）所示的模型中创建以下几个基准平面：

（1）DTM1: 过轴线 A_2，与前表面平行；

（2）DTM2：垂直于 DTM1，通过最左边的棱边；

（3）DTM3：向左偏移 DTM2，距离为 6；

（4）DTM4：通过左前侧边，与左前侧面成 45°夹角；

（5）DTM5：与大圆柱面相切，并且平行于 RIGHT 面；

（6）DTM6：通过前表面。

结果如图 5-6（b）所示，各个基准面创建过程的对话框如图 5-7（a）~（f）所示。

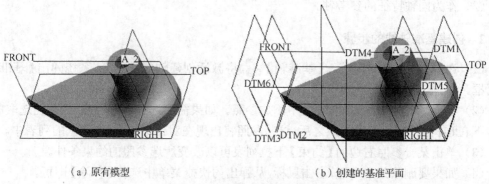

（a）原有模型　　　　　　　　　　　　　　（b）创建的基准平面

图 5-6　原有模型及创建的基准平面

（a）DTM1　　　　　　　　　（b）DTM2　　　　　　　　　（c）DTM3

（d）DTM4　　　　　　　　　（e）DTM5　　　　　　　　　（f）DTM6

图 5-7　创建基准曲面的对话框操作

5.3 基准轴线

5.3.1 基准轴线的用途

（1）产生旋转特征的中心线，例如圆角特征的中心线。

（2）作为同轴特征的参考轴。

5.3.2 创建基准轴线的步骤

（1）选择【基准】工具栏→【基准轴】 / ，将激活创建轴线的命令，系统弹出【基准轴】对话框。

（2）在 放置 选项卡的【参照】区中添加参照。如果需要选择多个参照，必须在选取的同时按下 [Ctrl] 键。在选取了参照之后，这些参照将出现在对话框的【参照】区的列表中。

（3）单击某一参照右边的【约束】下拉列表可以改变所选参照的约束条件。

（4）如果要删除某一参照，右击鼠标，从弹出的快捷菜单中选择【移除】即可。

（5）在 属性 选项卡中可以修改新建的基准轴线的名称。

（6）单击对话框的 确定 按钮完成基准轴的创建。

5.3.3 创建基准轴的约束条件

（1）通过：可以通过指定的边创建基准轴。

（2）垂直：新创建的基准轴垂直于指定的平面，需要提供定位尺寸。

（3）平面上的基准点和平面：新创建的基准轴通过平面上的某个点并且与该平面垂直。

（4）过圆柱面：通过圆柱体的中心线创建基准轴。

（5）两个平面：以指定的两个平面的交线为基准轴。

（6）两个点/顶点：通过指定的两个基准点或顶点产生基准轴。

（7）曲面上某点：新创建的基准轴将通过曲面上的指定点并且在该点处与该曲面垂直。

（8）曲线相切：新创建的基准轴将通过曲线上的指定点并在该点处与指定的曲线相切。

5.3.4 举例

在如图 5-8（a）所示的模型中创建以下几个基准轴，结果如图 5-8（b）所示。

（1）A_1：通过零件的左上边棱线；

（2）A_2：垂直于零件的左上表面，距离零件左侧面和前表面的距离分别为 0.5 和 4；

（3）A_3：过零件上表面上一基准点 PNT0，且垂直于该表面；

（4）A_4：通过圆柱面的中心线；

（5）A_5：左上表面和右侧面的交线；

（6）A_6：零件右侧面两个顶点的连线；

（7）A_7：过圆柱面上一基准点 PNT1；

（8）A_8：与指定的曲线在端点处相切。

各个基准轴创建过程的对话框如图 5-9（a）~（h）所示。

图 5-8   原有模型及创建的基准轴

图 5-9   创建基准轴的对话框操作

5.4　基准点

5.4.1　基准点的用途

（1）某些特征需要借助基准点来定义参数，例如不等半径的倒圆角。

（2）用来定义有限元分析网格上的施力点。

（3）计算几何公差时，用来指定附加基准目标的位置。

5.4.2　基准点的分类

根据基准点的创建方法不同，可以将基准点分为四种，如图 5-2 所示。

（1）草绘的基准点：在草绘平面上绘制的一系列的基准点，此处不再详细介绍。

（2）一般基准点：是最常用的基准点创建方法，根据不同的约束条件创建的各种基准点。

（3）偏移坐标系基准点：创建的基准点相对于指定的参考坐标系的 x、y、z 坐标偏移一定的距离。

（4）域基准点：又称"域点"，域点将用来定义一个已选取得域、曲线、边、曲面或者面组。它是行为建模中用于分析的点。一个域点标识一个几何域。

5.4.3　创建基准点的步骤

（1）选择【基准】工具栏→【基准点】 ，将激活创建基准点的命令，系统将弹出【基准点】对话框。

（2）在 放置 选项卡的【参考】区中添加参考。如果需要选择多个参考，必须在选取的时候按下 [Ctrl] 键。在选取了参考之后，这些参考将出现在对话框的【参考】区的列表中。

（3）单击某一参考右边的【约束】下拉列表可以改变所选参考的约束条件。

（4）如果要删除某一参考，右击鼠标，从弹出的快捷菜单中选择【移除】即可。

（5）在 属性 选项卡中可以修改新建的基准点的名称。

（6）单击对话框的 确定 完成基准点的创建。

5.4.4　创建一般基准点的约束条件

（1）在曲面上：在平面或曲面上，需要提供定位尺寸。

（2）偏距曲面：与 1 类似，但点还需再沿着曲面的法线方向偏移一定的距离。

（3）曲线和曲面的交点：基准点将位于曲线和曲面的交点上。

（4）顶点：基准点将位于直线或曲线的端点或者零件的顶点上。

（5）3 张曲面：基准点为三个曲面的交点。

（6）中心：基准点为某个圆或圆弧的中心点。

（7）曲线：在某一条曲线上产生基准点，可以通过长度比率、实际长度的方式来定位点。

（8）曲线相交：基准点位于曲线和曲线的交点上。

（9）偏距点：基准点沿某一轴线、直线偏移而产生另一基准点。

5.4.5 举例

在如图 5-10（a）所示的模型中创建以下几个基准点：

（1）PNT0：位于零件的前侧面，与上表面和左侧面的距离分别为 1 和 3；

（2）PNT1：曲线 1 与右侧面的交点；

（3）PNT2：位于零件的后左上角顶点；

（4）PNT3：偏移坐标系产生的基准点。选择【基准】工具栏→【偏移坐标系基准点】，系统将弹出偏移坐标系的【基准点】对话框，选择参考坐标系为 CS0，基准点的 x、y、z 坐标分别为 3、4、3；

（5）PNT4：位于上表面、前侧面和右侧面的交点上；

（6）PNT5：位于上表面圆角弧的中心点上；

（7）PNT6：位于曲线 1 上，定位点的曲线长度比率为 0.7；

（8）PNT7：位于曲线 1 和曲线 2 的交点上。

结果如图 5-10（b）所示，各个基准点创建过程的对话框如图 5-11（a）~（h）所示。

（a）原有模型　　　　　　　　（b）创建的基准点

图 5-10　原有模型及创建的基准点

（a）PNT0　　　　　　　　　　（b）PNT1

（c）PNT2 （d）PNT3

（e）PNT4 （f）PNT5

（g）PNT6 （h）PNT7

图 5-11 创建基准点的对话框操作

5.5 基准曲线

5.5.1 基准曲线的用途

主要用于创建几何的线结构,例如:

(1)作为扫描特征的轨迹线。

(2)作为定义曲面特征的边界曲线,辅助曲面特征的创建。

(3)定义 NC 加工程序的切削路径。

5.5.2 基准曲线的分类

根据基准曲线的创建方法不同,可以将基准曲线分为以下四种形式:

(1)草绘的基准曲线。可使用与草绘其他特征相同的方法草绘基准曲线。草绘的基准曲线可以由一个或多个草绘段以及一个或多个开放或封闭的环组成,是一条平面曲线。

(2)一般的基准曲线。这是创建基准曲线的一般方法,可以创建三维空间的基准曲线。

(3)导入的基准曲线。从扩展名为 IBL、IEGS、SET 或 VDA 的文件中读取坐标值来创建基准曲线。这种方式创建的基准曲线可以由一条或多条曲线段组成,且这多条曲线段不必相连。

(4)投影基准曲线和包络基准曲线。将曲线投影到平面或曲面面组上而得到新的曲线的方法。

图 5-12 【草绘】对话框

5.5.3 创建草绘的基准曲线的方法

(1)选择【基准】工具栏→【草绘】,将激活创建草绘曲线的命令,系统将弹出如图 5-12 所示的【草绘】对话框。

(2)在对话框中指定草绘平面和定向参考面。

(3)系统自动转入到二维草绘环境,要求用户绘制出基准曲线的截面。

(4)单击✔退出草绘器,完成草绘的基准曲线的创建。

图 5-13 【曲线选项】菜单管理器

5.5.4 创建基准曲线的一般方法

单击【基准】工具栏→【基准曲线】图标~, Creo Elements/Pro 将弹出如图 5-13 所示的【曲线选项】菜单管理器,根据所选择的不同的创建基准曲线的命令弹出下一步的提示。

5.5.5 创建基准曲线的一般方法说明

(1)通过点:创建一条通过指定的基准点、顶点、曲线端点或特征（如一个包含多个点的基准点特征点列）的曲线。系统将弹出如图 5-14 所示的【曲线：通过点】对话框和【连结类型】菜单管理器。基准曲线可以是样条曲线，也可以是一系列的在转弯处由指定半径光滑圆弧连接的直线段组成的曲线。

图 5-14 【曲线：通过点】对话框和【连结类型】菜单管理器

① 曲线有如下三种形式：
● 样条曲线；
● 单一半径：点之间以直线相连，转折处圆角半径都相同；
● 多重半径：点之间以直线相连，转折处的圆角半径可以不同。
② 点的连接方式
● 单个点：一个点一个点地选取曲线将经过的基准点或立体中的顶点；
● 整个列点：如果基准点是一次建立的多个点，可以用此方法一次选取所有的基准点。需要说明的是，在这种情况下，点的选取顺序和该点列建立时的顺序相同。

（2）自文件：从扩展名为 IBL、IGS 或 VDA 的文件中读取坐标值来建立基准曲线。这种方式建立的基准曲线可以由一条或多条曲线段组成，且这多条曲线段不必相连。

（3）使用剖截面：将某剖截面的边界线转换为基准曲线，即剖切平面与零件轮廓的交线。

（4）从方程：输入曲线方程式来建立基准曲线，需要指定参考坐标系。

5.5.6 创建基准曲线的一般方法举例

【例 1】 创建如图 5-15 所示的草绘的基准曲线。
（1）选择【基准】工具栏→【草绘】命令。
（2）在弹出的【草绘】对话框中指定 FRONT 基准面为草绘平面，RIGHT 基准面为定向参考面，方向向右；接受缺省的查看草绘平面的方向。
（3）使用样条曲线命令绘制如图 5-15（a）所示的二维截面。
（4）单击草绘器的✔完成草绘的基准曲线的绘制，得到的基准曲线如图 5-15（b）所示。

（a）二维截面　　　　　　　　（b）草绘的基准曲线

图 5-15　【草绘】创建的基准曲线实例

【例 2】　创建如图 5-16 所示的【通过点的曲线】创建的基准曲线。

（a）【样条】连接　　　　　　　（b）【多重半径】连接

图 5-16　【通过点】创建的基准曲线实例

	名称	X 轴	Y 轴	Z 轴
1	PNT0	0	0	0
2	PNT1	5	5	-5
3	PNT2	14	-8	4
4	PNT3	22	7	-3
5	PNT4	27	-10	6

图 5-17　【偏移坐标系基准点】对话框

（1）在【基准】工具栏上，单击 旁边的箭头打开基准点命令板，从中选取【偏移坐标系基准点】图标 准备创建若干个基准点。Creo Elements/Pro 将弹出如图 5-17 所示的【偏移坐标系基准点】对话框。

（2）在【偏移坐标系基准点】对话框中，指定缺省的坐标系 PRT_CSYS_DEF 为参考坐标系。分别键入要建立的 5 个基准点的 x、y、z 坐标。

（3）选择【基准】工具栏→【基准曲线】图标 激活建立基准曲线的命令，在弹出的【曲线选项】菜单管理器中选择【通过点】|【完成】。

（4）系统将弹出如图 5-14 所示的【曲线：通过点】对话框和【连结类型】菜单管理器。指定连结类型为【样条】，选择【单个点】然后按照从 PNT0~PNT4 的顺序选择刚建立好的基准点，得到的基准曲线如图 5-16

（a）所示,各点之间按照样条曲线的定义进行连接。

（5）如果指定连结类型为【多重半径】或者【单一半径】,则各点之间以直线连接,在转折处可以用指定半径的圆弧连接,圆弧的半径也可以不相同,如图 5-16（b）所示。

【例 3】 使用【自文件】创建如图 5-18 所示的基准曲线。

图 5-18 【自文件】创建的基准曲线实例

（1）使用"写字板"或者"记事本"创建一个名"5-18.ibl"的纯文本格式文件,文件的内容如下:

Open Arclength

 Begin section !1

  Begin curve !1

1	0	0	0
2	5	5	−5
3	10	0	0
4	14	−8	4
5	18	0	0
6	22	7	−3

 Begin section !2

 Begin curve!1

1	0	0	0
2	4	3	0
3	8	−3	0
4	12	0	0

说明:

- 文件中的"Open Arclength"为保留字,不可缺少;
- 末尾带有"!"的语句为注释语句;
- 文件既可以以纯文本的格式创建,也可以在高级语言编程运行的过程中自动生成。

（2）选择【基准】工具栏→【基准曲线】图标 激活建立基准曲线的命令,在弹出的【曲线选项】菜单管理器中选择【自文件】|【完成】。

（3）Creo Elements/Pro 随即弹出【得到坐标系】的菜单管理器,指定缺省的坐标系

PRT_CSYS_DEF 为参考坐标系。

（4）在弹出的【打开】文件对话框中，选择刚才建立的文本格式的文件。得到如图 5-18 所示的两条曲线。

【例 4】 创建如图 5-19（c）所示的【使用剖截面】建立的基准曲线。

（a）创建有横截面的模型　　　　（b）【横截面名称】菜单管理器　　　　（c）创建的基准曲线

图 5-19　【使用剖截面】建立的基准曲线实例

（1）打开文件"5-19-A.prt"，在该模型中已创建好一个名称为 A 的平面横截面，如图 5-19（a）所示。

（2）选择【基准】工具栏→【基准曲线】图标～激活建立基准曲线的命令，在弹出的【曲线选项】菜单管理器中选择【使用剖截面】|【完成】。

（3）在随即弹出的【横截面名称】菜单管理器中列出所有可用的横截面的名称列表，选取已经建立好的横截面"A"。则通过剖切平面 A-A 和模型的交线建立了一条基准曲线，如图 5-19（c）所示。

【例 5】 创建如图 5-20 所示的【从方程】建立的基准曲线。

图 5-20　【来自方程的曲线】实例

（1）选择【基准】工具栏→【基准曲线】图标～激活建立基准曲线的命令，在弹出的【曲线选项】菜单管理器中选择【从方程】|【完成】。

（2）系统弹出如图 5-21 所示的【曲线：从方程】的对话框，要求用户指定建立曲线方程的参考坐标系，选择缺省的坐标系 PRT_CSYS_DEF。

（3）接着出现【设置坐标类型】的菜单管理器，选择【笛卡尔】坐标，如图 5-22 所示。

（4）在随即出现的名为"rel.ptd"的文本编辑器窗口（如图 5-23 所示）中输入曲线的方程如下：

$x=t*300$

$y=50*\cos(t*720)$

$z=50*\sin(t*720)$

上述方程中，参数 t 的变化范围从 0 到 1。三个坐标系参数分别是：笛卡尔坐标为 x、y 和 z；柱坐标为 r、theta 和 z；球坐标为 r、theta 和 phi。此外，带有"/*"的语句为注释语句。

图 5-21 【曲线：从方程】对话框

图 5-22 选取坐标系并设置坐标类型

图 5-23 方程的文本编辑器窗口

（5）单击编辑器窗口右上角的【关闭】按钮，将会出现如图 5-24 所示的"是否保存文件"的提示，选择 是(Y) 按钮，修改后的方程内容将自动予以保存。

（6）在【曲线：从方程】对话框中选择 确定 按钮，完成曲线的建立。

图 5-24 "是否保存文件"提示

5.5.7 其他的创建基准曲线的方法

在后面的第六章我们会介绍如何通过曲面造型来得到复杂的实体造型的方法。而曲线的创建对于曲面的造型有着重要的作用。除了前面所说的一些创建曲线的一般方法以外，我们还有其他的一些特殊的方法来创建基准曲线。

1.投影方法创建的基准曲线

用于将一条或几条曲线投影到平面或曲面面组上而得到新的曲线,新创建的投影曲线长度可能发生了改变,和原有的曲线长度不同。

(1)操作步骤

①选择【编辑】菜单→【投影】⚮,将激活创建投影曲线的命令,系统将弹出如图 5-25 所示的【投影】工具操控板。

②激活 参照 选项卡中的【链】收集器(系统默认的方式为【投影草绘】),选择要进行投影的曲线链;如果需要使用草绘的基准曲线进行投影,可以在 参照 选项卡中选择【投影草绘】,选择一条已有的草绘曲线或者重新创建一条草绘的基准曲线。还可以选择对【投影修饰草绘】创建投影曲线。

③激活【曲面】收集器选择要在其上投影的曲面或者面组。

④激活【方向参照】收集器指定曲线投影的方向参照。

⑤单击命令操控板中右端的 ✔,完成投影曲线的创建。

图 5-25 【投影】工具操控板

(2)举例

【例 6】　如图 5-26 的所示模型,曲面上的曲线是原始曲线在曲面上的投影曲线。曲线投影的【方向】类型为"沿方向",方向参照为 FRONT 基准面,箭头所示方向为曲线的投影方向,具体过程略(曲面的创建参见第 6 章)。

(3)说明

① 要进行投影处理的曲线可以是平面的曲线,也可以是空间的曲线。

图 5-26 【投影】方法创建的基准曲线

② 一次可以创建一条或几条曲线的投影曲线。

③ 投影曲线的【方向】类型可以设置如下：

● 沿方向：要求指定方向参照为一个平面或者基准面。原始曲线将沿着参照平面的法线方向向曲面或面组上进行投影。如图 5-27（a）所示，创建一草绘的样条曲线在圆锥面上的投影曲线选择投影方向沿着 FRONT 基准面的法线方向。

● 垂直于曲面：不要求指定方向参照。原始曲线上在曲面或面组上的投影方向与过各点的曲面的法线方向一致，如图 5-27（b）所示。

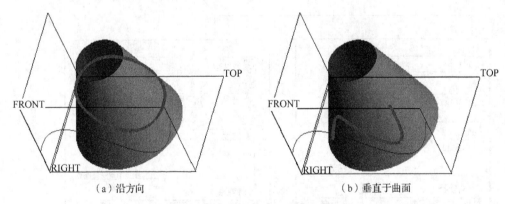

（a）沿方向　　　　　　　　　　　　　（b）垂直于曲面

图 5-27　投影曲线的【方向】类型设置

④ 参照选项卡中的投影项还可以是【投影修饰草绘】。所谓的投影修饰草绘特征也将被"绘制"在零件的曲面上，它包括要印制到对象上的公司徽标或序列号等内容。修饰草绘使用【插入】菜单→【修饰】→【草绘】…命令创建，具体操作过程和一般的草绘相同。

⑤ 使用"投影"方法创建的曲线的长度一般与原有的曲线长度不同。选择菜单【分析】→【测量】→【长度】，分别选择图 5-26 中原始曲线和投影后的曲线，其长度显示图 5-28（a）和5-28（b）所示。

⑥ 用户也可以先在图形窗口中选取要进行投影处理的曲线，然后再激活命令，这样操作更简单。

（a）原始曲线的长度 　　　　　　　　　（b）投影曲线的长度

图 5-28 【投影】前后曲线的长度比较

2. 包络方法创建的基准曲线

和"投影"方法创建的基准曲线类似，"包络"方法用于将一条草绘的基准曲线投影到平面或曲面面组上而得到新的曲线；但不同的是，新创建的投影曲线的长度和原有的曲线长度是相同的。

（1）操作步骤

①选择【编辑】菜单→【包络】 ⬚，将激活创建包络曲线的命令，系统将弹出如图 5-29 所示的【包络】工具操控板。

图 5-29 【包络】工具操控板

②选择 参照 选项卡中的【草绘】，选择要进行包络的二维曲线；或者单击 定义… 按钮重新创建一条草绘的基准曲线。

③激活【曲面】收集器选择要在其上投影的曲面或者面组。

④激活【方向参照】收集器指定曲线投影的方向参照。

⑤单击命令操控板中右端的 ✔，完成包络曲线的创建。

（2）举例

【例 7】 如图 5-30 所示，曲面上的曲线是原始曲线在曲面上的包络曲线，具体过程略（曲面的创建参见第 6 章）。

图 5-30 【包络】方法创建的基准曲线

（3）说明

① 要进行包络处理的曲线只能是草绘的曲线。

② 一次只能创建一条草绘曲线的包络曲线。

③ 包络后的曲线长度与原来的曲线长度相同。为了保证此特性,包络后的曲线要进行缩放,此时必须要设置包络原点,此原点代表曲线缩放的原点。缺省的包络原点是草绘曲线的中心,也可以选择其中的一个参照坐标系作为包络原点。

④ 当原始曲线大于包络曲面范围时,需要在曲面边界修剪无法包络的曲线部分,可在【选项】选项卡中勾选【在边界修剪】复选框。事实上,如果不这样做,往往造成包络曲线的特征生成失败。

⑤ 选择【分析】菜单→【测量】→【长度】,分别选择原始曲线和投影后的曲线,其长度显示图 5-31（a）和 5-31（b）所示。

⑥ 用户也可以先在图形窗口中选取要进行包络处理的曲线,然后再激活命令。

（a）原始曲线的长度　　　　　　　　　　　　（b）包络曲线的长度

图 5-31 【包络】前后曲线的长度比较

关于创建【投影】和【包络】曲线的一点重要说明：

在创建投影曲线和包络曲线的过程中,如果所选择的原始曲线是一条已有的二维草绘曲线,在相应的 参照 下滑面板中会显示 断开链接 的按钮。单击此按钮,系统将弹出如图 5-32 所示的【断开链接】对话框,表示将断开当前创建的特征与所选择的草绘曲线之间的关联,而是使用草绘曲线的副本创建了一个内部的草绘。在以后的操作过程中如果对先前绘制的草绘曲线进行编辑修改,将不影响当前正在创建的特征。否则,对先前绘制的草绘曲线的编辑修改操作,将直接影响到当前正在创建的特征;并且一旦当前的特征被创建完成后,原始的草绘曲线特征在模型树中会被自动隐藏,图形窗口中也不再显示,可以在模型树中选中该特征,右击鼠标从弹出的快捷菜单中选择【取消隐藏】将特征显示出来。在创建拉伸、旋转等草绘特征时如果使用到已有的草绘曲线作为草绘截面时,情况相同。

3. 通过两个曲面的交线创建的基准曲线

（1）操作步骤

① 首先选择两个相交的曲面。

② 选择【编辑】菜单→【相交】 🗗 ,系统将这两个相交曲面的交线创建为一条基准曲线。

（2）举例

【例8】 如图5-33所示,利用两个曲面的交线来创建曲线。

（3）说明

图 5-32　【断开链接】对话框

创建相交曲线的两个曲面可以是两个曲面、一个曲面和一个基准面、一个曲面或基准面和一个实体特征的表面；不可以是两个实体特征的表面。

两个曲面的交线

图 5-33　两个曲面【相交】创建的曲线

4. 通过两条草绘曲线相交创建的基准曲线

这种创建基准曲线的实际方法是通过两条草绘曲线沿着与各自草绘平面相垂直的方向拉伸得到的两个空间拉伸曲面的交线。

（1）操作步骤

① 首先选择两条草绘的曲线。

② 选择【编辑】菜单→【相交】 🗗 , Creo Elements/Pro 将这两条草绘曲线沿着与各自草绘平面相垂直的方向拉伸得到的两个空间拉伸曲面的交线创建为一条基准曲线。

（2）举例

【例9】 如图5-34所示,利用两条草绘曲线"相交"创建的空间曲线。

（3）说明

① 所选择的两条曲线必须是草绘的基准曲线。

② 该种方法创建的曲线在先前两个草绘曲线的草绘平面上的投影分别就是这两条草绘曲线。如图5-34所示,第一条和第二条草绘曲线的创建平面分别是 TOP 和 FRONT 基准平面,最后创建的空间曲线在这两个基准面上的投影分别和这两条草绘曲线重合。

图 5-34　两条草绘曲线的【相交】创建的曲线

5. 通过复制特征或曲面的边线创建的基准曲线

（1）操作步骤

① 首先选中实体或曲面的一条边,选择【编辑】菜单→【复制】,或者【编辑】工具栏→【复制】按钮，或者直接按下 [Ctrl]+[C]。

② 选择【编辑】菜单→【粘贴】,或者【编辑】工具栏→【复制】按钮，或者直接按下 [Ctrl]+[V],系统将弹出如图 5-35 所示的【曲线:复合】工具操控板。

③ 选择要复制的所有曲线参照。

④ 指定复制的曲线类型。

⑤ 单击操控板中的，完成曲线的复制。

（2）举例

【例 10】　如图 5-36 所示,利用模型的边线来创建曲线。过程略。

图 5-35　【曲线:复制】工具操控板

图 5-36　复制特征或曲面的边线创建的基准曲线

（3）说明

① 特征或者曲面的边线必须是相连的。

② 当所选择的边是曲面链时,用户可以单击下滑面板的按钮打开如图 5-37 所示的【链】对话框,根据需要决定将特征或者曲面边线的全部或者部分创建为基准曲线。

（a）标准

（b）基于规则

图5-37 【链】对话框

对话框中各类型链的说明如下：

● 标准——依次链。选择单独的边、曲线或复合曲线组成的链，如果要多选需要在选择的同时按下 [Ctrl] 键。

● 相切链——和当前选中的边相切的、首尾相连的所有的边都被选中。

● 部分环——使用位于指定的起点 和终点之间的部分环。

● 完整环——包含曲线或边的整个环的链。

③【曲线类型】可以设置为"精确"或者"逼近"。

● 精确——创建选定曲线或者边的精确副本。

● 逼近——创建通过单一连续曲率样条逼近于相切曲线链的基准曲线。

5.5.8 曲线的编辑修改操作

曲线的编辑修改操作包括曲线的复制、偏移、修剪、镜像、移动等操作和曲面的操作相类似，在本节暂不作介绍，具体请参见"6.3 曲面特征的编辑修改操作"。

5.6 基准坐标系

5.6.1 坐标系的用途

（1）用于 CAD 数据的转换，如进行 IGES、STEP 等数据格式的输入与输出时都必须设置坐标系统。

（2）作为加工制造时刀具路径的参考，如果使用 Pro/MANUFACTU/NG 模块编制 NC加工程序时必须要有坐标系作参考。

（3）对零件模型进行物理特征分析的参考,如计算重量时必须有参考坐标系以计算重心的具体坐标数值。

（4）作为装配时零件互相配合的参考。

5.6.2 坐标系的分类

坐标系在 Creo Elements/Pro 中都是使用带有 x、y、z 的坐标系来表示的,可以同时代表笛卡尔坐标系、柱坐标系和球坐标系。

坐标系由一个原点和三个坐标轴构成,而三个坐标轴之间遵循右手定则,只需确定其中的两个坐标轴,第三个轴的方向就被唯一确定下来。因此,一个坐标系的创建只需要确定原点和两个坐标轴即可。

5.6.3 创建坐标系的步骤

（1）选择【基准】工具栏→【基准坐标系】 ,将激活创建基准坐标系命令,系统将弹出【坐标系】对话框。该对话框有三个选项卡: 原点 、 方向 、 属性 (参见本节后面部分)。

（2）在 原点 选项卡页面的【参照】中定义坐标系的放置参照。在图形窗口中选取 3 个放置参照。这些参照可包括平面、边、轴、曲线、基准点、顶点或坐标系。在选取了参照之后,这些参照将出现在对话框的【参照】的列表中。

（3）如果用户指定的参照是一个坐标系,则采用【偏距坐标系】的方式创建一个新的坐标系(参见后面的图)。此时,【参照】区下方的各选项才能被使用,在【偏移类型】区中提供了多个坐标系的下拉式列表,用户可以通过它提供的方法偏距一个现有的坐标系。其选项有球坐标系、柱坐标系、笛卡尔坐标系、自文件等。

（4）在 属性 选项卡中可以修改新建的坐标系的名称。

（5）在 方向 选项卡中,用户可以单击【反向】按钮修改坐标系的坐标轴方向。

（6）单击对话框的 确定 按钮完成坐标系的创建。

5.6.4 创建坐标系的约束条件

（1）3 个平面:在 3 个平面的交点处产生坐标系。

（2）点 +2 个轴:需要指定坐标系的原点和两个互相垂直的坐标轴。

（3）2 个轴:指定互相垂直的两条直线作为坐标系的两个轴,坐标原点为这两根轴的交点。

（4）平面 +2 个轴:1 个平面加 2 个轴,坐标原点为平面与第一轴的交点。

（5）偏距:从一个坐标系以平移或旋转的方式产生另一坐标系。

（6）从文件:读入 *.trf 文件以创建坐标系。

5.6.5 说明

（1）缺省情况下,系统假设坐标系的第一轴方向将平行于第一原点参照。如果该参照为一条直边、曲线或轴,那么坐标系轴将被定向为平行于此参照。如果已选定某一平面,那么坐标系的第一轴方向(缺省为 x 轴)将被定向为垂直于该平面。系统自动将投影与第一方向正交的第二参照确定为第二轴方向(缺省为 y 轴)。

（2）修改坐标系的坐标轴方向有以下两种方法：

① 参照选取。通过定义坐标系中的两根轴的方向参照来定向坐标系。

② 所选坐标轴。该选项只有当新坐标系是通过偏距已有坐标系的方法创建起来的才可以使用。通过定义绕作为参照的坐标系的坐标轴的旋转角度来定义新的坐标系。

5.6.6　举例

在图 5-38（a）所示的立体上创建如图 5-38（b）所示的坐标系。

（1）CS0：在零件的左侧面、上表面 1 和背面的交点处产生的坐标系；

（2）CS1：以顶点 1 为坐标原点，边 12 和边 13 作为定向参照创建的坐标系；

（3）CS2：分别以边 14 和边 45 为坐标轴创建的坐标系；

（4）CS3：以坐标系 CS1 为参照产生的偏移坐标系，沿 CS1 的 x 轴方向偏移的距离为 -10；

（5）CS4：以坐标系 CS2 为参照产生的偏移坐标系，沿 CS2 的 x 轴方向偏移的距离为 -10，并且要求坐标系的 z 轴垂直于屏幕方向向外。

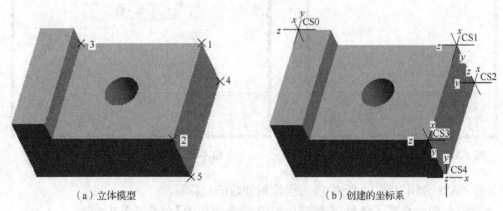

（a）立体模型　　　　　　　　　　　　（b）创建的坐标系

图 5-38　原有模型及创建的基准坐标系

操作步骤如下：

（1）打开如图 5-38（a）所示的立体模型。

（2）CS0：在零件的左侧面、上表面 1 和背面的交点处产生的坐标系。

● 激活创建坐标系的命令，系统弹出如图 5-39 所示的【坐标系】对话框。

● 首先选择零件的最上表面作为创建坐标系的参照，该参照面的法线方向就是缺省的 x 轴方向。

● 按住 [Ctrl] 键，再依次选择零件的背面和左侧面作为参照，第二个参照平面的法线方向就是缺省的 y 轴的方向。

● 单击对话框的 确定 完成坐标系的创建。

（3）CS1：以顶点 1 为坐标原点，边 12 和边 13 作为坐标轴创建的坐标系。

● 激活创建坐标系的命令，系统弹出如图 5-39 所示的【坐标系】对话框。

● 首先选择顶点 1 作为创建坐标系的参照，该点是新建坐标系的原点。

● 选择对话框的【方向】选项卡，定向根据为【参照选择】，指定第一个定向参照为边

12,该条边就成为缺省的 x 轴,正方向从 1 点指向 2 点。单击旁边的【反向】按钮,使 x 轴和缺省方向相反,如图 5-40 所示。

● 按住 [Ctrl] 键,指定第二个定向参照为边 13,该条边就是缺省的 y 轴,正方向从 1 点指向 3 点。单击【投影】下拉列表框中的"Z",将该边设置为坐标系的 z 轴。

● 单击对话框的 确定 完成坐标系的创建。

图 5-39 【坐标系】对话框（CS0 ）　　　　　图 5-40 【方向】选项卡 1（ CS1 ）

（4）CS2：分别以边 14 和边 45 为坐标轴创建的坐标系。

● 激活创建坐标系的命令,系统弹出如图 5-39 所示的【坐标系】对话框。

● 首先选择边 14 作为创建坐标系的第一个参照,该条边是坐标系缺省的 x 轴。

● 按住 [Ctrl] 键,指定边 45 作为创建坐标系的第二个参照,该条边是坐标系缺省的 y 轴,两条边的交点为坐标系的原点。

● 选择对话框的【方向】选项卡,定向根据为【参照选择】,将坐标系的方向重新定向改为如图 5-38（b）中所示的 CS2 坐标系。

● 单击对话框的 确定 按钮完成坐标系的创建。

（5）CS3：以坐标系 CS1 为参照产生的偏距坐标系,沿 CS1 的 x 轴方向偏移的距离为 −10。

● 激活创建坐标系的命令,系统弹出如图 5-39 所示的【坐标系】对话框。

● 选择刚才创建的 CS1 坐标系作为创建坐标系的参照,对话框变为如图 5-40 所示的形式。

● 在【偏移类型】中指定坐标系的类型为【笛卡尔】,输入沿参照坐标系 x 轴方向偏移的数值为 −10,如图 5-41 所示。

● 单击对话框 确定 完成坐标系的创建。

（6）CS4：以坐标系 CS2 为参照产生的偏移坐标系，沿 CS2 的 x 轴方向偏移的距离为 -10，并且要求坐标系的 z 轴垂直于屏幕方向向外。

● 激活创建坐标系的命令，系统弹出如图 5-39 所示的【坐标系】对话框。

● 选择刚才创建的 CS2 坐标系作为创建坐标系的参照，对话框变为如图 5-41 所示的形式。

● 在【偏移类型】中指定坐标系的类型为【笛卡尔坐标】，输入沿参照坐标系 x 轴方向偏移的数值为 -10。

● 选择对话框的【方向】选项卡，对话框变为图 5-42 所示的形式，选择定向根据为【所选坐标轴】，单击按钮 设置 Z 垂直于屏幕 ，使得坐标系的 z 轴垂直于当前的屏幕方向向外。从图 5-42 也可以看出，将要创建的新坐标系和作为参照的坐标系相比，相当于围绕 x 轴旋转了 41°，围绕 y 轴旋转了 18°，围绕 z 轴旋转了 -75°。

● 单击对话框的 确定 完成坐标系的创建。

图 5-41　创建【偏移坐标系】CS3

图 5-42　【方向】选项卡 2（CS4）

5.7　基准图形

5.7.1　基准图形的用途

基准图形是用来绘制函数图形的辅助工具，主要是用于补充非标准函数变化的。在造型过程中可以利用基准图形来控制特征的几何外形。

5.7.2　创建基准图形的步骤

（1）选择菜单【插入】→【模型基准】→【图形】命令。

（2）系统将提示"为 feature 输入一个名字"，在文本编辑框中键入基准图形的名称。

（3）Creo Elements/Pro 自动转入到二维草绘环境。

（4）选择【草绘】命令组→【坐标系】按钮 在图形区域的适当位置绘制一个参照坐标系，然后绘制基准图形。并且必须标注有相对于坐标系的尺寸，以确定基准图形的外形和位置。

（5）单击 退出草绘器，完成草绘的基准曲线的创建。

5.7.3 说明

（1）通过 Graph 所绘制的函数一般不能是多值函数，即坐标平面上的每一个 x 值只能有唯一的 y 值与之对应。

（2）创建基准图形时必须选择【草绘】命令组→【坐标系】按钮 绘制一个参照坐标系。

（3）基准图形经常在创建可变截面扫描特征中用于控制截面的尺寸参数变化。

5.8 嵌入的基准特征

我们前面几节中介绍的基准平面、基准轴线、基准点、基准曲线、基准坐标系等等都是常规的基准特征，又称为独立的基准特征。在特征的模型树中它们是一个独立的节点，在其后创建的特征都可以使用它们作为参考。而嵌入的基准特征（又称异步基准），它是在某个特征创建的过程中创建的隶属于该特征的基准特征，在特征模型树的常规特征列表中不出现，而显示为常规特征的一个"子节点"；并且默认方式下会被自动隐藏，其他的特征无法直接参考该基准。

5.8.1 独立基准和嵌入基准的比较

我们通过下面如图 5-43 和图 5-44 两个直径 $\phi100$、高度为 50 的圆柱的创建实例来进行独立基准和嵌入基准的比较。

图 5-43（a）所示模型的创建过程如下：

（1）创建一个新的零件文件"5-43-a"，指定公制单位的模板"mmns_part_solid"（毫米牛顿秒制），进入零件造型环境。

（2）选择【基准】工具栏→【基准平面】 激活创建基准平面的命令，在 TOP 基准面上方建立一个与其平行、距离为 40 的基准面 DTM1。

（3）选择【基础特征】工具栏→【拉伸】 命令，打开 放置 选项卡单击其中的 定义…… 按钮创建将要拉伸的二维截面，系统将弹出【草绘】对话框。

（4）在【草绘】对话框中选取刚创建的 DTM1 作为草绘平面，接受缺省的草绘视图方向，指定 RIGHT 面为定向参考平面，法线方向向右。

（5）绘制一个直径为 100 的圆，单击草绘器中的 图标完成二维截面的绘制。

（6）指定拉伸的深度为 50，单击操控板控制区域的 ，完成特征的建立。

（a）模型　　　　　　　　（b）模型树

图 5-43　独立基准

图 5-44（a）所示模型的创建过程如下：

（1）创建一个新的零件文件"5-44-a"，指定公制单位的模板"mmns_part_solid"（毫米牛顿秒制），进入零件造型环境。

（2）选择【基础特征】工具栏→【拉伸】![icon]命令，打开 放置 选项卡单击其中的 定义... 按钮创建将要拉伸的二维截面，系统将弹出【草绘】对话框。

（3）选择【基准】工具栏→【基准平面】![icon]激活创建基准平面的命令，在 TOP 基准面上方建立一个与其平行、距离为 40 的基准面 DTM1。（注：这个基准平面 DTM1 是在创建拉伸特征的过程中创建的，是一个嵌入的基准平面）

（4）系统自动选取刚创建的 DTM1 作为草绘平面，接受缺省的草绘视图方向，指定 RIGHT 面为定向参考平面，法线方向向右。

（5）绘制一个直径为 100 的圆，单击草绘器中的![icon]图标完成二维截面的绘制。

（6）指定拉伸的深度为 50，单击操控板控制区域的![icon]，完成特征的建立。

对照图 5-43 和图 5-44 中的三维模型和模型树，可以发现独立基准和嵌入基准的下列区别：

（1）在图形窗口中，独立基准不会被自动隐藏，而嵌入基准会被自动隐藏而不显示。可

（a）模型　　　　　　　　（b）模型树

图 5-44　嵌入基准

以在模型树中选择嵌入的基准特征,右键单击,从弹出的快捷菜单中选取【取消隐藏】使得嵌入的基准特征在图形窗口中可见。

（2）独立基准在特征的模型树中是一个独立的节点,如图 5-43（b）所示;嵌入基准在模型树中显示为所创建的特征的一个子节点,如图 5-44（b）所示。

（3）独立基准可以被选为后创建的其他特征的参考;嵌入基准不能够被选为后创建的其他特征的参考。

（4）需要说明的是,嵌入基准的嵌套深度是不受限制的。

5.8.2　将嵌入基准转换为独立基准

可以将嵌入的基准特征转换为独立的基准特征,步骤如下:

（1）在模型树中单击特征左边的 ➕ 号展开特征,查看其中嵌入的基准参考。

（2）在模型树中选择嵌入的基准特征。

（3）按住鼠标左键将嵌入的基准向前拖动到模型树中参考该基准的特征前面,然后释放鼠标左键。

（4）原来嵌入的基准特征立刻会作为独立的基准特征被放置到释放鼠标左键的位置上,显示为主特征的同级节点。

（5）图形窗口中原来被自动隐藏的嵌入基准已转化为独立的基准,因而会正常显示。

5.8.3　将独立基准转换为嵌入基准

也可以将独立的基准特征转换为嵌入的基准特征,步骤如下:

（1）在“模型树”中选择特征参考的独立基准特征。

（2）按住鼠标左键,将基准特征拖动到参考它的特征内。

（3）如果要将拖动的基准放置到其中的目标特征对于嵌入有效,则当指针移到它上方时它会以突出方式显示。

（4）此时释放鼠标左键。

（5）原来独立的基准特征立刻会作为嵌入的基准特征被放置到目标特征内,显示为目标特征的子节点。

（6）图形窗口中原来被正常显示的独立嵌入基准已转化为嵌入的基准,因而会被自动隐藏。

6 曲面特征的创建及其应用

6.1 曲面特征的基本概念

通过前面的学习我们可以知道：对于形状较为规则的机械零件来讲，使用拉伸、旋转、扫描（包括恒定截面扫描和可变截面扫描）、螺旋扫描、混合等实体造型的方法是非常方便而且迅速的。但是对于比较复杂的造型设计而言，仅仅使用拉伸、旋转、扫描或者混合等方法来创建就很困难，不能满足实际需要。在这种情况下，就产生了曲面造型设计。Creo Elements/Pro 提供了强大而灵活的曲面造型功能。

曲面特征是没有定义厚度的几何特征。曲面特征和我们在前面所介绍的实体造型中的薄板特征是不同的，薄板特征实际上是一种薄板实体，它的壁有一个相对较小的数值，而曲面特征的壁厚为 0，其作用在于创建具有复杂轮廓的几何形状。虽然相同几何形状的曲面特征和薄板特征在屏幕上的显示几乎完全相同，但前者没有体积、质量等物理特性，而后者具备这些特性。

对于具有复杂形状的模型，我们可以采用下列方法进行造型：

（1）创建多个独立的曲面。

（2）通过曲面的编辑和修改操作将许多独立的曲面合并为一个完整的、没有间隙的曲面模型；在 Creo Elements/Pro 中，通常将这样一个曲面或几个曲面的组合称为面组（Quilt）。

（3）将面组转化为实体模型。

6.1.1 曲面的颜色

在 Creo Elements/Pro 缺省的系统颜色配置浅蓝色的背景下，当模型以线框的方式显示时，系统以不同的颜色分别表示曲面的边界线、棱线以及曲线的颜色，如图 6-1 所示。现将其含义说明如下：

曲面的边界线

曲面上的曲线

曲面的棱线

图 6-1 曲面的颜色说明

（1）绿色：代表曲面的边界线，其意义为该暗红色边的一侧属于该曲面特征，另一侧不属于该曲面特征。

（2）紫色：代表曲面的棱线，其两侧都属于该曲面特征。

（3）蓝色：曲面上曲线的颜色。

我们在这里强调曲面边界线及棱线的颜色十分重要。因为曲面造型实际上是为实体造型服务的，而一个面组能够转换成实体模型的前提条件就是这个面组本身是封闭的，或者这个面组和模型中已有实体的表面能够形成封闭的面组，不存在缝隙或者破孔。在这种情况下，以线框显示的曲面模型中出现的只有紫色的棱线，而不会有绿色的边界线。因而根据曲面面组的颜色显示就可以判断该面组是否封闭。

6.1.2　曲面的显示模式

Creo Elements/Pro 中曲面的显示和模型的显示方式相同，也有四种，即是线框模式、隐藏线模式、消隐模式（无隐藏线）和着色模式，另外还可以通过【增强的真实感】按钮控制着色模式下图形的真实感显示。除了着色模式以外，其余三种显示方式的结果是相同的。

此外，还可以使指定的曲面以网格的方法来显示，其方法是选择菜单【视图】→【模型设置】→【网格曲面】选项，Creo Elements/Pro 将弹出如图 6-2 所示的【网格】对话框，要求用户选择要以网格方式显示的曲面，并分别指定第一方向和第二方向的网格间距。图 6-1 模型中曲面的右半部分以网格显示的效果如图 6-3 所示。

图 6-2　【网格】对话框

图 6-3　网格显示的曲面

6.2　基本曲面特征的创建

可以用与创建基本实体特征相类似的方法来创建基本的曲面特征，这些方法包括拉伸、旋转、恒定截面扫描、可变截面扫描、螺旋扫描、平行混合、旋转混合和扫描混合等。具体的操作步骤与创建拉伸的实体特征基本相同，在此不再详述。

另外可以使用填充工具（Fill）在平面（零件上的平面或者基准平面）上通过绘制曲面

的边界线来创建一个平面式的曲面；还可从已有模型的表面复制出新的曲面。

6.2.1 创建拉伸曲面

通过拉伸二维的草绘截面来创建一个曲面特征。

1.举例

（1）选择【基础特征】工具栏→【拉伸】 或者【插入】菜单→【拉伸】选项，系统会在功能区弹出如图 6-4 所示的【拉伸】工具操控板。

（2）在操控板中单击曲面类型图标 ，表示要创建一个拉伸的曲面特征。

（3）在 放置 面板中选择 定义... 按钮，随即出现【草绘】对话框；在对话框中选择 FRONT 面为草绘平面，接受缺省的草绘视图方向，指定 TOP 面为参照平面，法线方向向上。

（4）分别以 TOP 面和 RIGHT 面为对称中心，绘制一个长为 200、宽为 80 的长方形截面。

（5）指定特征的生长方向为前后对称对称生长，拉伸深度为 120。

（6）单击操控板右端的 ，完成拉伸曲面的创建，得到如图 6-5（a）所示的曲面模型。

曲面类型图标

图 6-4　【拉伸】工具操控板

2.说明

（1）创建拉伸的曲面特征时草绘截面可以是开放的。

（2）在创建拉伸的曲面特征过程中，如果草绘的截面是一个封闭的图形，那么【选项】面板中的【封闭端】选项将是可选用的。此时，如果该项没有被选中（即开放两端），则曲面特征的两个端口都是开放的，如图 6-5（a）所示；否则，所创建的曲面特征的两端将被封闭，如图 6-5（b）所示。

（a）非【封闭端】　　　　　　　　　（b）【封闭端】

图 6-5　拉伸曲面

6.2.2 创建旋转曲面

由特征截面围绕中心轴线旋转而成的曲面特征。

1.举例

（1）选择【基础特征】工具栏→【旋转】 或者【插入】菜单→【旋转】选项，Creo

Elements/Pro 将弹出【旋转】工具操控板。

（2）在操控板中单击曲面类型图标 ，表示要创建一个旋转的曲面特征。

（3）在操控板的 面板中选择 按钮，随即出现【草绘】对话框；在对话框中选择 FRONT 面为草绘平面，接受缺省的草绘视图方向，指定 TOP 面为参照平面，法线方向向上。

（4）绘制如图 6-6 所示的截面草图。

（5）指定旋转的角度为 360°。

（6）单击操控板右端的 ，完成旋转的曲面特征的创建，如图 6-7 所示。

图 6-6　二维截面草图　　　　　　　　　　　　图 6-7　旋转的曲面特征

2. 说明

（1）从表面上看，图 6-7 所创建的旋转的曲面特征同前面第三章中图 3-16 所创建的旋转的实体特征几乎是完全一样的，但它们的本质完全不同，一个是曲面特征，另一个是实体特征，这一点从模型树中显示出来的特征标识就可以体现出来。我们还可以通过下面所说的方法加以进一步验证识别。

● 方法一：用鼠标单击【模型显示】工具栏→【线框】图标 将模型以线框方式显示，在 Creo Elements/Pro 的缺省系统颜色配置下，实体模型的边线以白色显示，而曲面模型的边线或棱线以绿色或者紫色显示。

● 方法二：选择菜单【分析】→【模型】→【质量属性】，将弹出如图 6-8 所示的【质量属性】对话框，使用缺省的坐标系，接受缺省的密度值 7.85，单击该对话框的【计算当前分析以供预览】按钮 ，对于创建的实体特征，将在对话框中显示出相应的体积、曲面面积、质量、惯性矩等物理特性值；而对于曲面特征，这些物理参数的数值显示为 0（图 6-9）。

● 方法三：选择【视图】工具栏→【视图管理器】 ，或者选择【视图】菜单→【视图管理器】选项，将弹出【视图管理器】对话框。我们前面在 4.8 "横截面的创建和编辑"一节中已经介绍过，在此对话框中可以创建并命名横截面，并可以对已经创建的横截面进行删除、重新定义、复制、重命名、删除等管理。创建一个新的单一横截面，名称为 Xsec0001，选择屏幕上的 FRONT 基准面为剖切平面。当所创建的是实体特征时，则剖面上显示正常的剖面线，如图 6-10 所示；否则，如果创建的是曲面特征，剖面上没有剖面线显示，如图 6-11 所示。

（2）创建旋转的曲面特征时草绘截面可以是开放的。

（3）当草绘的截面封闭时,【选项】面板中的【封闭端】选项决定了曲面特征的末端是否封闭,其结果分别如图 6-12（a）和图 6-12（b）所示。

图 6-8　【质量属性】—实体模型

图 6-9　【质量属性】—曲面模型

图 6-10　显示横截面—实体模型

图 6-11　显示横截面—曲面模型

（a）【封闭端】

（b）非【封闭端】

图 6-12　旋转曲面

6.2.3 创建扫描曲面

由二维草绘特征截面沿着一条平面或空间的轨迹线扫描而创建起来的曲面特征。在扫描的过程中,扫描截面的形状、大小和方向保持不变。

1. 举例

(1) 选择【插入】菜单→【扫描】→【曲面】,激活扫描命令。系统会弹出如图 6-13 所示的创建扫描的曲面特征的菜单管理器。

图 6-13 【扫描的曲面特征】菜单管理器

(2) 选择【草绘轨迹】选项准备绘制扫描特征的轨迹线。

(3) 指定 FRONT 面为草绘平面,接受缺省的查看草绘平面的方向(由屏幕外部指向内部),指定 RIGHT 面为定向参照平面,法线方向向右。

(4) 分别绘制一条样条曲线作为扫描轨迹线和一个圆作为扫描的二维截面。

（5）在弹出的【属性】菜单管理器中选择【开放端】,表示在扫描的轨迹线端点处曲面是不封闭的。

（6）单击【曲面:扫描】对话框的 确定 按钮,完成扫描的曲面特征的建立,结果如图6-14所示。

图6-14 扫描的曲面特征

2. 说明

（1）创建曲面特征时草绘截面可以是开放的。

（2）当草绘的截面封闭是封闭的情况下,【属性】菜单管理器中的【开放端】或者【封闭端】决定了曲面特征的末端是否封闭。

6.2.4 创建混合曲面

由两个或多个草绘截面通过一定的方式连在一起而生成的曲面特征。

1. 举例

（1）选择菜单【插入】→【混合】→【曲面】,Creo Elements/Pro 将弹出如图6-15所示的建立混合的曲面特征的菜单管理器。

（2）指定混合特征的类型为平行方式,截面的获取方式为【规则截面】和【草绘截面】,截面各对应顶点之间以直线的方式连接。

（3）指定 TOP 面为草绘平面,接受缺省的特征创建方向（向上）,指定 RIGHT 面为定向参照平面,法线方向向右。

（4）系统自动进入二维草绘模式。绘制第一个截面,边长为100的正方形,如图6-16所示。

（5）选择菜单【草绘】→【特征工具】→【切换剖面】,第一个草绘的截面变成灰色,此时进行第二个截面的绘制,直径为 $\phi70$ 的圆,如图6-17所示。注意第二个截面的顶点的数量应该和第一个截面的顶点数量相等,起始点和起始方向应该和第一个截面相对应。

（6）指定两个截面之间的距离为90,最后得到如图6-18所示的"天圆地方"形状的曲面。

2. 说明

（1）创建曲面特征时草绘截面可以是开放的。

（2）当草绘的截面封闭时,【选项】面板中的【封闭端】选项决定了曲面特征的末端是否封闭。

（3）混合的曲面特征属性中【直的】和【光滑】的区别与混合的实体特征相同。

（4）各个截面起始点和起始方向要一致。如图6-18所示的天圆地方曲面,如果起始点

图 6-15 【混合曲面特征】菜单管理器

图 6-16 第一个特征截面　　　图 6-17 第二个特征截面　　　图 6-18 混合的曲面特征

和起始方向都不一致,将分别得到如图 6-19 和图 6-20 所示的曲面。从图中可以看出,为了保证各个截面之间对应的起始点和起始方向的一致性,曲面发生了扭转。

图 6-19　平行混合曲面起始点不对应例一

图 6-20　平行混合曲面起始点不对应例二

6.2.5　创建平面式曲面——填充特征

用于创建一个二维的曲面特征,即二维的平面式曲面。需要在基准平面或者零件已有模型的平面上绘制该平面式曲面的边界线,以构成平面式曲面。

1. 操作步骤

(1) 选择菜单【编辑】→【填充】,系统将弹出如图 6-21 所示的【填充】工具操控板。

(2) 用户可以指定一条封闭的平面上的基准曲线,建立以该条曲线为边界线的平面;也可以单击 参照 按钮从打开的下滑面板中选择草绘的 定义... 按钮,系统随即弹出【草绘】对话框;在该对话框中分别指定草绘平面和定向参照面绘制封闭的草绘截面。

(3) 单击操控板右端的 ✔ 按钮完成平面式曲面的建立。

图 6-21　【填充】工具操控板

2. 说明

（1）草绘截面必须是封闭的，否则会出现"此特征的截面必须闭合"的警告提示。

（2）【填充】平面的创建过程和使用【拉伸】命令创建拉伸曲面的过程是相类似的，但其本质是不同的。前者创建的是一个平面，没有深度参数。如图 6-22 所示的平面式曲面和拉伸式曲面具有相同的特征截面。

（a）填充的平面式曲面　　　　　　　　　　　（b）拉伸曲面

图 6-22　具有相同草绘截面的填充曲面和拉伸曲面比较

3. 举例

创建如图 6-22（a）所示的平面式曲面。

（1）选择菜单【编辑】→【填充】，系统将弹出如图 6-21 所示的【填充】工具操控板。

（2）在 参照 面板中选择 定义... 按钮，在弹出的【草绘】对话框中指定 FRONT 基准面为草绘平面，接受缺省的草绘视图方向，指定 TOP 基准面为定向参照面，法线方向朝上，绘制如图 6-23 所示的封闭的特征截面。单击 ✓ 退出"草绘器"。

（3）单击 ✓ 按钮完成平面式曲面的创建。

图 6-23　平面式曲面的特征截面

6.3　曲面特征的编辑修改操作

创建曲面后，所得到的曲面不一定刚好就是用户所需要的。这就需要用户对所创建的曲面进行必要的编辑和修改操作。

6.3.1　复制曲面（Copy）

在 Creo Elements/Pro 中，可使用【编辑】菜单下的【复制】、【粘贴】和【选择性粘贴】命令复制和放置特征、几何、曲线和边链。使用此功能，可复制和粘贴两个不同模型之间或者相同零件两个不同版本之间的特征。我们可以用这三个命令建立一个和已有的一个或几个曲面一样的新曲面，或者是建立已有的实体模型表面的复制曲面。此功能对于在已有实体特征之外建立曲面特征是十分有用的，因为实体模型的表面不是曲面，在需要选择曲面时不能够直接选择，必须通过曲面复制的方法将其表面复制以后才能够使用。曲面的复制功能在模具设计模块中定义分型面十分有用。

1. 操作步骤

（1）在图形窗口中，先选取要复制的一个或多个曲面。

（2）选择【编辑】工具栏→【复制】图标，或者选择菜单【编辑】→【复制】菜单项，或者按下【Ctrl】+【C】键。

（3）选择【编辑】工具栏→【粘贴】图标，或者选择菜单【编辑】→【粘贴】菜单项，或者按下【Ctrl】+【V】键，系统弹出如图 6-24 所示的曲面和曲线的粘贴操控板。

（4）在 选项 面板中指定要进行的曲面复制的方式，共有三种复制方式，具体请见后面的"说明"部分。

（5）如果用户选择的是【按原样复制所有曲面】，则单击操控板右端的 ✓ 即可完成曲面的复制操作，Creo Elements/Pro 创建选定的一个或多个曲面的精确副本。如果用户选择的是【排除曲面并填充孔】，那么还要选择要排除的曲面和要填充的孔；如果用户选择的是【复制内部边界】，还应该选择内部边界。

图 6-24　【曲面：复制】操控板

2. 说明

（1）在模型树中，所有复制产生的曲面和曲线都用 图标表示。

（2）当模型中只有曲面特征时，不容易一次选择多个曲面（往往只能选择单个曲面或者整个面组），这时可以先只选择单个曲面进行复制（注意默认系统颜色配置下在绘图区域使所选择的曲面整个呈淡粉色显示，如果只显示的是曲面的边界，实际上是特征的预选加亮显示，后面激活的将是特征的复制命令）；然后在发出粘贴命令后，在【曲面：复制】操控板中选择多个想要复制的曲面就可以了。

图 6-25　【曲线：复合】操控板

（3）如果选择了曲线进行复制，在发出粘贴命令后，系统弹出如图 6-25 所示的【曲线：复合】操控板，用于创建选定曲线的精确或近似副本。

（4）在复制曲面的过程中可以使用以下的三种选项方式之一进行操作。三种不同的复制方式得到的结果分别如图 6-26 ～图 6-28 所示。为了便于读者的观察，编者将复制后得到的新曲面进行了平移。

① 按原样复制所有曲面：准确地按照原样复制曲面，原始曲面是什么样子，复制操作后得到的曲面就是什么样子，曲面的大小和形状都不会发生变化，是系统的默认选项。

图 6-26　按原样复制所有曲面

图 6-27　排除曲面并填充孔

指定的边界曲线

图 6-28　复制内部边界

② 排除曲面并填充孔：如果要复制的曲面内部存在孔，使用该选项复制得到的曲面将会自动使用填充平面对这些孔进行填充。这一选项在模具设计模块中经常用于填补分型面的破孔。

③ 复制内部边界：仅仅复制用户选择的边界内部的曲面部分。如果仅仅需要原始曲面的一部分，则可选择此选项，注意要作为边界的曲线应该事先创建好。

3. 举例

创建复制的曲面特征。

（1）创建如图 6-29（b）所示的回转体的曲面模型，其二维截面草图如图 6-29（a）所示（为了便于后续的操作，注意创建的是曲面模型，而不是实体模型）。

40

40

（a）二维截面草图

（b）创建的回转体曲面

图 6-29　创建复制曲面特征

（2）选择模型上部的半圆形球面作为要复制的曲面。

（3）选择选择【编辑】工具栏→【复制】图标 📋，或者选择菜单【编辑】→【复制】菜单项，或者按下【Ctrl】+【C】键。

（4）选择【编辑】工具栏→【粘贴】图标 📋，或者选择菜单【编辑】→【粘贴】菜单项，或者按下【Ctrl】+【V】键，系统弹出如图 6-24 所示的【曲面：复制】操控板。

（5）单击操控板右端的 ✔。Creo Elements/Pro 创建选定的一个或多个曲面的精确副本，如图 6-32（b）中网格显示的半圆形球面。

6.3.2 创建偏移曲面（Offset）

用于从已有实体的表面或者已有的曲面偏移一定距离的方式创建一个新的曲面特征。

1.操作步骤

（1）在图形窗口中，选取要进行偏移操作的一个曲面。

（2）选择菜单【编辑】→【偏移】 📷 选项。系统会计算缺省的偏移值并在预览几何中显示该值，同时弹出【偏移】工具操控板，缺省的偏移类型是"标准的偏移"，如图 6-30 所示。

（3）在偏移值框中，输入所需的偏移值。在图形区域的预览几何中，偏移曲面平行于参照曲面显示出来。

图 6-30　"标准"的【偏移】工具操控板

（4）通过拖动句柄或双击尺寸并在框中输入新的尺寸来调整偏移距离和方向。

（5）要反转偏移的方向，可单击操控板中的 图标。

（6）选取偏移类型为 ，此为系统缺省的【标准】偏移类型。

（7）如果要创建带有侧面组的偏移曲面，可单击 面板中的【创建侧曲面】复选框。

（8）单击操控板右端的 完成特征的建立。

2. 说明

（1）在模型树中，已经创建的【偏移】曲面特征分别用下列图标表示：

① —"标准"的偏移；

② —"具有拔模斜度"的偏移；

③ —"展开"的偏移；

④ —"替换曲面"的偏移。

（2）关于【选项】面板的说明

① 垂直于曲面：指垂直于所选择的曲面或者面组，即沿着其法线方向进行偏移。

② 自动拟合：指系统自动调整确定坐标系，并沿其轴进行适当的缩放和调整。用户无需另外指定坐标系。

③ 控制拟合：需要用户指定一个坐标系和坐标轴来进行偏移操作。

（3）【选项】面板中的【创建侧曲面】复选框用于确定在原有的曲面和偏移产生的曲面之间是否创建侧面，如图 6-31 所示。

（4）偏移类型

① —标准偏移，偏移单个选定的曲面或者面组。

② —具有拔模斜度的偏移，使得偏移曲面的侧面带有拔模斜度，需要通过草绘确定侧面的产生范围。

③ —展开的偏移，在封闭面组（或曲面）的选定面之间创建侧面，需要通过草绘确定侧面的产生范围，与"具有拔模斜度"的偏移不同之处在于所创建的侧面不需要有拔模斜度，相当于在"具有拔模斜度"的偏移中设置的拔模角度为 0°。

④ —替换曲面的偏移，在复杂模型的制作过程中，可以先生成复杂的曲面外形，然后再用这个曲面来"替换"实体的某个表面，具体请参见 6.4.4"利用曲面来替代实体的表面"内容。

3. 例 1

将图 6-29（b）中通过复制所得到的半圆形曲面向外偏移 5，得到一个新的曲面，如图

（a）原有曲面　　　　　　（b）不创建侧面的标准偏移　　　　　（c）创建侧面的标准偏移

图 6-31　勾选【创建侧曲面】复选框的区别

6-32 中以网格显示的半圆形透明球面。

（1）选择图 6-29（b）中复制出来的半圆形球面作为要进行偏移操作的曲面。

（2）选择【编辑】菜单→【偏移】选项。系统将弹出【偏移】工具操控板。

（3）选择偏移类型为"标准" ▥ 并且不创建侧面。

（4）在偏移值框中，输入偏移数值为 5。在图形区域中，偏移曲面平行于参照曲面的预览几何显示出来。

（5）单击操控板右端的 ✔ 完成所选曲面的偏移，将该文件以 6-32 的名称保存，以备后面进行曲面合并调用。

（a）网格显示　　　　　　　　　　　　　　　　　（b）透明表示

图 6-32　新曲面

4. 例 2

创建"具有拔模斜度"的偏移曲面（参见图 6-36）。

（1）创建如图 6-33 所示的半圆柱曲面，回转直径为 $\phi80$，曲面长度 100。选择这个半圆柱表面作为要进行偏移操作的曲面。

（2）选择【编辑】菜单→【偏移】选项。系统将弹出【偏移】工具操控板。

（3）在【偏移类型】下拉列表框中选择 ▥ 准备创建具有拔模斜度的偏移曲面特征。

（4）选择 参照 面板中【草绘】区域中的 定义... 按钮，指定 TOP 基准面为草绘平面，接受缺省的草绘视图方向，选择 RIGHT 基准面为定向参照面，法线方向向右，绘制一个要偏移的封闭截面，单击草绘器的 ✔ 完成封闭截面的绘制，如图 6-34 所示。

（5）在偏移值框中，输入偏移数值为 15。此刻【偏移】操控板如图 6-35 所示。

图 6-33　原有曲面

图 6-34　草绘的封闭截面

（6）在操控板的【倾斜角度】编辑框中输入侧面的拔模角度为 20，单击操控板右端的 ✔ 完成所选曲面的"具有拔模斜度"的偏移操作，如图 6-36 所示。

（7）在本例创建"具有拔模斜度"的偏移曲面的操控板中，【选项】面板上部用于控制偏移曲面的创建方式，可以设置为"垂直于指定的曲面"或者是"沿某个方向平移"。下部分用于控制偏移的侧曲面的创建方式。其中"侧曲面垂直于"可以设置为【曲面】或者【草绘】；"侧面轮廓"可以设置为【曲面】和【相切】。不同的设置可以得到不同的曲面偏移效果，如图 6-37（a）、（b）、（c）、（d）。读者可以自行设置以查看其中的区别。

图 6-35 "具有拔模斜度"的【偏移】操控板

（a）轴测图   （b）左视图

图 6-36 "具有拔模斜度"的偏移曲面

"侧曲面垂直于"【曲面】   "侧曲面垂直于"【草绘】   "侧曲面垂直于"【曲面】   "侧曲面垂直于"【草绘】
"侧面轮廓"为【直】   "侧面轮廓"为【直】   "侧面轮廓"为【相切】   "侧面轮廓"为【相切】
（a）   （b）   （c）   （d）

图 6-37 "具有拔模斜度"的【偏移】的不同选项设置效果

5. 例 3

创建"展开"的偏移曲面（参见图 6-39）。

（1）创建如图 6-33 所示的半圆柱曲面，回转直径为 $\phi 80$，曲面长度 10。选择这个半圆柱表面作为要进行偏移操作的曲面。

（2）选择【编辑】菜单→【偏移】选项。系统将弹出【偏移】工具操控板。

（3）在【偏移类型】下拉列表框中选择 准备创建展开的偏移曲面。

（4）选择 参照 面板中【草绘】区域中的 定义... 按钮，指定 TOP 基准面为草绘平面，反转缺省的草绘视图方向，选择 RIGHT 基准面为定向参照面，法线方向向右，绘制一个要偏移的封闭截面，单击草绘器的 ✔ 完成截面的绘制，如图 6-34 所示。

（5）在偏移值框中，输入偏移数值为 15，此刻【偏移】操控板如图 6-38 所示。

（6）单击操控板右端的 ✔ 完成所选曲面的展开偏移，如图 6-39 所示。

图 6-38 "展开"的【偏移】工具操控板

（a）轴测图   （b）左视图

图 6-39 "展开"的偏移曲面

6. 有关例 2 和例 3 的一点说明

例 2 中"具有拔模斜度"的偏移曲面和例 3 中"展开"的偏移曲面的创建过程基本相同，从轴测图来看（图 6-36（a）和图 6-39（a）），似乎看不出很大的差别。但如果把视角方向改为左视图方向，分别如图 6-36（b）和 6-39（b）所示，就可以明显地看出前者中所创建的偏移曲面的侧面具有拔模角度,而后者没有。并且,在"具有拔模斜度"的偏移曲面中,具有拔模角度的侧面不是一个平面,而是一个曲面;有点类似于旋转型的筋板特征,这一点,从图 6-39(b)中也可以看出来。

6.3.3 曲面的合并(Merge)

曲面的合并主要用于将两个或多个曲面合并成一个曲面。合并的形式有两种:

(1)相交(Intersect)。两个曲面或者面组互相以对方作为边界进行修剪,保留一部分并且删除另一部分,重新形成一个新的独立的面组。

(2)连接(Join)。两个具有公共边界线的曲面或者面组合并连接成为一个新的面组。

1. 操作步骤

(1)先选择两个曲面或者面组,然后单击【编辑特征】工具栏→【合并】图标 ；或者选择菜单【编辑】→【合并】选项 ,Creo Elements/Pro 将弹出如图 6-40 所示的【合并】工具操控板。

图 6-40 【合并】工具操控板

(2)在 选项 面板中指定面组合并的方法为【相交】或者【连接】。

(3)当通过相交合并时,对于每个面组,单击 可选择要保留的面组所在的那一侧。

(4)当通过连接合并时,如果一个面组延伸超出另一个面组,则单击 可指定将要保留面组的那一侧。

(5)单击操控板右端的 完成曲面的合并。

2.【相交】的曲面合并举例

创建如图 6-41 所示的曲面面组。

(1)分别以 FRONT 基准面和 RIGHT 基准面作为草绘平面创建两个拉伸的曲面特征,特征的截面草图都是如图 6-41(a)所示的椭圆,注意曲面特征是对称生长的,深度为 70,如图 6-41(b)所示。

(2)选取刚才创建的两个曲面,然后单击【编辑特征】工具栏→【合并】图标 ,Creo

Elements/Pro 将弹出如图 6-40 所示的【合并】工具操控板。

（3）选择以【相交】的方式合并面组。

（4）对于每个面组,单击 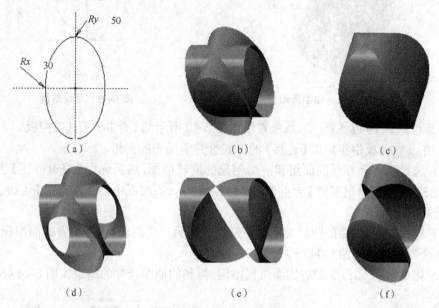改变要保留的面组的侧,一共有四种不同的组合方式,其结果分别如图 6-41（c）~图 6-41（f）所示。

图 6-41 【相交】的曲面合并

3.【连接】的曲面合并举例

创建如图 6-42 所示的曲面面组。

（1）打开前面保存的文件 6-32.prt。

（2）首先在偏移产生的半球形曲面和原来的半球形球面之间创建一张平面式曲面。选择菜单【编辑】→【填充】 ,系统会弹出如图 6-21 所示的【填充】工具操控板。

（3）由于没有现成的草绘曲线加以利用,打开 参照 面板,单击 定义... 按钮准备绘制二维的草绘截面。

（4）在模型中没有现成的过半圆形球面边界线的基准平面可以利用,需要创建临时基准平面。单击【基准】工具栏→【基准平面】工具按钮 打开【基准平面】对话框。选择偏移出来的半球形曲面的边界线作为建立基准平面的参考,将过此曲线产生一个临时基准平面,如图 6-42 所示。

（5）系统随即弹出【草绘】对话框中,并自动将刚才创建的临时基准平面作为草绘平面;将 RIGHT 基准面作为定向参照面,法线方向向右。

（6）单击对话框中的 草绘 按钮,系统自动转入二维草绘环境。单击【草绘】组中的【偏移】 按钮,直接选择图中已有的两个圆作为草绘的截面,如图 6-43 所示,单击【草绘器】的 完成截面的绘制。

（7）单击操控板右端的 完成平面式曲面的创建。

下面我们要将模型中的三个曲面合并在一起。

（8）先选择刚才创建的环状的平面式曲面和偏移产生的半球形表面,然后选择【编辑

图 6-42 曲面面组　　　　　　　图 6-43 草绘截面

特征】工具栏→【合并】图标 ，系统弹出如图 6-40 所示的【合并】工具操控板。

（9）在 选项 面板中指定以【连接】的方式合并所选择的面组。

（10）选择刚才合并后的面组和前面创建的旋转曲面，然后选择【编辑特征】工具栏→【合并】图标 。在弹出来的【合并】工具操控板的 选项 面板中仍然指定以【连接】的方式合并所选择的面组。

（11）此时，先前创建的回转曲面已经延伸超出另一个面组，接受缺省的面组保留侧，得到的曲面合并的结果如图 6-44（a）所示。

（12）如果单击 改变缺省的面组保留侧，得到的曲面合并的结果如图 6-44（b）所示。

（a）保留侧1　　　　　（b）保留侧2　　　　　（c）模型树内容

图 6-44 面组保留侧不同得到的不同结果

4．说明

（1）必须先选择两个要合并的面组后，【编辑特征】工具栏→【合并】图标 才显示为可用状态；否则该图标以灰色显示，表示当前环境下不可以使用该命令。

（2）选取的第一个面组成为缺省主面组。如果要改变第一个和第二个面组的选择顺序，可以打开【参照】收集器，选择其中的一个面组，单击右侧的 或 改变其顺序即可。

（3）进行【相交】合并的两个曲面或者面组必须要能够互相以对方作为边界进行修剪分成独立的两部分；进行【连接】合并的两个曲面或者面组一定要有公共的边界线。

（4）当以【连接】方式进行合并时，可以选择多个面组一次性进行合并；但以【相交】方式进行合并时，一次只能够对两个面组进行操作。

（5）通过【具有拔模斜度】和【展开】方式创建的偏移曲面和原有的曲面自动形成一个独立的面组，不再需要进行曲面合并的操作。

（6）图 6-44 中所得到的模型仍然是曲面模型，不是实体模型。其模型树内容如图 6-44（c）所示，最后 2 项显示的是曲面特征。

（7）如果以"线框"的方式显示图中的模型，可以看出所有的边线都以紫色显示，说明最终合并的曲面已经形成一个独立、完整的曲面面组，不存在破孔和缝隙，这是后面我们将曲面进行实体化的必要条件。

6.3.4　曲面的修剪（Trim）

曲面的修剪就是通过新生成的曲面或者利用已有的曲线、基准平面等切割修剪已经存在的曲面特征。下面将分别予以介绍。

1. 基本形式的曲面修剪

基本形式的曲面修剪类型包括所有创建实体特征的方法：拉伸、旋转、扫描（包括恒定截面扫描和可变截面扫描）、螺旋扫描、混合等。在各命令的工具操控板中选择曲面类型图标🗋和切减类型图标🖊，就可以创建一个曲面并用这个曲面对选定的曲面的某一部分进行修剪。需要说明的是，产生的曲面仅仅用作曲面的修剪对象，而不会出现在模型当中。下面以拉伸特征为例对曲面的修剪过程进行说明。

（1）打开文件 6-46（a）。

（2）选择【基础特征】工具栏→【拉伸】🗗，在弹出的【拉伸】工具操控板中选择曲面类型图标🗋和切除材料图标🖊；此时系统弹出的【拉伸】工具操控板如图 6-45 所示。

（3）先选择要修剪的曲面为模型中已有的半圆柱曲面。

（4）单击 放置 面板中的草绘区域的 定义… 按钮绘制拉伸特征的二维截面，选择 TOP 基准面为草绘平面，接受系统缺省的草绘视图方向，并选择 RIGHT 基准面作为定向参照面，法线方向向右。

（5）进入草绘环境后，绘制如图 6-46（b）所示的特征截面，单击草绘器的 ✔ 完成截面的绘制。

（6）在【拉伸】工具操控板中，指定特征的深度类型为【穿透】；指定切削方向如图 6-46（c）所示向上。

（7）在操控板中，单击预览图标☑ ∞ 可以预览所创建的修剪特征。

（8）单击操控板右端的 ✔ 完成曲面的修剪，结果如图 6-46（d）所示。

图 6-45　【拉伸】的【曲面修剪】操控板

（a）原有曲面　　（b）拉伸截面　　（c）特征生长方向和　　（d）曲面修剪结果
　　　　　　　　　　　　　　　　　　　　曲面的修剪方向

图 6-46　【拉伸】的【曲面修剪】

2. 用面组或者曲面上的曲线对曲面进行修剪

下面以曲线作为边界对曲面的修剪为例进行说明。

（1）打开文件 6-46（a）。

（2）首先创建在曲面上创建一条投影曲线。

① 选择【编辑】菜单→【投影】≈，将激活创建投影曲线的命令，系统将弹出如图 6-47 所示的【投影曲线】工具操控板。

图 6-47　【投影曲线】工具操控板

② 在【曲面】收集器中选择模型中已有的半圆柱曲面为草绘曲线要在其上进行投影的曲面。

③ 在 参照 面板中选择【投影草绘】，准备创建一条草绘的基准曲线。还可以选择对【投影修饰草绘】创建投影曲线。单击草绘区域 定义... 图标绘制投影曲线的截面，选择 TOP 基准面为草绘平面，接受系统缺省的草绘视图方向，并选择 RIGHT 基准面作为定向参照面，法线方向向右。

④ 进入二维草绘环境后，使用样条曲线绘制如图 6-48（a）所示的特征截面，单击草绘器的 ✓ 完成投影曲线截面的绘制。

⑤ 激活【方向】收集器指定曲线投影的方向参照为 TOP 基准平面，即草绘出来的曲线将沿着 TOP 基准平面的法线方向朝上往曲面上进行投影。（注意作为方向参照的平面不一

定和投影曲线的草绘平面平行或者重合,可以是倾斜的其他平面或基准面,但是该参照面不得与投影曲线的草绘平面垂直)。

⑥ 单击操控板右端的✔完成投影曲线的创建,如图 6-48(b)所示。

（a）投影曲线草绘截面   （b）曲面上的投影曲线

图 6-48 创建曲面上的投影曲线

（3）以曲线作为边界对曲面进行修剪。

① 选取要修剪的曲面,然后选择【编辑特征】工具栏→【修建】图标🔖或者菜单【编辑】→【修剪】🔖,系统将弹出如图 6-49 所示的【曲面修剪】工具操控板。

图 6-49 【曲面修剪】工具操控板

② 在此操控板中,选择半圆柱面为要被修剪的面组,选择刚才创建的投影曲线为修剪对象。

③ 单击操控板中的🔖可以改变要保留的曲面那一侧的方向。

④ 单击操控板中的✔完成对曲面的修剪,结果如图 6-50 所示。

图 6-50　利用曲线作为边界对曲面
　　　　　进行修剪的结果

3. 曲面顶点处倒圆角

可以通过创建圆角来修剪面组。下面继续以图 6-50 中所示的曲面模型为例进行说明。

（1）选择菜单【插入】→【高级】→【顶点倒圆角】选项，系统将弹出如图 6-51 所示的【曲面修剪：顶点倒圆角】对话框。

（2）然后系统要求"选取求交的基准面组"，选择图 6-50 所示的曲面为要被裁剪的曲面。

（3）接着系统提示"选取要倒圆角 / 圆角的拐角顶点"，选择曲面的右前顶点和右后顶点。

（4）输入半径为 20，得到的结果如图 6-52 所示。

图 6-51　【曲面修剪：顶点倒圆角】对话框

图 6-52　曲面顶点处倒圆角

4. 使用侧面投影修剪

曲面投影到指定的平面，必然会有一圈最大的外轮廓线，这就是侧面投影线。可以通过侧面投影线来修剪其轮廓线在特定视图方向上可见的面组。下面以图 6-53 所示的曲面模型为例进行说明。

（1）创建如图 6-53（a）所示的使用拉伸方法创建的曲面。

（2）过 TOP 和 RIGHT 基准面创建一条基准轴线 A_1。

（3）过轴线 A_1 创建一个与 TOP 基准面成 30° 角的基准平面 DTM1，作为对曲面进行轮廓边修剪的参照平面。

（4）选取先前创建的曲面作为要被修剪的曲面。

（5）选择【编辑特征】工具栏→【修剪】图标 或者菜单【编辑】→【修剪】，系统将弹出如图 6-49 所示的【曲面修剪】工具操控板。

（6）选取 DTM1 作为修剪曲面的参照。

（7）此时【曲面修剪】工具操控板中的【使用侧面投影方法修剪】按钮 可用，将其按下激活。选择要保留的曲面为 DTM1 基准面的上方。

（8）单击 预览修剪的结果，或者单击操控板右端的 接受并保存更改，得到的结果如图 6-53（b）所示。

（9）在以上的操作中，如果不激活【使用侧面投影方法修剪】按钮，直接使用 DTM1

作为曲面修剪的结果如图 6-53（c）所示。从中我们可以看出，前者是以曲面的侧面投影线作为修剪的边界，而后者则是直接使用曲面本身作为修剪的边界。

（a）被修剪前的曲面　　　（b）使用"侧面投影方法"修剪的结果　　　（c）直接使用曲面修剪的结果

图 6-53　使用侧面投影修剪和曲面修剪结果的比较

5. 薄曲面的修剪

薄曲面的修剪类似于实体的薄壁切削功能，先产生一个薄壁曲面，用这个曲面对选定的曲面的某一部分进行修剪。需要注意的是，产生的薄壁曲面仅仅用作曲面的修剪对象，而不会出现在模型当中。

对于拉伸和旋转命令产生的薄壁曲面，我们只要在相应的命令操控板中同时选择曲面类型图标⬚、切除材料图标⬚和加厚草绘图标⬚，以使用拉伸产生的薄壁曲面进行修剪为例，这时的命令操控板如图 6-54 所示，要求选取要被修剪的曲面面组，其余操作和创建相应的实体特征相同。

图 6-54　使用拉伸命令创建薄曲面修剪时的命令操控板

对于使用扫描或者混合命令建立的薄壁曲面进行曲面的修剪，需要选择【插入】菜单→【扫描】或者【混合】菜单项→【薄曲面修剪…】选项。下面以使用平行混合命令创建的薄壁曲面为例进行说明。

（1）打开图 6-52 所示的顶点倒圆角后的曲面模型。

（2）选择菜单【插入】→【混合】→【薄曲面修剪…】选项，系统首先弹出如图 6-15 所示的【混合选项】菜单管理器，要求设置混合曲面特征的类型和截面的获取方式，在此指定为平行方式和规则截面。

（3）接着系统弹出如图 6-55 所示的【曲面修剪：混合，薄板，平行，规则截面】对话框，首先要求指定被修剪的面组，选择模型中的曲面。

（4）然后在弹出的【属性】菜单管理器中选择【直的】|【完成】。

（5）在【设置草绘平面】菜单管理器中指定 TOP 基准面为草绘平面，特征创建的方向向上；指定 RIGHT 基准面为定向参考面，法线方向向右。

图 6-55 【曲面修剪：混合，薄板，平行，规则截面】对话框

（6）建立两个矩形的截面，单击【草绘】工具栏的✔完成截面的绘制并退出草绘环境。具体过程和建立混合的实体特征相同，此处不再重复。

（7）接着将会出现【薄板选项】菜单管理器，要求从【反向】、【正向】、【两者都】中选择一项以指明在实体的哪一侧创建特征。此处我们接受系统的默认方向。

（8）在信息区出现"输入薄特征的宽度"的提示，输入数值 4。

（9）在【深度】菜单管理器中选择【盲孔】，输入数值为 50。

（10）单击对话框的 确定 按钮，完成对指定的曲面的薄曲面裁剪功能。其结果如图 6-56 所示。

（a）薄曲面修剪的结果　　　　　　　（b）薄曲面修剪的创建过程分析

图 6-56 薄曲面修剪

6.3.5 曲面的延伸（Extend）

曲面的延伸就是将曲面沿着它的某一条或几条边界向外进行延伸。在执行延伸操作的时候，需要指定延伸的类型、端点延伸距离是否相同以及延伸距离的基准等。

1. 操作步骤

（1）先选择要延伸的曲面的边或者边链。

（2）选择菜单【编辑】→【延伸】选项，或者选择【编辑】工具栏→ ⬚ （缺省状态下，该图标在【编辑】工具栏中不显示，需要通过菜单【工具】→【定制屏幕】进行定制），打开如图 6-57 所示的【延伸】工具操控板。

图 6-57　【延伸】工具操控板

（3）在操控板中，指定延伸的类型和距离。

（4）如果要创建可变延伸，可在 量度 面板中进行设置。

（5）缺省的延伸距离类型是【垂直于边】，也可以通过 量度 面板中的【距离类型】进行设置。

（6）单击操控板右端的 ✔️，完成曲面的延伸操作。

2. 说明

（1）必须先选择要延伸曲面的边或者边链，才能激活延伸命令。

（2）操控板中延伸的类型有两种，分别说明如下：

① 🖼️ —沿原始曲面延伸。

② 🖼️ —至平面，将曲面延伸到一个指定的平面为止，延伸的方向和指定的平面垂直。这

种方法在模具模块中创建分型面时经常用到。

（3）[选项]面板中的延伸方式有三种，分别说明如下：

① 相同 —创建和原始曲面相同类型的延伸曲面（例如，平面、圆柱、圆锥或样条曲面）。

② 相切 —创建的延伸曲面是和原始曲面相切的直纹曲面。

③ 逼近 —以原始曲面和延伸边之间边界混合的形式创建延伸的曲面特征。当需要将曲面延伸到不在一条直边上的顶点时，这种方法很有用。

（4）[量度]面板中的【距离类型】主要用于指定延伸边上两个端点的延伸方向的，其选项有四个：垂直于边、沿边、至顶点平行和至顶点相切，分别说明如下：

① 垂直于边—延伸距离的测量方向与延伸边方向垂直，参见图 6-66 中 PNT0 处的延伸示例。

② 沿边—延伸距离的测量沿着原始曲面的侧边的方向，参见图 6-66 中 PNT1 处的延伸示例。

③ 至顶点平行—在顶点处开始延伸边并平行于边界边。

④ 至顶点相切—在顶点处开始延伸边并与下一单侧边相切。

（5）可为曲面延伸输入正值或负值，如果输入负值将会使得曲面产生被修剪的效果。

3. 举例 1

（1）创建扫描曲面，轨迹线（样条曲线）和截面分别如图 6-58（a）和图 6-58（b）所示，结果如图 6-58（c）所示。

（2）选择右边界线为曲面要延伸的边。

（3）选择菜单【编辑】→【延伸】选项，打开如图 6-57 所示的【延伸】工具操控板。

（4）在操控板中，指定延伸的类型为 [图] —【至平面】，选择 TOP 基准面为曲面延伸所至的平面，得到的曲面延伸结果如图 6-58（d）所示。

（5）在操控板中，指定延伸的类型为 [图] —【沿原始曲面延伸】，在[选项]面板中延伸的方式为【相同】，指定延伸的距离为 20，得到的曲面延伸结果如图 6-58（e）所示。

（6）在操控板中，指定延伸的类型为 [图] —【沿原始曲面延伸】，在[选项]面板中延伸的方式为【相切】，指定延伸的距离为 30，得到的曲面延伸结果如图 6-58（f）所示。

（7）在操控板中，指定延伸的类型为 [图] —【沿原始曲面延伸】，在[选项]面板中延伸的方式为【相切】，指定为可变距离延伸，曲面延伸结果如图 6-58（g）所示，[量度]面板中的设置如图 6-59 所示。

4. 举例 2

（1）打开如图 6-60（a）所示的经过修剪后的扫描曲面。

（2）选择右边界线为曲面要延伸的边。

（3）选择菜单【编辑】→【延伸】选项，打开如图 6-57 所示的【延伸】工具操控板。

（4）在操控板中，指定延伸的类型为—【沿原始曲面延伸】[图]，在[选项]面板中延伸的方式为【逼近】，如图 6-61 所示；指定 PNT0 点处的延伸方向与延伸边垂直，指定 PNT1 点处的延伸方向沿着原始的侧边。

（5）在[选项]面板中指定为可变距离延伸，指定 PNT0 点处的延伸距离为 47，指定 PNT1 点处的延伸距离为 26，指定中间点处的延伸距离为 29。

（6）单击操控板右端的 [图]，完成曲面的延伸操作。得到曲面延伸的结果如图 6-60（b）所示。

（a）轨迹线

（b）扫描截面

（c）原始扫描曲面

（d）【至平面】延伸

（e）【相同】延伸

（f）【切线】延伸

（g）【可变距离】延伸

图 6-58 不同曲面延伸类型举例

点	距离	距离类型	边	参照	位置
1	20	垂直于边	边:F5(曲面)	顶点:边:F5(曲面)	终点1
2	30	垂直于边	边:F5(曲面)	点:边:F5(曲面)	0.25
3	15	垂直于边	边:F5(曲面)	点:边:F5(曲面)	0.5
4	20	垂直于边	边:F5(曲面)	点:边:F5(曲面)	0.875
5	8	垂直于边	边:F5(曲面)	顶点:边:F5(曲面)	终点2

图 6-59 【可变距离延伸】时的【测量】面板设定

该点的延伸方向与延伸边垂直

PNT0

边界混合曲面

PNT1

该点的延伸方向沿着原始的侧边

（a）原来的曲面 （b）延伸后的结果

图 6-60 【逼近】延伸

图 6-61 【选项】面板中设置

6.3.6　曲面的移动（【移动几何】Move）

曲面的移动是通过【移动几何】命令完成的。可以进行移动操作的对象包括：基准平面、基准点、基准轴、基准坐标系、基准曲线、面组或曲面。

1. 操作步骤

（1）首先将图形区域右下角的选择项过滤器设置为"几何"模式。然后在图形中选择要移动的曲面（此时被选中的整个曲面变为加亮显示）。

（2）选择【编辑】工具栏→【复制】图标，或者选择【编辑】→【复制】菜单项，整个特征会被复制到剪贴板中。

（3）选择【编辑】工具栏→【选择性粘贴】图标，或者选择【编辑】→【选择性粘贴】菜单项，将会打开几何的【移动（复制）】工具操控板，如图 6-62 所示。

（4）在操控板中，指定要进行【平移】或者【旋转】操作，并激活相应的方向参照收集器，选择用以定义平移或者旋转方向的平面、边、轴或坐标系参照。

（5）在 选项 面板中对于是否要复制和隐藏原始几何进行设置。

（6）如果要在单个移动特征中创建多个平移和旋转变换，在 变换 面板中进行设置。

（7）如果在移动过程中需要保留原始曲面，则勾选 参照 面板中的【保留原件】复选框。

（8）单击操控板右端的 ，完成移动曲面（几何）的移动。

2. 说明

（1）在 Creo Elements/Pro 中，【移动特征】和【移动几何】命令的操作相类似，但是仍然有所区别。当要对单个的基准平面、基准点、基准轴、基准坐标系、基准曲线、面组或曲面进行移动操作时，激活的是【移动几何】命令。

（2）在【平移】操作模式下，可以选择的方向参照包括线性曲线、线性边、平面、基准轴、基准平面、基准坐标系的轴等。如果选择的是线性曲线、轴线和坐标轴，表示沿着它们的线性方向移动；如果选择的是平面，则沿着平面的法线方向移动。

（3）在【旋转】操作模式下，旋转的角度是按照右手定则来确定的，即右手大拇指指向旋转轴的正方向，其余四指的环绕方向为角度的正方向。可以选择的方向参照包括线性曲线、线性边、基准轴和基准坐标系的轴等。

（4）在同一个移动命令中，可以在 变换 面板设置以执行多个【平移】或者【旋转】操作。

（5）当要对特征进行移动操作时，应该使用【移动特征】命令。在模型树中选择要移动的特征，选择【编辑】工具栏→【复制】或者按下【Ctrl】+【C】键；然后选择【编辑】工具栏→【选择性粘贴】。系统首先弹出如图 6-63 所示的【选择性粘贴】对话框，勾选"对副本应用移动/旋转变换"选项，单击 确定(o) 按钮后，系统才会弹出如图 6-64 所示的对于特征的【移动（复制）】工具操控板。与几何的【移动（复制）】工具操控板相比，特征的【移动

图 6-62　几何的【移动（复制）】工具操控板

（复制）】工具操控板中没有 参照 面板和 选项 面板的设置。（【移动特征】命令还可参见"7.2
特征的复制"）

图 6-63 【选择性粘贴】对话框　　　　图 6-64 特征的【移动（复制）】工具操控板

（6）移动操作也可以对整个零件中的所有特征进行，但必须先从模型树中选取所有的
特征，然后才能使用【移动】工具。打开前面文件 4-83（a），在模型树中选择所有特征对整
个零件模型进行移动操作，结果如图 6-65 所示，过程略。

图 6-65　整个模型的【移动（复制）】举例

3. 举例

图 6-66 所示为曲面移动和旋转的实例。

图 6-66　曲面的【移动（复制）】举例

6.3.7　曲面的镜像操作（Mirror）

曲面的镜像是通过【镜像几何】命令完成的。可以进行移动操作的对象包括：基准平面、基准点、基准轴、基准坐标系、基准曲线、面组或曲面及其组合。

1. 操作步骤

（1）将图形区域右下角的选择项过滤器设置为"几何"模式。然后在图形中选择要移动的曲面（此时被选中曲面整个变为加亮显示）。

（2）选择【编辑】工具栏→【镜像】图标 ◫，或者选择【编辑】菜单→【镜像】选项，系统将弹出如图 6-67 所示的几何【镜像】工具操控板。

（3）选择一个镜像参照平面。

（4）单击操控板中的 ✔ 完成镜像特征的创建。如图 6-68 所示为对一个曲面的镜像操作的结果，具体过程略。

图 6-67　几何的【镜像】工具操控板

图 6-68　曲面的【镜像】举例

2. 说明

（1）在 Creo Elements/Pro 中，【镜像特征】和【镜像几何】命令是不同的操作。当要对基准平面、基准点、基准轴、基准坐标系、基准曲线、面组或曲面进行镜像操作时，应该使用【镜像几何】命令。

（2）当要对于特征进行镜像操作时，应该使用【镜像特征】命令。在模型树中选择要镜像的特征,选择【编辑】工具栏→【镜像】图标 ▯◖。系统弹出如图 6-69 所示的对于特征的【镜像】工具操控板。与几何的【镜像】工具操控板相比,特征的【镜像】工具操控板中 选项 面板的设置有所不同。

图 6-69　特征的【镜像】工具操控板

（3）镜像操作也可以对整个零件进行,但必须先从模型树中选取零件名称,然后才能调用镜像工具。打开前面图 3-41 文件创建的五棱锥模型,对整个零件模型进行一次镜像和四次镜像的结果分别如图 6-70（b）、6-70（c）所示,过程略。

（a）原始模型　　　　　（b）一次镜像　　　　　（c）四次镜像

图 6-70　整个模型的镜像

6.3.8　曲面的拔模（Draft）

对于曲面的拔模操作和对于实体特征表面的拔模操作基本相同,在此就不再叙述。

6.4　将曲面实体化

由于曲面或者面组的操作具有较大的灵活性,在实际的实体造型过程中,经常利用曲面来创建复杂的实体特征。并且由于许多的实体特征非常复杂,也只有利用曲面造型,才能成功地创建。

6.4.1　将独立封闭的曲面转换成实体

Creo Elements/Pro 提供了从复杂曲面特征创建实体模型的十分便利的工具。

1. 操作举例

（1）打开前面文件 6-41（c）创建的曲面模型。

（2）首先选择合并后的独立封闭曲面。

（3）选择菜单【编辑】→【实体化】 ，系统将弹出如图 6-71 所示的【实体化】工具操控板。

（4）单击操控板右端的 ，完成曲面的实体化操作，结果如图 6-72（b）所示。

图 6-71　【实体化】工具操控板

图 6-72　曲面模型和实体模型的比较

2. 说明

（1）要转换为实体模型的曲面或面组模型必须是完全封闭的、独立的面组，或者和模型中已经存在的实体表面构成封闭的面组，不得存在间隙或有破孔。

（2）如果通过 FRONT 基准平面创建一个横截面，可以看出两者之间的区别：前者是曲面模型，横截面中没有剖面线显示；后者为实体模型，横截面中有剖面线的显示。在默认系统颜色设置下，当以"线框"的方式显示时，前者模型以紫色的线条显示，表示的是曲面的棱线；而后者则以绿色的线条显示，表示为实体的边界线。

6.4.2 将曲面加厚为薄板实体

可以使用预定的曲面特征或面组几何将薄板材料部分添加到设计中,或从其中切除薄板材料的部分实体。

1. 操作举例

(1) 打开前面所创建的图 6-58(f) 创建的曲面模型。

(2) 首先选择要加厚的曲面,即要将之转换成薄板实体的曲面。

(3) 选择选择菜单【编辑】→【加厚】□,系统将弹出如图 6-73 所示的曲面【加厚】工具操控板。

(4) 使用缺省的【选项】面板中厚度的生长方式—【垂直于曲面】。

(5) 指定加厚特征的厚度为 5。

(6) 单击操控板右端的 ✔,完成曲面的薄板实体化操作,结果如图 6-74(b)所示。

图 6-73 曲面【加厚】工具操控板

(a)曲面　　　　　　　　　　　　　　　　　(b)薄板实体

图 6-74 曲面的薄板实体化

2.说明

（1）要转换为薄板的曲面模型可以是封闭的，也可以是开放的。

（2）薄板的生长方向共有三种：反向、正向、两者都，单击 在三者之间进行切换。

（3）【控制】面板中薄板的生长方式有三种：垂直于曲面、自动拟合、控制拟合，说明如下：

① 垂直于曲面。这是系统的默认方式，沿着曲面的法线方向，即垂直于原始曲面的方向来偏移加厚曲面。

② 自动拟合。偏移和加厚曲面的操作相对于系统自动确定的坐标系进行。

③ 控制拟合。偏移和加厚曲面的操作相对于用户选定的坐标系进行，然后还要将其沿着用户指定的轴向平移。

6.4.3　利用曲面切割实体

我们利用曲面或者面组既然可以创建"加材料"的实体特征，当然也可以创建"切除材料"的特征。利用曲面对实体进行切割操作时，应该注意曲面的扩展范围不能小于实体，否则不能够切除。

1.操作举例

（1）创建一个长方体模型和一个拉伸的曲面模型，如图 6-76（a）所示。

（2）首先选择模型中的曲面作为要用来切割实体的曲面。

（3）选择菜单【编辑】→【实体化】，系统将弹出如图 6-75 所示的【实体化】工具操控板。

图 6-75　【实体化】工具操控板

（4）选择操控板中的 图标，要利用曲面来切割已有的实体。

（5）单击 改变实体中要去除材料的那一侧为模型的上部。

（6）单击操控板右端的 ，完成利用曲面来切割实体的操作，结果如图 6-76（b）所示。

2.说明

用来切割实体的曲面必须大于实体的已有表面，否则无法成功切割。

（a）原有模型

用来切割实体的曲面

（b）利用曲面来切割实体的结果

图 6-76　利用曲面来切割实体

6.4.4　利用曲面替代实体的表面

在复杂模型的制作过程中,可以先生成复杂的曲面外形,然后再用这个曲面来替代实体的某个表面。

1. 操作举例

(1) 创建如图 6-78(a)所示的一个长方体模型和一个拉伸的曲面模型。

(2) 首先选择长方体的上表面作为要被曲面替代的表面。

(3) 选择选择菜单【编辑】→【偏移】,系统将弹出【偏移】工具操控板。

(4) 在【偏移类型】下拉列表中选择"替换曲面"图标;此刻的【偏移】工具操控板如图 6-77 所示,选择模型中的曲面作为要替换实体曲面的面组。

(5) 单击操控板右端 ✔,完成实体表面的曲面替代操作,结果如图 6-78(b)所示。

图 6-77　利用曲面来替代实体的表面时的【偏移】工具操控板

2. 说明

即将替代实体表面的曲面必须大于实体的已有表面,否则无法成功替代实体表面。

(a)原有模型　　　　(b)实体表面被曲面替代的结果

图 6-78　利用曲面来替代实体的表面

7 特征的操作

Creo Elements/Pro 提供的是一种全参数化的设计方法,而参数化设计方法的最大优点就是所定义的零件模型的尺寸参数可以修改,并可以通过再生形成新的模型。此外 Creo Elements/Pro 中的设计是基于特征的,可以对特征进行阵列、复制、镜像,可以编辑其定义、重定参照、特征之间重新排序及插入特征等,还可以隐含或删除特征,本章将对这些内容进行详细的讲解。

7.1 特征的阵列

7.1.1 概述

1. 特征阵列的概念

实体特征阵列是在原始特征的基础上,使用复制来创建原始特征的多个实例。选定用于阵列的原始特征称为"阵列引导",阵列基于原始特征的参数称为"阵列引导尺寸"。采用阵列方法来复制原始特征具有很多优点:

(1)阵列是参数化的,通过修改原始特征的参数,系统自动更新整个阵列。

(2)阵列表现为一个单一特征,在模型树中属于一个阵列的所有特征会自动归纳为一组,比操作每一单个特征更加方便、高效。

(3)阵列是参数控制的,通过修改阵列参数,如特征阵列数目、特征间的间距等,可修改阵列。

2. 访问命令的方法

要访问【阵列】功能,可选取要阵列的特征,然后在【编辑特征】工具栏中单击囲按钮,或执行菜单项【编辑】→【阵列】,或在模型树或工作区中选中要阵列的特征并单击鼠标右键,然后从快捷菜单中选取【阵列】命令。

3. 阵列的再生类型分类

访问阵列命令后,会在 Creo Elements/Pro 窗口底部出现阵列操控板,如图 7-1 所示,操控板上会出现阵列原始特征的三种阵列再生选项——【相同】、【可变】和【一般】。

(1)相同阵列

相同阵列得到的所有特征与原始特征尺寸相同(即便将特征定形尺寸作为阵列的驱

图 7-1 阵列操控板

动尺寸并设置增量值,也得不到形状变化的特征阵列),所有特征必须放置在同一平面上,子特征不得与放置平面的边缘相交,子特征之间也不能相交,如图 7-2 所示,模型文件参见"Array_Identical.prt"。在三种选项中相同阵列的限制最多,生成速度也最快。

(2)可变阵列

可变阵列得到的特征可以与原始特征尺寸不同,可以将这些特征放置在不同平面上,阵列出的子特征之间不得相交,但可以与放置平面的边缘相交,如图 7-3 所示,模型文件参见"Array_Varying.prt"。

(3)一般阵列

Creo Elements/Pro 对一般特征阵列得到的特征不做假设,系统会单独计算每个特征的几何,并分别对每个特征进行求交,因而其再生速度最慢。一般特征阵列得到的特征可以与原始特征尺寸不同,可以将这些特征放置在不同平面上,可以与放置平面的边缘相交,阵列的特征之间也可以相交,如图 7-4 所示,模型文件参见"Array_General.prt"。

图 7-2　相同阵列　　　　图 7-3　可变阵列　　　　图 7-4　一般阵列

表 7-1 给出了三种阵列再生选项的比较。

表 7-1　三种阵列再生选项比较

阵列选项	相同	可变	一般
特征尺寸能否改变	不能	能	能
特征能否与放置平面相交	不能	能	能
特征之间能否相交	不能	不能	能
再生速度	最快	中等	最慢

为了使读者能够更好地理解阵列的应用,本节关于阵列的实例都采用一般阵列方式,除非有特别说明。

4. 阵列的类型分类

图 7-1 所示的阵列操控板最左侧的阵列类型下拉列表中给出了阵列的类型,包括:

(1)尺寸(Dimension)—— 通过使用驱动尺寸并指定阵列的增量变化来控制阵列,尺寸阵列可以为单向或双向,也可以用多个方向的尺寸来综合控制一个方向的阵列。

(2)方向(Direction)——通过基准轴、零件上的直线边等指定方向,并拖动句柄来设置阵列增长的方向,再设置增量值来创建自由形式阵列,方向阵列可以为单向或双向。

(3)轴(Axis)——通过拖动句柄等方式来设置阵列的角增量和径向增量来创建自由形式径向阵列,利用轴方式也可以得到螺旋形阵列。

(4)填充(Fill)—— 根据选定栅格,用实例填充区域来控制阵列。

(5)表(Table)—— 通过使用阵列表并为每一阵列实例指定尺寸值来控制阵列。

（6）参照（Reference）—— 通过参照另一阵列来控制阵列。

（7）曲线（Curve Line）—— 将特征沿选定曲线进行阵列。

（8）点（Point）—— 将阵列成员放置在点或坐标系上来创建一个阵列。

5. 特征阵列操作的一般步骤

（1）选取要阵列的父特征。

（2）在【编辑特征】工具栏中单击▦按钮，或执行菜单项【编辑】→【阵列】。

（3）选取特征阵列方式。

（4）选取尺寸增量方式。

（5）确定阵列数目。

（6）完成。

阵列创建方法各不相同，这主要取决于阵列类型，下面将对常用的阵列方式进行介绍。

7.1.2 尺寸阵列

1. 尺寸阵列概念

尺寸阵列是指通过使用驱动尺寸并指定阵列的增量变化来控制阵列，尺寸阵列可以为单向或双向，也可以用多个方向的尺寸来综合控制一个方向的阵列。

2. 尺寸阵列说明

（1）通过尺寸阵列可以创建单方向阵列，也可以创建双向阵列。

（2）在某个方向的阵列控制中，可以由一个尺寸来进行驱动，也可以由两个或两个以上的尺寸共同进行驱动。

（3）通过尺寸阵列，可以方便地建立如下两种常见的阵列形式：线性阵列和旋转阵列。对于旋转阵列，必须要有角度尺寸作为驱动，例如孔特征中使用【径向】或【直径】定位方式时则可包含角度尺寸，草绘特征中可以通过包含有角度参考的基准面或基准线等作为草绘的参照。创建一个具有良好的阵列引导尺寸的阵列原始特征，对于成功创建特征的阵列具有重要作用。

（4）特征的定形尺寸和定位尺寸均可作为特征阵列的驱动尺寸，定形尺寸控制阵列特征在形状上的变化，而定位尺寸则控制阵列特征的位置分布。

（5）需删除阵列特征时，可以在模型树中右击阵列特征，在弹出的快捷菜单中执行【删除阵列】或【删除】，如果选择了【删除阵列】，则会将阵列出的特征删除，但保留原始的阵列父特征；如果选择了【删除】项，则阵列出的特征和原始父特征会被一并删除。

（6）我们可以使用关系来控制各个阵列特征的驱动尺寸值，系统会根据输入的关系式来计算每一个阵列特征的位置及形状。关系式中的系统变量说明如下：

memb_v——指定当前方向中的关系驱动最终尺寸；

memb_i——指定当前方向中的关系驱动增量；

lead_v——leader 值（确定当前方向的尺寸值）；

idx1——第一方向阵列实例索引；

idx2——第二方向阵列实例索引。

需要注意的是，不能在同一关系中同时使用 memb_v 和 memb_i。

3. 尺寸阵列举例

下面我们将通过如下几个实例来说明尺寸阵列的方法。

【例 7-1】 通过两个定位尺寸来构建两个方向的线性阵列——由图 7-5 所示的原始特征及其定位尺寸建立图 7-6 所示的阵列特征。

（1）打开图 7-5 所示的零件——"array_linear.prt"。

图 7-5　原始特征及其控制尺寸　　　　　图 7-6　阵列结果

（2）选中上面的圆柱凸台特征,在【编辑特征】工具栏中单击 ▦ 按钮,或执行菜单项【编辑】→【阵列】,此时弹出阵列操控板,同时模型上显示出可供选择的阵列方向尺寸,如图 7-5 所示。

（3）系统提示"选取要在第一方向上改变的尺寸",点击阵列操控板上的【尺寸】选项卡,弹出尺寸下滑面板,如图 7-7 所示。选择尺寸 2.00,然后可以看到所选尺寸已经列在"方向 1"中,【增量】接受其默认值 2.00。

（4）我们继续在方向 2 列表下单击,然后选择尺寸 1.50 作为其参考尺寸,增量值为 1.30,如图 7-7 所示。

图 7-7　阵列操控板

（5）在阵列操控板下方分别输入方向 1 和方向 2 的特征阵列数量 4 和 3,输入数量后,系统会以黑色原点的方式指示各个阵列特征所处的位置。

（6）点击阵列操控板内的 ☑ 按钮,得到的阵列结果如图 7-6 所示。

【例7-2】 建立两个定位尺寸和一个定形尺寸共同驱动的单方向线性阵列。

（1）打开图7-5所示的零件。

（2）选择上面的圆柱凸台特征,激活阵列命令。缺省的阵列类型为尺寸阵列。

（3）系统提示"选取要在第一方向上改变的尺寸",点击阵列操控板上的【尺寸】选项卡,弹出【尺寸】下滑面板,选择尺寸2.00,然后按住Ctrl键继续选择尺寸1.50和圆柱的高度尺寸1.00,各尺寸参见图7-5所示。可以看到所选的三个尺寸均列在"方向1"中,分别输入三个尺寸的增量2.00、1.30和0.50,如图7-8所示。

图7-8　阵列操控板【尺寸】下滑面板

（4）在阵列操控板下方输入方向1的特征阵列数量4。

（5）点击阵列操控板内的按钮✔,得到的阵列结果如图7-9所示（参见模型"ARRAY_DIAGONAL.PRT"）。

图7-9　特征阵列结果

【例 7-3】 建立双方向的平行四边形阵列,一个方向上由两个定位尺寸和一个定形尺寸共同驱动,另一个方向上则由一个定位尺寸和一个定形尺寸进行驱动。

(1) 打开图 7-5 所示的零件。

(2) 选择上面的圆柱凸台特征,激活阵列命令。缺省的阵列类型为尺寸阵列。

(3) 系统提示"选取要在第一方向上改变的尺寸",点击阵列操控板上的【尺寸】选项卡,弹出【尺寸】下滑面板,选择尺寸 ϕ1.00,然后按住 Ctrl 键继续选择尺寸 2.00 和尺寸 1.50,各尺寸参见图 7-5。可以看到所选的三个尺寸均列在"方向 1"中,分别输入三个尺寸的增量 −0.20、2.00 和 1.00,如图 7-10 所示。

(4) 继续在方向 2 列表下单击,然后选择尺寸 1.50 和 ϕ1.00 作为其参考尺寸,增量值分别为 1.30 和 0.3,如图 7-10 所示。

图 7-10　阵列操控板【尺寸】下滑面板

(5) 在阵列操控板下方分别输入方向 1 和方向 2 的特征阵列数量 4 和 3。

(6) 点击阵列操控板内的 ✅ 按钮,得到的阵列结果如图 7-11 所示(参见模型"array_parallelogram.prt")。

图 7-11　特征阵列结果

【例7-4】 螺旋阵列的创建——旋转楼梯。

（1）打开如图7-12所示的零件"xuanzhuanlouti.prt"。

（2）对图7-12中的上面一个台阶进行阵列,该台阶由下面一个台阶复制而得。如果原始特征创建时没有提供合适的引导尺寸,可以通过特征的旋转移动等复制方式来获得我们所需的引导尺寸,然后对复制的特征进行阵列。

图7-12 特征控制尺寸

（3）点击阵列操控板上的【尺寸】选项卡,弹出【尺寸】下滑面板,系统提示"选取要在第一方向上改变的尺寸",选择角度尺寸30º,然后按住 Ctrl 键继续选择高度尺寸400,如图7-12所示,分别输入两个尺寸的增量30和200,如图7-13所示。

（4）在阵列操控板下方输入方向1的特征阵列数量13。

（5）点击阵列操控板内的 按钮,得到的阵列结果如图7-14所示。

图7-13 阵列操控板【尺寸】下滑面板

图7-14 特征复制结果

本例主要说明了原始特征中不包含所需阵列引导尺寸时的一种处理方法,即通过特征的复制获得所需的阵列引导尺寸。实际上,要获得本文的旋转楼梯模型,可以不通过特征复制的方法,而直接利用"轴"的阵列方式,同时配合轴线方向的高度尺寸控制,获得同样的结果,该方法更为方便、快捷,读者可自行练习。

【例 7-5】 利用关系对驱动尺寸值进行控制,建立如图 7-16 所示的沿正弦曲线分布的孔阵列。

(1) 打开图 7-15 所示的零件"array_relation.prt"。要使用关系必须要首先获得相关尺寸的变量名称,将光标停留在想要获取其名称的尺寸上,然后系统弹出球标,从中我们就可以获得系统记录该尺寸的变量名称;也可以通过菜单【信息】→【切换尺寸】,改变尺寸的显示方式,获得尺寸的变量名称。图 7-15 给出了本例模型中相关尺寸的变量名称。

(2) 对该零件上的孔进行阵列操作。

(3) 点击阵列操控板上的【尺寸】选项卡,弹出【尺寸】选项,同时选取 d4 和 d5 两个尺寸作为第一个阵列方向的控制尺寸。

(4) 选择 d4 尺寸后的增量控制,勾选【按关系定义增量】,然后点击 编辑 按钮,在弹出的编辑窗口中输入:

incr=180/(10-1)

memb_v = lead_v + 100 * sin(incr*idx1)

完成后保存,退出编辑窗口。

(5) 用同样的方法输入 d5 尺寸的关系控制式:

memb_i = (d1-(2*d5))/(10-1)

(6) 在阵列操控板下方输入方向 1 的特征阵列数量 10。

(7) 点击阵列操控板内的 ✓ 按钮,得到的阵列结果如图 7-16 所示。

图 7-15 模型中相关尺寸的变量名称　　　　图 7-16 特征复制结果

7.1.3 方向阵列

1. 方向阵列概念

通过基准轴、零件上的直线边、平面、坐标轴等参照对象来指定特征阵列的方向,再设置这些方向上的增量值来创建自由形式阵列。

2. 方向阵列说明

(1) 利用方向阵列也可以创建单向或双向阵列。

(2) 要更改阵列成员的方向,如将原来向左的阵列改为向右,可向相反方向拖动放置控制滑块,也可单击阵列操控板中"方向"参照后的 ⅹ 按钮,还可以在操控板文本框中键入负增量。

(3) 在某个方向上没有合适的驱动尺寸的情况下,可以利用该方向上的边、轴线等快速创建出沿该方向的阵列特征。

3. 方向阵列举例

【例 7-6】　利用方向阵列,由图 7-5 所示的零件模型创建如图 7-19 所示的阵列特征。

（1）打开图 7-5 所示的零件"array_linear.prt"。

（2）对该零件上的圆柱凸台进行阵列操作。

（3）在阵列操控板的阵列类型下拉列表中选择【方向】。

（4）在阵列操控板的方向 1 参照搜集器中选择图 7-17 所示的方向 1 参照边,输入该方向下的阵列数目 4,特征之间的间距 2.00,如图 7-18 所示。

图 7-17　特征阵列的方向参照

图 7-18　【方向】阵列操控板

（5）在操控板的方向 2 参照搜集器中选择图 7-17 所示的方向 2 参照面,输入该方向下的阵列数目 3,特征之间的间距 1.50,如图 7-18 所示。

（6）如需要对阵列成员的方向进行调整,可点击阵列操控板方向 1 参照和方向 2 参照后的 ✕ 按钮,对阵列进行反向。

（7）点击阵列操控板内的 ☑ 按钮,得到的阵列结果如图 7-19 所示。

图 7-19　特征阵列的结果

7.1.4　轴阵列

1. 轴阵列概念

通过围绕一选定轴线并设置阵列的角增量来创建旋转阵列特征,配合径向增量等也可以建立螺旋形阵列。

2. 轴阵列说明

（1）利用轴阵列可以创建单向或双向阵列。

（2）在父特征没有合适的角度驱动尺寸的情况下，可以利用该类型的阵列快速建立旋转阵列。

（3）进行轴阵列时，可以同时配合驱动尺寸进行灵活的特征阵列控制。

3. 轴阵列举例

【**例 7-7**】 由图 7-20 所示的模型及其孔特征，建立如图 7-21 所示的阵列特征。

图 7-20 轴阵列模型　　　　　　　　　　图 7-21 轴阵列结果

（1）打开"array_axis.prt"零件，该零件中包含了一个孔特征，如图 7-20 所示。

（2）选中孔特征，然后执行阵列操作。

（3）在阵列操控板上选择【轴】阵列方式，选取图 7-20 中的"A_2"轴作为创建阵列的轴参照。

（4）在图 7-22 所示的阵列操控面板第一方向的控制中输入阵列数量 6，输入阵列成员间的角度 60°。

（5）第二方向阵列控制数量默认值为 1，表示只在一个圆周上阵列特征，如果第二方向阵列控制数量设置为大于 1 的某个值，则对特征在多个圆周上进行阵列，同时需要输入各个圆周之间的径向距离。本例设置第二方向控制阵列数量为 3，径向距离为 −30（操控板中实际显示仍然为 30，但已经将径向尺寸改变的方向作了相应调整），如图 7-22 所示。

（6）点击阵列操控板内的 ✔ 按钮，得到的阵列结果如图 7-21 所示。

图 7-22 参照阵列结果

【**例 7-8**】 由图 7-20 所示的模型及其孔特征，建立如图 7-24 所示的螺旋阵列特征。

（1）打开图 7-20 所示的零件模型——"array_axis.prt"，该模型中包含了一个孔特征。

（2）选中孔特征，然后执行阵列操作。

（3）在阵列操控板的阵列类型下拉列表中选择【轴】阵列方式，选取图 7-20 中的"A_2"轴作为创建阵列的轴参照。

（4）在方向 1 中，选择图 7-20 中的尺寸 120 作为阵列的引导尺寸，尺寸增量设置为 −5，如图 7-23 所示。

（5）在图 7-23 所示的阵列操控面板第一方向的控制中输入阵列数量 18,输入阵列成员间的角度 30º。第二方向阵列控制数量取默认值 1。

（6）点击阵列操控板内的 按钮,得到的阵列结果如图 7-24 所示。

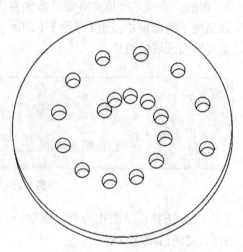

图 7-23　阵列操控面板　　　　　　图 7-24　螺旋阵列结果

7.1.5　填充阵列

创建"填充"阵列是以栅格来定位特征实例,实现整个区域的特征实例的填充。可从几个栅格模板中（如矩形、圆形、三角形等）选取一个模板,并指定栅格参数（如阵列成员中心距、圆形和螺旋形栅格的径向间距、阵列成员中心与区域边界间的最小间距以及栅格围绕其原点的旋转角度等）,可进行新的草绘或选取已有的草绘来定义填充区域。

【例 7-9】　建立不同方式的填充阵列。

（1）打开"array_fill.prt"零件,该零件中包含了一个孔特征,如图 7-25 所示。

图 7-25　零件及孔特征

（2）选中孔特征,然后执行阵列操作。

（3）在阵列操控板上选择【填充】阵列方式,得到如图 7-26 所示的填充阵列操控板,在没有指定填充所需的草绘区域前,阵列形状、阵列尺寸等均为灰色、不可操作状态。用户可通过操控板中的草绘搜集器【 ● 选取 1 个项目 】选择已经存在的草绘,或者通过【参照】下滑面板,进行草绘的定义或编辑,填充区域所选草绘或所定义草绘可以为一个或多个闭合的图形,形成一个或多个填充区域。本例将为填充阵列区域定义一个草绘,点击【参照】选项,在弹出的下滑面板中点击【草绘】下的 定义... 按钮,如图 7-26 所示。下面开始新建一个草绘来定义填充区域的边界。

图 7-26　填充阵列方式操控板 1

（4）选择板平面作为草绘平面,用 ▢ 按钮来绘制和平板边界重合的草绘图,如图 7-27 所示,完成后退出草绘。

图 7-27　草绘填充区域

（5）此时,操控板中的栅格模板、栅格参数（距离、角度）等控制项已经被激活,如图 7-28 所示。

图 7-28　填充阵列方式操控板 2

其中:

①【 ▦ 】框:栅格模板列表,列表中提供了正方形、菱形、六边形、圆、螺旋线、曲线等六种栅格模板,用于控制各个阵列成员的排列方式,如图 7-29 所示。

（a）正方形 （b）菱形 （c）六边形

（d）圆 （e）螺旋线 （f）曲线

图 7-29 填充阵列的不同方式

②【⊞ 26.33 ▾】框：设置各个阵列成员中心间的间距。

③【 0.00 ▾】框：设置阵列成员中心和草绘区域边界之间的最小距离，负值允许中心位于草绘区域之外。

④【 0.00 ▾】框：设置栅格绕原点的旋转角度，其缺省值为 0。

⑤【 NOT DEFINED ▾】框：在圆形或螺旋排列方式下，设置阵列成员间中心间的径向间距。

本例中，我们选择栅格模板为【以菱形分隔各阵列成员】❖，其余参数用默认值。

（6）点击阵列操控板内的【✓】按钮，得到的阵列结果如图 7-30 所示。

图 7-30 填充阵列的结果

7.1.6 表阵列

1.表阵列概念

通过一个可编辑表，为阵列的每个实例指定唯一的尺寸，可使用表阵列创建特征的不规则阵列。

2.表阵列说明

（1）可为一个阵列建立多个表，通过变换阵列的驱动表，可以改变表阵列。

（2）在创建阵列之后，可随时修改阵列表。隐含或删除表驱动阵列的同时也将隐含或删除该阵列导引。

（3）在表中为每个阵列成员添加一个以索引号开始的行，并为此阵列成员指定每一个控制尺寸的尺寸值，使用星号"*"则表示取相应尺寸的缺省值。

（4）阵列索引号从 1 开始，每个实例的索引号必须唯一，但不要求连续。

3. 表阵列举例

【例 7-10】 由图 7-5 所示的零件模型,创建表阵列特征。

(1) 打开图 7-5 所示的零件——"array_linear.prt"。

(2) 对该零件上的圆柱凸台进行阵列操作。

(3) 在阵列操控板的阵列类型下拉列表中选择【表】,然后选取要添加到阵列表的尺寸,按住 Ctrl 键同时选中尺寸 2.00、1.50 和 1.00。

(4) 点击【活动表】后的 编辑 按钮,为表添加如图 7-31 所示的三行元素,完成后退出表编辑对话框。

(5) 点击阵列操控板内的 ✔ 按钮,得到的阵列结果如图 7-32 所示。

图 7-31 阵列表编辑对话框图   图 7-32 表阵列结果

7.1.7 参照阵列

1. 参照阵列概念

参照阵列是利用已经存在的阵列来产生一个新的阵列。

2. 参照阵列说明

(1) 在已有阵列的父特征的基础上继续添加新的特征时,如果希望该新添加的特征运用于前面阵列出的所有特征时,可以使用参照阵列。

(2) 参照阵列的实例号总是与初始阵列相同,因此阵列参数不用于控制参照阵列。

(3) 如果新添加的特征没有在已有阵列的父特征上进行,就不能对该新特征使用参照阵列。

3. 参照阵列举例

【例 7-11】 在图 7-33 所示的孔特征基础上建立如图 7-34 所示的参照阵列特征。

图 7-33 参考阵列零件   图 7-34 参照阵列结果

（1）打开"array_reference.prt"零件,该零件中包含了一个圆柱体的阵列,在该阵列的父特征圆柱体上添加了一个孔特征,如图 7-33 所示。

（2）选中孔特征,然后执行阵列操作。

（3）系统默认以【参照】方式来进行阵列。直接点击阵列操控板内的 ☑ 按钮,得到的阵列结果如图 7-34 所示。

7.1.8　曲线阵列

曲线阵列方式可以实现将要阵列的特征沿某条草绘的平面曲线进行分布,下面将以一个实例来简单说明曲线阵列方式的阵列操作。

【例 7-12】 为图 7-35 所示的零件模型上的孔特征建立曲线特征阵列。

（1）打开"array_curve.prt"零件,该零件中包含了一个孔和一条草绘的平面曲线,如图 7-35 所示。

（2）选中孔特征,然后执行阵列操作。

（3）在阵列操控板上选择【曲线】阵列方式,得到如图 7-36 所示的曲线阵列操控板,在没有指定填充所需的草绘区域前,阵列成员间的间距、阵列成员的数目等控制项均为不可操作状态。

图 7-35　零件及孔特征

图 7-36　曲线阵列操控板 1

用户可通过操控板中的草绘搜集器【 ● 选取 1 个项目 】选择已经存在的草绘,或者通过【参照】下滑面板,进行草绘的定义或编辑。

本例将直接选择图 7-35 中的草绘曲线作为阵列的控制曲线。选择已有草绘曲线作为阵列的控制曲线时需要注意的一点是,草绘曲线要在被阵列特征之前进行创建,否则将无法选择到该草绘曲线。

（4）控制曲线定义完成后,阵列操控板如图 7-37 所示。

图 7-37　曲线阵列操控板 1

其中：

①【】框，设置各个阵列成员之间的距离，系统根据阵列曲线的长度自动计算出要阵列的特征成员的个数。

②【 】框，设置各个阵列成员的数目，系统根据阵列曲线的长度自动计算出各个阵列的特征成员之间的距离，使各个阵列成员特征均匀分布在控制曲线上。

对于某个具体的曲线阵列而言，以上两种方式进行阵列成员数量或阵列成员距离控制时，有且只有一种方式是有效的，用户可以根据其自身需要进行选择。

本例设置阵列成员数目为 24，得到的各个成员特征的分布结果如图 7-38 所示。

曲线阵列的参照曲线不一定要通过父特征的中心，参照曲线甚至可以不在特征的创建平面内。从图 7-38 中我们可以看出：如果要阵列的父特征中心与控制曲线的起点位置不一致（系统会在控制曲线上以箭头表明其起点，如图 7-38 所示），Creo Elements/Pro 系统会自动将控制曲线平移到其起点与父特征的中心重合处，然后将父特征沿平移后的曲线进行分布。

（5）点击阵列操控板内的 按钮，得到的阵列结果如图 7-39 所示。

图 7-38　特征分布结果图

图 7-39　曲线阵列的结果

7.1.9　点阵列

我们可以通过将阵列成员放置在点或坐标系上来创建一个阵列，使用"点"阵列时，应创建或选择以下任何一种类型的参考：

（1）包含一个或多个几何草绘点或几何草绘坐标系的草绘特征（应确保草绘的图元都是几何图元，构造图元仅仅是草绘辅助，不能被特征阵列所识别）。

（2）包含一个或多个几何草绘点或几何草绘坐标系的内部草绘。

（3）基准点特征。

（4）导入特征（包含一个或多个基准点）。

（5）分析特征（包含一个或多个基准点）。

完成阵列时，阵列成员会被放置到每个点或坐标系。

下面以选择已有几何草绘点的方式创建特征的点阵列来说明特征点阵列的一般过程。

【例 7-13】　为所示的特征创建点阵列。

（1）打开"Array_point.prt"零件，该零件包含了一个底板特征一个包含曲线和几何点的草绘特征，以及要阵列的小长方体特征，如图 7-40 所示。

（2）选择底板上的小长方体特征，执行阵列操作，在弹出的【阵列】工具操控板中指定【阵列类型】为"点"，然后选择包含点和曲线的草绘。

（3）由于上面选择的草绘中既包含几何点，又包含几何曲线，且几何点位于几何曲线上（为了保证基准点位于曲线上，可以先绘制基准点，再绘制曲线；或者先绘制曲线，将其断开若干点，再捕捉这些点绘制基准点），因而【阵列】工具操控板【选项】面板中包括【跟随曲线方向】选项，如图 7-41 所示。如果选中该选项，则每个阵列成员将被定向为曲线的切线向，如图 7-42 所示；否则阵列的成员只是简单地平移复制到每一个几何点，如图 7-43 所示。

（4）完成点阵列相关设置后，单击工具操控板中的 ✔ 按钮，即可看到阵列结果。点阵列完成后，被参考的草绘特征将被自动隐藏。

图 7-40　点阵列模型

图 7-41　【点】阵列工具操控板

图 7-42　跟随曲线方向

图 7-43　不跟随曲线方向

7.1.10 关于特征阵列的几点补充说明

最后,给出特征阵列的几点补充说明。

(1) 阵列的各个参数定义完成后,系统会同步以黑色圆点的方式指示各个阵列成员所处的位置。使用鼠标单击某个黑色圆点,实心圆点将会变成空心状态,即可在阵列中删除该元素。如果再次点击某个空心圆点,将会在阵列中恢复该阵列元素。

(2) 对于点、曲线和填充阵列,可以将阵列投影到曲面上。如果要将阵列成员投影到曲面上:①确保正在创建或重新定义的阵列为填充、曲线或点阵列;②单击阵列工具操控板【选项】选项卡,选择【跟随曲面形状】复选框;③选择将阵列成员投影到其上的模型曲面;④选择【跟随曲面方向】复选框,可以使相对于曲面的阵列成员方向与相对于曲面的阵列导引方向匹配;⑤选择【间距】选项:【按照投影】、【映射到曲面空间】、【映射到曲面UV 空间】。

(3) 在以前版本的 Pro/Engineer 软件中,我们也可以对多个零散特征同时阵列,但必须先把这些零散特征组合成一个 Group(组),且这些零散特征在模型树中必须是连续的。Creo Elements/Pro 中可以通过几何阵列将多个零散的、不连续的特征同时阵列,执行菜单项【编辑】→【几何阵列】即可实现对特征的几何阵列,阵列后的每一个元素将作为"复制几何"整体出现。

(4) Creo Elements/Pro 可以对已有的阵列特征进行再一次的阵列操作,即对阵列进行阵列,从而实现更大量元素的阵列和复制,最后模型树中将会出现阵列的"嵌套",而阵列嵌套的层次只能是一层。

7.2 特征的复制

复制是一种高效制作多个相同特征的方法,它能够将现有特征复制到新位置,从而实现新特征的创建。Creo Elements/Pro 主要有两种方式来完成特征的复制,一种是以特征操作的方式来进行,还有一种则类似于大多数 Windows 应用程序,利用剪贴板进行复制,用复制 / 粘贴的方法完成,下面分别介绍这两种复制方式。

7.2.1 利用"特征操作"菜单实现特征的复制

1. 步骤

(1) 单击菜单项【编辑】→【特征操作】→【复制】。

(2) 指定特征的复制方式和父特征的选取方式,并定义其依附关系。

(3) 选取要进行复制的父特征。

(4) 选取要修改的父特征的尺寸,指定复制子特征的参考、移动距离或角度等数值。

第(1)步执行后会弹出如图 7-44 所示的【复制特征】菜单管理器。该菜单管理器主要包括三组控制,即复制特征的方式、父特征的选取方式以及子特征与父特征之间的关系控制。

图 7-44 【复制特征】菜单管理器

2. 复制特征的方式

（1）【新参考】——指定新的特征参考,对特征创建中的每一参照可以选择相同或指定一个新的参考。子特征的参照与父特征的参照是一一对应的。

（2）【相同参考】——子特征的参考与父特征相同,但尺寸应不同,以避免重叠。

（3）【镜像】——相对于某基准面或某平面产生镜像特征,镜像时必须指定镜像参考面。

（4）【移动】——包括平移和旋转两种方式,即将原特征按照指定的方式进行平移或旋转,以生成新的特征。

3. 父特征的选取方式

（1）【选取】——在当前视图或模型中选取要复制的特征。

（2）【所有特征】——选取当前模型中的所有特征,只有在选取镜像或移动复制方式时,此选项才可用。

（3）【不同模型】——从不同模型中选择要复制的特征,只有选择新参考时,此选项才可用。

（4）【不同版本】——从当前模型的不同版本中选择要复制的特征,当选择新参考或相同参考时,此选项才可用。如当前模型为 XXX.prt.4,需从 XXX.prt.3 中选取要拷贝的特征时,可用此选项。

（5）【自继承】——继承可使设计零件中的几何和特征数据单向且关联地向参考零件中合并。

4. 子特征与父特征之间的关系

（1）【独立】——系统为每个复制的特征指定其自身的尺寸,因此可修改它们而不影响原始特征,同样原始特征的修改也不会影响复制出的子特征。

（2）【从属】——子特征的尺寸从属于原始特征,改变原始特征时,复制出的子特征的尺寸也随之改变。

【例 7-14】 对图 7-45 所示零件模型中的圆柱凸台进行复制。

（1）打开"copy.prt"零件,该零件中包含了一个圆柱凸台,如图 7-45 所示。

（2）单击菜单【编辑】→【特征操作】→【复制】,在弹出的【复制特征】菜单管理器中选择菜单项【新参考】|【选取】|【独立】,再点击【完成】选项。

（3）在工作区的模型上或特征树上选取圆柱凸台特征,选择菜单管理器中的【完成】选项。

（4）弹出【组可变尺寸】菜单管理器,选择要改变的尺寸——第一个尺寸（圆柱的直径）和第三个尺寸（圆柱凸台到边界的距离）,如图 7-46 所示,单击菜单管理器中的【完成】选项。

旋转复制
参考边

第二个新参考平面
（模型底面）　第一个新参考平面

图 7-45　零件模型

（5）对应输入刚才选择的要改变尺寸的新值,此处给两个尺寸均输入新值 3。

（6）系统提示"选取　草绘平面参照对应于加亮的曲面",选择图 7-45 中的第一个参考平面。

（7）系统接着提示"选取 垂直草绘参照对应于加亮的曲面"，选择菜单管理器中的【相同】选项。

（8）系统最后提示"选取 截面尺寸标注参照对应于加亮的曲面"，选择图 7-45 中的第二个参考平面。

（9）单击菜单管理器中的【完成】，即可完成特征的复制，如图 7-47 所示。

图 7-46 【组可变尺寸】菜单管理器

图 7-47　特征复制结果

（10）执行特征复制的操作，在【特征复制】菜单管理器中选择复制方式为【移动】|【选取】|【独立】，点击【完成】。

（11）选择初始的圆柱凸台特征。

（12）在菜单管理器中选择【旋转】选项，然后选择【曲线／边／轴】，如图 7-48 所示。

（13）选择图 7-45 中的旋转复制参考边，选择【反向】作为其旋转方向，再点击【确定】，输入角度值 60，回车确认。

（14）单击【完成移动】，不改变原始特征的尺寸，再单击【完成】，最后在【组元素】对话框中单击 确定 按钮，即可完成特征的复制，如图 7-49 所示。

图 7-48 【特征复制】菜单管理器（移动方式）

图 7-49　特征复制结果

7.2.2 直接利用复制 / 粘贴的方式完成特征的复制

直接利用复制 / 粘贴的方式更加快捷方便,复制的一般步骤如下:

(1)选取要复制的特征。

(2)单击【编辑】→【复制】,或直接按键盘上的 Ctrl+C 键,该特征会被复制到剪贴板中。

(3)单击【编辑】→【粘贴】,或直接按键盘上的 Ctrl+V 键,此时打开特征创建工具。

(4)根据需要编辑要复制的特征的放置设置。

(5)单击操作操控板(如果要复制的项目为基准,则操作控制界面为基准定义对话框)上的 按钮,完成特征的复制。

【例 7-15】 在例 7-14 的基础上继续使用复制 / 粘贴的方式完成特征的复制。

(1)在模型树或工作区选择最初的圆柱凸台特征,选中的特征红色高亮显示。

(2)单击【编辑】→【复制】,或直接按键盘上的 Ctrl+C 键,该特征会被复制到剪贴板中。

(3)单击【编辑】→【粘贴】,或直接按键盘上的 Ctrl+V 键,特征创建工具打开,点击【放置】选项,如图 7-50 所示。

图 7-50 特征复制操控板

(4)单击 编辑... 按钮,弹出【草绘】对话框,系统提示"选取一个平面或曲面以定义草绘平面",此时可以选择【草绘】对话框中的 使用先前的 按钮,也可以指定一个新的草绘平面。我们选择零件的左侧面作为草绘平面。

(5)接受默认的视图方向,点击 草绘 按钮,进入草绘平面,此时系统提示"用光标拖移或放下零件上的截面(左键=完成,中键=中止)",同时光标周围会显示复制特征的截面轮廓,如图 7-51 所示。如果想中止草绘,则单击鼠标中键;如果要确认草绘,则单击鼠标左键。我们在图 7-51 所示的特征复制位置处单击鼠标左键,完成后还可以通过尺寸来编辑草绘的位置和形状。

(6)单击 按钮退出草绘。

(7)单击特征复制操控板中的 按钮,完成特征的创建,如图 7-52 所示。

图 7-51 草绘特征放置的位置

图 7-52 特征复制的结果

7.2.3 特征的镜像

前面 7.2.1 小节中给出了利用"特征操作"菜单中的复制功能,选择【镜像】复制方式,实现特征的镜像复制,我们还可以直接通过【编辑特征】工具栏中的镜像按钮 來实现特征的镜像,具体步骤如下:

（1）选取要镜像的一个或多个特征（Creo Elements/Pro 工作区中高亮显示被选的特征）。

（2）单击【编辑特征】工具栏中的 按钮,或单击菜单【编辑】→【镜像】,打开特征镜像操控板。

（3）选取一个镜像平面。可选择图形窗口中的某个平面或基准面作为镜像平面。

（4）如果要使镜像特征独立于原始特征,打开特征镜像操控板中的【选项】面板,然后清除【复制为从属项】的选择即可,如图 7-53 所示。

（5）单击特征镜像操控板中的 ,接受新"镜像"特征的创建。

【例 7-16】 建立特征的镜像。

（1）打开"mirror.prt"零件,该零件中包含了一个凸台,如图 7-54 所示。

（2）选中凸台特征,点击【编辑特征】工具栏中的 按钮,打开镜像操控板,如图 7-53 所示。

图 7-53　镜像操控板

图 7-54　零件模型

（3）选择 RIGHT 基准面作为其镜像平面。单击操控板中的 按钮,完成特征的镜像。如图 7-55 所示。

7.2.4 特征的成组

将一些顺序生成的特征组成一个组后,可将它们作为一个整体进行阵列、复制、删除、隐含、自定义特征等操作。

图 7-55　特征镜像的结果

特征成组的步骤:

（1）在模型树或工作区中配合 Ctrl 键选中要作为一组特征的多个特征。

（2）单击鼠标右键,在弹出菜单中选择【组】,或者执行菜单项【编辑】|【组】。

如果要分解组,则可在模型树中选中要分解的组,右击并在弹出菜单中执行【分解组】即可。

最后给出关于特征成组的几点说明：

（1）特征群组中的各个特征必须是顺序生成的特征，否则不能构建特征组。

（2）一个特征只能包含在一个特征群组中。

7.3 特征的父子关系

本节介绍特征的父子关系和特征信息的查看方法。

7.3.1 父子关系的定义

创建一个新的特征时，通常要参考已有的特征，如选取已有的特征平面作为草绘平面或定向参考平面，选取已有的特征边线作为标注尺寸参考等，这些操作都形成了特征之间的父子关系，新生成的特征称为子特征，被参考的已有特征称为父特征。父子关系是 Creo Elements/Pro 参数化建模的强大功能之一，在表达、维护设计意图的过程中，父子关系起着重要作用。修改了零件中的某父项特征后，其所有的子项会被自动修改以反映父项特征的变化。父项特征可以没有子项特征，但子项特征必须依赖父项特征的存在而存在。

7.3.2 特征信息的查看

我们可以通过查看特征信息来了解模型中各特征的创建情况。在查看特征的信息之前，可以先查看整个模型的信息，从而了解零件模型中各特征建立的过程以及特征所对应的特征编号等信息。

下面以图 7-56 所示的零件模型为例，该零件为"feature_operation1.prt"。

执行菜单项【信息】→【模型】菜单，或右击模型上某特征，在弹出的快捷菜单中选择【信息】→【模型】命令，则浏览器中将显示图 7-57 所示的【模型信息】窗口，从中可以看到零件模型的名称，从特征列表中可以查看模型中各特征的名称、类型、ID

图 7-56　零件模型

等信息，还可以查看模型的剖面以及长度、质量、时间、温度等属性的单位。

执行菜单项【信息】→【特征】，并选取某一个特征，或右击某一个特征，在弹出的快捷菜单中选择【信息】→【特征】命令，可弹出如图 7-58 所示【特征信息】浏览窗口，该窗口显示了此特征的详细信息，如特征的编号、内部特征 ID 号、此特征父特征和子特征的详细信息、特征的类型、特征尺寸以及截面数据等。

执行【信息】→【参照查看器】菜单命令，并选取某一个特征，或者右击某一个特征，在弹出的快捷菜单中选择【信息】→【参照查看器】命令，将弹出如图 7-59 所示的【参照查看器】，该对话框显示了此特征的父项和子项的详细信息。在【参照查看器】的特征参照关系图中，用户可以直接双击当前特征的某个父特征或子特征，从而查看该父特征或子特征的特征参照信息；用户还可以通过【视图】菜单中的相关菜单项或界面上的按钮，来决定是否只

图 7-57 【模型信息】窗口

图 7-58 【特征信息】窗口

图 7-59　【参照查看器】窗口

查看当前特征的父特征或只查看当前特征的子特征；用户还可以通过【参照过滤器】下滑面板，对要列出的特征参照进行过滤。限于篇幅，【参照查看器】中的其他操作在此不再详细论述。

7.3.3　父子关系产生的原因

产生父子关系的原因主要有以下几点：

（1）创建基准特征时的几何参照

在创建特征的过程中，经常需要创建一些基准平面、基准点、基准轴、基准曲线和坐标系等基准特征，而创建这些基准特征时需要利用一些已存在的几何参照作为其约束，这些被参考的几何所属的特征就成了这些基准特征的父特征。

（2）参照点

创建特征时，经常需要选择某些点作为参照，这些参照点所属的特征就成了该新特征的父特征。

（3）草图平面和参照平面

创建特征时，经常需要选择一些平面作为草绘平面或参照平面，从而确定绘图草图平面及其方位，这些参照平面所属的特征就成为了该新建特征的父特征。

（4）特征放置边或参照边

创建特征时，经常需要选择一些边作为尺寸标注参照边或放置边，这些参照边或放置边所属的特征就成为了此新特征的父特征。

（5）特征放置面或参照面

创建某些特征时，如孔特征，经常需要选择一些面作为参照面或放置面，这些参照面或放置面所属的特征就成为了此新特征的父特征。

（6）尺寸标注几何参照

创建特征时，经常要进行二维草图的绘制和特征的定位等，而这些操作过程中需选用一些已存在的几何元素或基准特征来定位，这些已存在几何元素所属特征或基准特征便成了该新特征的父特征。

7.4 特征的修改

在 Creo Elements/Pro 中不仅可以修改特征的参数值，而且可以对特征进行其他方面的操作，如修改特征的名称、使特征成为只读、修改特征的父子关系直至对特征进行重新定义等。本节将详细介绍这些特征修改的操作。

7.4.1 修改特征

1. 修改特征的名称

用户可以通过两种方式来修改特征的名称，一种是在模型树中修改特征的名称，另一种是使用菜单管理器来修改特征的名称。

（1）在模型树中修改特征的名称

在模型树或工作区中选中某一个特征右击，在弹出的快捷菜单中选择【重命名】选项，输入新的特征名称，按回车键即可。

（2）使用特征重命名对话框来修改特征的名称

选择【文件】→【属性】，弹出如图 7-60 所示的【模型属性】对话框，点击对话框【特征和几何】区域下【名称】后面的【更改】选项，弹出图 7-61 所示的【重命名】对话框，通过该

图 7-60 【模型属性】对话框

图 7-61 【重命名】对话框

对话框,可以批量修改相关特征的名称。如果某些要修改特征名称的特征或几何元素没有出现在该对话框特征列表中,不要关闭该对话框,直接到模型树或模型视图中选取这些特征或几何元素即可。

2. 使特征成为只读

如果要防止某些特征在随后的操作中被修改,可将其设置为只读。当设置某特征为只读时,Creo Elements/Pro 会使该特征及再生列表中该特征之前的所有特征都变为只读。其操作步骤如下:

(1) 选择【编辑】→【只读】菜单命令,弹出【只读特征】菜单管理器,如图 7-62 所示。

(2) 选取要成为只读的特征。菜单管理器中有以下几种特征选择方式:

图 7-62 【只读特征】
菜单管理器

①【选取】——在模型树或工作区中选取某个特征,则该特征及其以前的特征变为只读。

②【特征号】——输入一个特征外部标识符号,使得该特征及其以前的特征变为只读。

③【所有特征】——使所有特征成为只读。

④【清除】——将已经选定为只读的特征取消其只读设置。

(3) 设置完成后,选择菜单管理器中的【完成 / 返回】选项。

3. 修改特征尺寸

在模型树或工作窗口中选取一个或多个特征并单击鼠标右键,在弹出的快捷菜单中选择【编辑】,所选特征的尺寸便显示在工作窗口中,用鼠标左键双击要修改的尺寸,然后再输入新的尺寸值即可。

尺寸修改完毕后,点击【编辑】工具栏上的 按钮,进行模型的更新,即可看到修改后的结果。

7.4.2　重定参照

在对某个父特征进行删除、隐含等操作时，其子特征往往会受到影响。重定参照可以为某特征设置新的草绘平面、特征放置面或尺寸标注参照面等，从而改变特征间的父子关系，更方便地进行特征的相关操作。本小节将对重定参照的具体操作做详细说明。

1. 重定参照操作步骤

重定参照的具体操作步骤如下：

（1）在模型树或工作窗口中选取特征，单击鼠标右键，在弹出的快捷菜单中选择【编辑参照】选项，或在模型树或工作窗口中选取特征后，再执行菜单项【编辑】→【参照】。

图 7-63　命令提示框

（2）此时弹出【是否恢复模型？】确认框（如图 7-63 所示）。选择【是】，则将零件暂时返回到创建该特征之前的状态。选择【否】，则不改变当前模型。然后弹出【重定参照】菜单管理器（如图 7-64 所示），接着将进行【重定特征路径】的操作。

（3）选择【重定参照】菜单中的所列选项之一。各选项介绍如下：

①【替换】——为特征选择替换参照，必要时可选择【产生基准】选项来构建一个新参照。

②【相同参考】——当前参照保持不变。

③【参照信息】——显示加亮参照的有关信息，如参照的标识符和参照类型等。

④【完成】——结束重定参照过程。

⑤【退出重定参照】——退出当前特征重定参照过程。注意：即使退出重定参照操作，在特征重定参照过程中创建的基准仍会保留在模型中。

图 7-64　【重定参照】菜单管理器

（4）对想要重定参照或要放置参照的每个对象执行上述操作。

（5）Creo Elements/Pro 再生特征，如果自动再生成功，则建立新的父子关系，如果再生不成功，则恢复原来的参照。

此外，如果在第（3）步的【重定参照】菜单管理器中选择了【替换参照】选项，将出现如图 7-65 所示的【选取类型】菜单管理器，其中【特征】选项表示选择一个特征，然后替换所有参照图元，【单个图元】选项表示选择单个参照图元，如一条边、一个顶点或一个平面等。

图 7-65　【选取类型】菜单管理器

2. 重定参照操作实例

下面通过一个范例来介绍重定参照的操作步骤和方法。

【例 7-17】　特征的重定参照。

（1）打开模型文件"feature_operation1.prt"，如图 7-66 所示。

（2）变更"孔"的放置平面，将"孔"放置平面由原来的模型最上面（圆柱端面）调整至模型底面。

图 7-66　零件模型

①选取图 7-66 中的"孔"特征并单击鼠标右键,在弹出的快捷菜单中选择【编辑参照】选项。

②系统弹出【是否回滚模型?】提示框,在命令提示框单击 否(N) 按钮,弹出【重定参照】菜单管理器。

③此时原来放置"孔"的平面高亮显示,同时系统提示"选取一个替代曲面",选择模型底面。

④此时系统接着提示"选取一个替代轴",此处不需更改孔的位置,故可以选择【重定参照】菜单中的【相同参考】。

⑤系统根据所选参考对模型进行了再生,孔的放置平面发生了变化。如图 7-67 所示。

图 7-67　孔的放置平面更改至模型底面

⑥由于孔的放置平面的变化,孔的方向也需作相应调整,才能真正在模型上形成孔的特征。下面我们对刚才修改过的孔特征进行重新定义,在模型树上选中刚才的"孔"特征,并单击鼠标右键,在弹出的快捷菜单中选择【编辑定义】选项。

⑦在系统下方弹出的孔特征操控板中,单击【形状】选项,在弹出的下滑面板的【侧 2】下拉列表中选择【穿透】,如图 7-68 所示。

图 7-68　孔特征操控板

⑧单击孔特征操控板中的 ✅ 按钮,可以看到孔特征已经在模型上重新生成。

(3)删除"孔 1"特征。如果我们直接删除"孔 1"特征,系统会提示将"拉伸 1"和"拉伸 2"两个特征一并删除,这是因为"拉伸 1"和"拉伸 2"这两个特征在水平方向上的定位用到了 DMT2 基准面,而 DMT2 又是根据"孔 1"特征的轴线创建的,故删除"孔 1"特征必然要影响到其子特征 DMT2,而"拉伸 1"和"拉伸 2"又是 DMT2 的子特征,因而也要受影响。为了能够删除"孔 1"特征,而保留"拉伸 1"和"拉伸 2"特征,需要对"拉伸 1"和"拉伸 2"特征执行重定参照操作。

①选取图 7-66 中的"拉伸 1"特征并单击鼠标右键,在弹出的快捷菜单中选择【编辑参照】选项。

②系统弹出【是否回滚模型?】提示框,在命令提示框单击 否(N) 按钮,弹出【重定参照】菜单。

③下面进行参考的重新定义,前三个为草绘平面及其定位的参考面,不需更改,故直接按三次【相同参照】即可。

④第四个参照为水平方向的尺寸参照,原来为 DMT2,我们现将其修改为 RIGHT 参考平面,故选择 RIGHT 参考平面替代 DMT2。

⑤由于选择了不同的尺寸参考平面,我们发现"拉伸 1"特征位置发生了变化。右击"拉伸 1"特征,在弹出的快捷菜单中选择【编辑】,用鼠标左键双击水平方向的定位尺寸"220.00",然后再输入新的尺寸"100",如图 7-69 所示。修改完毕后,点击工具栏上的 ⚏ 按钮,进行模型的更新,我们看到"拉伸 1"特征恢复了其最初位置。

⑥用同样的方法修改"拉伸 2"特征。水平方向的尺寸参照由 DTM2 调整至 RIGHT,然后将水平方向的定位尺寸由"20.00"调整为"−100",点击工具栏上的 ⚏ 按钮,对模型进行更新。

⑦删除特征"孔 1",由于脱离了 DTM2 与"拉伸 1"和"拉伸 2"特征之间的父子关系,

图 7-69　特征"拉伸 1"位置的调整

所以此时"拉伸 1"和"拉伸 2"特征不再受牵连,点击
【删除】对话框中 确定 按钮即可,结果如图 7-70 所示。

⑧保存文件。

7.4.3　重定义

　　如果某个特征不符合设计要求,必须对该特征进
行重新定义。重定义是重新定义特征的创建,包括特
征的几何数据、草绘平面、参照平面和二维截面等。本
节将介绍重定义的具体操作。

图 7-70　删除"孔 1"特征的结果

　　1. 重定义操作步骤

　　重定义的具体操作步骤如下:

　　(1) 在模型树或工作区选取特征,并单击右键,在弹出的快捷菜单中选择【编辑定义】,
或在模型树或工作窗口中选取特征后,执行菜单项【编辑】→【定义】。

　　(2) 此时在系统窗口底部将弹出和特征创建时一样的特征定义操作面板,可以选择相
应的选项进行重定义操作。

　　2. 重定义说明

　　重定义的操作方式会随着所选的特征种类的不同而有所差异,由于重定义的特征定义
操作面板和特征创建时一样,故相关操作的说明可以参见本书的特征构造的部分。一般情
况下,如果选择拉伸、旋转、扫描、混合等特征时,可以重定义特征的属性、截面、特征创建方
向、深度等;如果选择构造特征,如孔、圆角、倒角等,一般可以重定义其参考点、参考边、参
考面等;如果选择基准特征则可以重定义基准的位置、方向和参照几何等。

　　3. 重定义操作实例

　　我们在例 7-17 的基础上,继续执行特征的重定义操作。

　　【例 7-18】　将"拉伸 2"特征由凸台重定义为孔。

　　(1) 选取"拉伸 2"特征(参见图 7-66),并单击鼠标右键,在弹出的快捷菜单中选择

【编辑定义】选项。

（2）系统弹出拉伸特征操控板，首先点击 ▨ 按钮将原来添加材料方式改为去除材料的方式，然后点击 ✕ 按钮，使拉伸方向与初始方向相反，最后再点击拉伸深度选项，选择 ᴇᴇ，使孔穿透该零件，如图 7-71 所示。

（3）点击拉伸特征操控板上的 ✔ 按钮，完成特征的重新定义，结果如图 7-72 所示。

图 7-71　拉伸特征操控板

图 7-72　重定义特征"拉伸 2"的结果

【例 7-19】　使用重定义操作修改特征的草绘截面。

（1）选取"拉伸 1"特征（参见图 7-66），并单击鼠标右键，在弹出的快捷菜单中选择【编辑定义】选项。

（2）系统弹出拉伸特征操控板，首先点击 ▨ 按钮将原来添加材料方式改为去除材料的方式，然后点击 ✕ 按钮，使拉伸方向与初始方向相反，再点击拉伸深度选项，使孔穿透该零件。

（3）点击拉伸特征操控板上的【放置】下滑面板，然后在下滑面板内点击 编辑… 按钮，进入草绘，将原来的拉伸截面修改为如图 7-73 所示的截面。

（4）点击草绘工具栏中的 ✔ 按钮退出草绘。最后点击拉伸特征操控板上的 ✔ 按钮，完成修改，结果如图 7-74 所示。

（5）保存文件。

图 7-73　修改"拉伸 1"特征的草绘图

图 7-74　修改特征"拉伸 1"的结果

7.5 特征的插入

特征的插入可以使用户在特征序列的任意位置添加新的特征,而不是在基本特征之前或最后特征之后添加特征。本节将对特征插入的具体操作进行介绍。

7.5.1 特征插入操作步骤

特征的插入操作步骤如下:

(1)选择【编辑】→【特征操作】菜单命令,在弹出的【特征】菜单管理器中选择【插入模式】选项,出现如图 7-75 所示的【插入模式】菜单管理器,选择【激活】选项。

(2)选择一个插入位置参考特征,将在该参考特征后面插入新特征,同时被选特征之后的所有特征将被自动隐含。

(3)按常规方法创建一个或多个新特征。

图 7-75 【插入模式】
菜单管理器

7.5.2 特征插入说明

对特征的插入操作说明如下:

(1)要取消插入模式,可用下列方式之一:

①选择【编辑】→【恢复】菜单命令,恢复激活插入模式时被隐含的特征。

②从【插入模式】菜单管理器中选择【取消】选项。Creo Elements/Pro 会弹出如图 7-76 所示的命令提示框,询问是否恢复激活插入模式时被隐含的特征,接着自动再生该零件。

图 7-76 提示信息

(2)随时可以选择【插入模式】菜单管理器中【返回】选项,返回到先前的活动菜单。

(3)可以直接拖动模型树中的红色的【在此插入】箭头到指定位置,则自动激活插入模式;而将【在此插入】箭头拖到模型树的最后,则取消插入模式。

7.5.3 特征插入操作实例

【例 7-20】 在图 7-74 所示的模型中插入拔模特征。

(1)下面将在图 7-74 所示的模型的基础上进行特征的插入操作。选择【编辑】→【特征操作】→【插入模式】菜单命令,在弹出的【插入模式】菜单中选择【激活】选项。

(2)系统提示"选取在其后插入的特征",我们选择"伸出项 标识86"特征(在"倒圆角2"特征之前),此时系统进入插入模式,相关特征被隐含,如图7-77所示。

(3)选择【插入】→【斜度(拔模)】,在拔模特征操控板中选择圆柱面作为拔模曲面,选择圆柱上端面作为拔模枢轴,调整拖动方向,输入拔模角度10度,如图7-78所示。

图7-77 进入特征插入模式　　　　　图7-78 拔模特征的构造

(4)各项设置完成后,单击拔模特征操控板中的☑️按钮,完成拔模特征的构造。

(5)选择【编辑】→【恢复】→【恢复全部】,刚才激活插入模式时被隐含的特征又恢复了显示,需要注意的是,原来圆柱与底板之间的倒圆角特征,现在被自动更新了,如图7-79所示。

图7-79 插入拔模特征后的结果

7.6　特征的重新排序

零件模型建立后,有时需要调整特征的创建顺序,重新排序操作可以将某个特征在再生序列中向前或向后移动,也可以在一次操作中对多个连续特征进行整体重新排序。本节将对重新排序的具体操作进行详细介绍。

7.6.1　特征重新排序操作步骤

特征重新排序的具体操作步骤如下:

(1)选择【编辑】→【特征操作】菜单命令,在弹出【特征】的菜单管理器中选择【重新排序】选项,弹出如图7-80所示的【选取特征】菜单管理器。

（2）选择要重新排序的特征。共有三种选取方式：

①【选取】——通过鼠标在模型中选取需要重新排序的特征。

②【层】——通过选择层来选取层中的所有特征。

③【范围】——通过输入起始和终止特征的特征号来指定再生特征的范围。

（3）选择了要重新排序的特征后，点击【选取特征】菜单管理器中的【完成】，系统会列出所有可能的重新排序的方式供选择参考。同时弹出如图 7-81 所示的【重新排序】菜单管理器，有【之前】和【之后】两个选项：

图 7-80　【选取特征】菜单管理器

图 7-81　【重新排序】菜单管理器

①【之前】——在所选参考特征之前插入特征。

②【之后】——在所选参考特征之后插入特征。

（4）选择【之前】或【之后】，然后选取插入位置参考特征，即可完成特征的重新排序操作。

7.6.2　特征重新排序操作实例

下面通过一个实例来介绍重新排序的操作步骤和方法。

【例 7-21】　对图 7-82 所示的模型进行相关特征的重新排序。

（1）打开模型文件"prt_reorder.prt"，如图 7-82 所示。

（2）选择【编辑】→【特征操作】菜单命令，在弹出的【特征】菜单管理器中选择【重新排序】选项，弹出【选取特征】菜单管理器。

（3）选取特征"孔 标识 59"，在【选取特征】菜单管理器中选择【完成】选项，系统给出提示，如图 7-83 所示。

（4）在【重新排序】菜单管理器中选择【之后】，然后选择特征 8——"壳 标识 108"，将"孔 标识 59"特征移到最后，重新排序后的零件模型如图 7-84 所示。

7.6.3　特征重新排序说明

（1）在模型树中直接拖动特征也可进行特征的重新排序。排序前的模型树如图 7-85 所示，用鼠标左键按住标识为 59 的孔特征不放，将其直接拖动到标识为 108 的壳特征之后即可，重新排序后的模型树如图 7-86 所示。

图 7-82　零件模型

可以在特征[7-8]前/后插入[6]。完成插入。
可以在特征[8-8]前插入特征6。选取特征。

图 7-83　所选特征的插入位置

图 7-84　重新排序后的零件模型

图 7-85　重新排序前的模型树

图 7-86　重新排序后的模型树

（2）可以在一次操作中对多个特征重新排序，只要这些特征以连续顺序出现即可。

（3）具有父子关系的两个特征的顺序不可互调，因为父项再生必须发生在它们的子项再生之后。

7.7　特征的隐含、删除和隐藏

在创建零件模型的过程中，为了提高模型的再生速度、简化模型、方便某些特征的构造等目的，经常需要将某些特征进行隐含。被隐含的特征将不在模型中显示，直到重新恢复这些特征为止。删除特征则是从零件中永久的删除这些特征且不能再恢复。本节将对特征的隐含与恢复、删除、隐藏与取消隐藏等操作等进行介绍。

由于隐含和删除操作过程中的对话框、菜单及操作方法几乎一样，所以本节将以隐含操作为主来进行说明。

7.7.1　特征的隐含与恢复

（1）使用快捷菜单实现特征的隐含

使用快捷菜单进行特征的隐含和删除操作步骤如下：

① 在模型树或工作区中选取要隐含的特征,并单击鼠标右键,在弹出的快捷菜单中选择【隐含】选项。

② 选定的特征及其子项在模型树中高亮显示,并出现【隐含】对话框。如果选取的特征没有子项,则出现如图 7-87 所示的对话框;如果选取的特征存在子项,则出现如图 7-88 所示的对话框。

图 7-87　不含子特征的特征【隐含】对话框

图 7-88　含子特征的特征【隐含】对话框

③ 单击【隐含】对话框中的 确定 按钮,将隐含所选特征及其子项。当所选特征存在子特征时,也可单击【隐含】对话框中 选项>> 按钮,打开如图 7-89 所示的【子项处理】对话框,通过该对话框,可以对各子特征进行隐含、保留(挂起)或替换参照等操作。

（2）利用【编辑】菜单实现特征的隐含

用【编辑】菜单进行特征的隐含和删除的操作具体步骤如下:

① 选择要隐含的特征。

② 执行【编辑】→【隐含】菜单项,该菜单项存在三个子菜单项,如图 7-90 所示。其中:

a.【隐含】——与上面使用快捷菜单实现特征的隐含操作一样。如果该特征不包含子特征,则可直接实现该特征的隐含;如果该特征包含子特征,默认处理方式是隐含选定特征及其所有子项,同时可在图 7-89 所示的【子项处理】对话框对各个子特征进行隐含、保留(挂起)或替换参照等操作。

b.【隐含直到模型的终点】——隐含选定特征和随后的所有特征。

c.【隐含不相关的项目】——隐含选定特征及其父项之外的所有特征。

图 7-89　【子项处理】对话框

图 7-90　【编辑】→【隐含】菜单项及其子菜单项

（3）隐含特征的恢复

隐含特征只是为了简化零件模型和减少再生时间而暂时从显示中删除特征,随时可以对隐含的特征进行恢复。执行【编辑】→【恢复】菜单项,该菜单项下有三个子项,如图 7-91 所示,其中:

图 7-91　特征的恢复

①【恢复】——恢复所选特征。

②【恢复上一个集】——恢复上一次隐含操作所隐含的特征。

③【恢复全部】——恢复被隐含的所有特征。

根据实际情况需要,选定上述三个子菜单项中某一项,即可完成相关被隐含特征的恢复。

（4）特征的隐含与恢复操作实例

下面通过一个实例来介绍特征的隐含和恢复的操作步骤和方法。由于特征的删除和特征的隐含操作相似,因而本实例中没有涉及特征的删除操作,读者可自行练习。

【例 7-22】 对图 7-92 所示模型中的相关特征进行隐含和恢复。

（1）打开模型文件"PRT_Suppress.prt",如图 7-92 所示。下面将零件中的一些特征进行隐含,然后再恢复。

（a）三维模型

（b）模型树

图 7-92　零件模型

（2）在模型树中选取"伸出项 标识63"特征。

（3）执行【编辑】→【隐含】菜单命令，并选择该菜单项下的【隐含】子菜单项，在弹出的【隐含】对话框中点击 确定 按钮，完成特征的隐含操作，完成隐含操作后的零件模型显示如图7-93所示，显然，所选特征及其所有子项均已被隐含。

（4）如果第（3）步中，选择【隐含】菜单下的【隐含直到模型的终点】子菜单项，则完成隐含特征后的结果如图7-94所示，该特征及其随后的所有特征均已经被隐含。

（5）如果第（3）步中，选择【隐含】菜单下的【隐含不相关的项目】子菜单项，则完成隐含操作后的零件模型如图7-95所示，显然该特征及其父特征以外的特征均已经被隐含。

（6）选择【编辑】→【恢复】→【全部】菜单命令，即可恢复全部的被隐含的特征。

图7-93　【隐含】结果　　图7-94　【隐含直到模型的终点】结果　　图7-95　【隐含不相关的项目】结果

7.7.2　特征的隐藏与取消隐藏

特征的隐藏就是将基准面、基准轴、基准点、基准坐标系、曲线、曲面等非实体特征暂时隐藏，这相当于层的遮蔽功能。

对某个特征进行隐藏操作步骤如下，首先在模型树中或工作区中选中要隐藏的特征，然后单击右键，在弹出菜单中选择【隐藏】即可。

特征隐藏后，被隐藏特征的图标将变为灰色，如图7-96中的FRONT基准面、拉伸2、拉伸3等特征所示。

要想取消隐藏，只需在模型树中选中要取消隐藏的特征，然后单击右键，在弹出的快捷菜单中选择【取消隐藏】即可。

（a）特征隐藏前的模型树　　　（b）特征隐藏后的模型树

图7-96　特征隐藏前后的模型树

7.7.3　关于特征的隐含与隐藏的说明

对特征的隐含与隐藏操作的说明如下：

（1）特征的隐含与特征的隐藏主要有以下几点不同：

①特征的隐藏只是针对当前被隐藏的特征，而其子特征或父特征不受影响，而特征的隐含则会将相关特征全部隐含。

②特征的隐藏操作只能在模型中的基准特征、曲线、曲面特征等非实体特征或包含基准特征的实体特征上进行，而特征的隐含操作则不受此限制。

③如果要隐藏的是包含基准特征的实体特征，则系统只在绘图区隐藏该实体特征所包含的基准特征，实体特征不会被隐藏，而特征的隐含操作则会将该特征及其包含的特征全部隐含。

④特征的隐藏只是暂时不显示被隐藏特征，被隐藏特征仍然参与模型的各种运算，而特征的隐含则暂时对被隐含特征进行抑制。

（2）特征被隐含后，Creo Elements/Pro 默认处理方式是将这些隐含的特征在模型树中也进行隐藏，点击模型树窗口中的【设置】|【树过滤器】，在弹出的【模型树项目】对话框中的【显示】项目中选中【隐含的对象】，可以将隐含的特征在模型树中也显示出来，图 7-97 所示的模型树中显示出了"孔 标识 114"、"斜度 标识 196"等隐含特征。

图 7-97　在模型树中显示被隐含的特征

8 零组件的装配

一般产品都要包含一个以上的零件或组件,这些零件、组件之间必须要通过一定的装配约束关系,才能形成一个产品完整的整体,这就必然要涉及装配模型的建立问题。前面我们已经可以用 Creo Elements/Pro 方便地创建各种零件的三维模型,利用其装配模块我们可以进一步指定零件与零件之间的相互配合关系,将零件装配在一起,同时可以将整个产品或组件装配模型分解开来,以方便查看各组成零件及其装配约束关系。本章将对 Creo Elements/Pro 的装配模块作较为详细的介绍。

8.1 零组件的装配步骤及装配约束类型

8.1.1 零组件装配的基本概念

零组件装配是产品设计和制造中的一个重要环节,它是指按照一定的约束条件或连接方式,将组成产品的各零件或组件装配成一个满足设计要求的部件或产品的过程。Creo Elements/Pro 中的装配设计则是指将零件或组件的三维模型通过一定的装配约束关系将它们组合在一起,形成一个整体。利用这些装配体,可以生成装配体的分解图以方便地查看产品或部件中的各零部件的组成情况以及零部件之间约束关系,可以做装配体内零件、组件间的干涉检查,还可以进行机构的运动仿真分析、装配零件间的布尔运算等。

零组件之间的装配约束关系是零组件装配的关键,该装配约束关系将影响整个装配体的结构和功能。在 Creo Elements/Pro 中,零组件之间的装配约束关系是产品设计、制造环境中零组件之间的设计关系在虚拟环境中的映射,根据现实环境的装配情况,Creo Elements/Pro 定义了许多装配约束关系,如匹配、插入等。因此,在 Creo Elements/Pro 中进行零件的装配,必须首先清楚各个零组件之间的相对位置和相互的装配约束关系。定义了零组件之间的装配约束关系后,系统根据这些约束关系,自动调整零组件之间的相互位置,从而形成一个有机整体。

建立装配体时第一个调入的零件或组件我们称其为主体零组件或基础零组件。选择主体零组件一般应满足以下条件:

(1) 该零件或组件是整个装配模型中最为关键的零部件。

(2) 用户在以后的装配设计修改中不会轻易删除该零件或组件。

和前面零件建模时零件内各个特征之间存在父子关系一样,装配过程中的各个零件、组件之间也存在着父子关系。装配过程中,已存在的零件成为父零件,与父零件相互装配的后加入零件为子零件。删除父零件时,与之相关联的所有子零件将一起被删除,子零件则可以单独被删除而不影响其父零件。

8.1.2 零组件装配的步骤

我们首先以流程图的方式说明利用 Creo Elements/Pro 进行零组件装配的一般流程,如图 8-1 所示。

图 8-1 装配设计的一般流程

下面我们通过一个简单的实例来说明零组件装配操作的一般步骤和装配模块的用户交互界面。在进行装配操作前,应该首先设置当前工作目录为要创建的装配模型的文件存放路径。

(1) 单击菜单【文件】→【新建】或工具栏"新建"按钮□,出现【新建】对话框,如图 8-2 所示。在【类型】中选择【组件】,【子类型】选择默认值。在【名称】中输入要装配的产品或组件名称。

关于【新建】对话框中【使用缺省模板】选项的说明:

①如果选中了该项,点击【新建】对话框中的 确定 按钮,系统进入装配设计界面,同时自动产生互相垂直的 3 个基准平面 ASM_FRONT、ASM_RIGHT、ASM_TOP 及坐标系 ASM_DEF_CSYS,如图 8-3 所示。如果在组件中创建了这三个正交的基准平面作为第一个特征,就可以相对于这些平面来装配元件,或创建一个新零件作为第一个元件。用基准平面作为第一个特征有以下优点:a. 可以重定义装配的第一个元件的放置约束;b. 可以阵列添加的第一个元件,从而创建灵活的设计;c. 可以将后面的元件重新排列,使之排在第一个元件之

前（只要这些元件不是第一个元件的子项）。

②如果取消该项的选择，按【新建】对话框中的 确定 按钮，则出现如图 8-4 所示的【新文件选项】对话框。在该对话框中，用户可以在模板列表中选择某一个模板或空模板，也可以点击 浏览… 按钮选择想要的模板文件。在【新文件选项】对话框中，用户还可以通过【DESCRIPTION】输入框和【MODELED_BY】输入框输入装配模型的描述信息和设计人员信息。完成模板选择后单击【新文件选项】对话框的 确定 按钮，即可进入装配界面设计。

③通过【工具】→【选项】菜单，在弹出的【选项】对话框中设置选项"template_designasm"，选择"Creo Elements/Pro 安装目录 \templates"下的某个装配模板文件也可完成模板的设置。将"template_designasm"设置为"mmns_asm_design.asm"文件，方能将缺省的装配模板设置为公制单位 mmns。用户可以指定某个模板作为缺省模板（可设置配置文件选项"start_model_dir"来指定其位置），系统会将该模板用于装配的起始模型，包括设置模型中的临界层、基准特征和视图等。

本实例中，我们建立一个名称为"AssemblyExample1"的装配，使用缺省模板，进入 Creo Elements/Pro 的装配界面。

（2）下面我们调入第一个装配零件。单击菜单【插入】→【元件】→【装配】或单击按钮 ，弹出【打开】文件对话框，在对话框中选择要装配的零件或组件文件，此处我们选择"yuanpan.prt"零件，然后单击 打开 ▼ 按钮，零件被打开后，便会在工作区显示出来，并且在工作区顶部弹出装配定义操控板，通过该操控板我们就可以添加各种装配约束关系，如图 8-5 所示。

下面我们将对装配定义操控板的相关部分作简单说明：

①【放置】下滑面板，该下滑面板如图 8-6 所示，主要用于定义或修改当前待装配元件的装配约束。在该下滑面板的左侧用户可以查看、编辑、新建或删除装配约束；在右侧用户则可以对当前装配约束的类型、约束参数、是否启用等进行设置，同时可以查看当前待装配元件的装配约束状态，即没有约束、部分约束、完全约束和约束无效等。

图 8-2　【新建】对话框

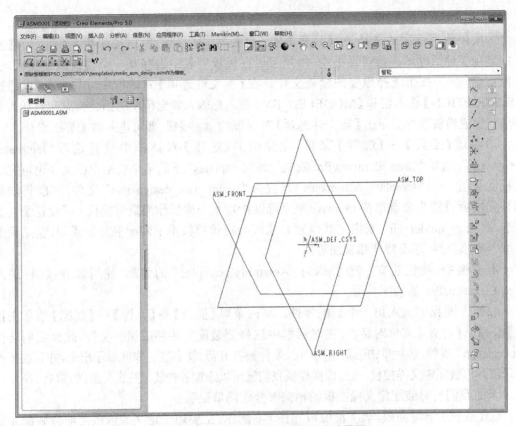

图 8-3　Creo Elements/Pro 装配设计界面

图 8-4　【新文件选项】对话框

图 8-5 调入的第一个零件及装配定义操控板

图 8-6 【放置】下滑面板

②【移动】下滑面板,该下滑面板如图 8-7 所示,主要用于调整待装配元件在装配界面中的位置,以方便装配约束的定义。在【运动类型】下拉列表中,用户可以选择移动的方式,包括定向模式、平移、旋转、调整等四种方式。移动待装配零件时,用户还可以选择【在视图平面中相对】或【运动参照】两种移动方式,前一种方式下移动操作是相对于当前视图平面,而后一种方式下,需要用户在移动参照搜集器中选择某个基准对象或零组件模型上的某个几何对象作为移动的参照,如果参照对象为直线,则可将待装配零件沿该直线移动或绕该直线旋转,如果参照对象是平面,则用户还可以进一步选择平行于该平面还是垂直于该平面进行移动。

图 8-7 【移动】下滑面板

③【挠性】下滑面板，某个零件装配完成后，对其进行"挠性化"处理，并定义可变项目，可激活该下滑面板，如图 8-8（a）所示，点击其中的【可变项目】，可弹出图 8-8（b）所示【可变项目】对话框，可进行可变项目的编辑。该下滑面板主要用于机构的装配连接以及机构的运动学和动力学分析中，本书不涉及该部分内容，因而在此不作详细介绍。

④【属性】下滑面板，该下滑面板如图 8-9 所示，主要用于显示当前待装配零组件的基本属性。点击该下滑面板内的 **i** 按钮，用户可以在 Creo Elements/Pro 的内部浏览器中获得更为详细的属性信息，如图 8-10 所示。

另外，装配定义操控板中还包含了一些操作控制项：

①【⊿ ▣ ▷】框，包含三个操作按钮，分别用于使用界面放置、手动放置、约束与机构连接之间的转换。

②【用户定义 ▾】框，通过该框用户可以选择定义约束的方式，如图 8-11 所示。对于定义零组件的装配约束操作，用户可以使用默认的【用户定义】方式，而其他方式主要用于机构连接，如刚性、销钉、滑动杆、轴承等，利用这些连接方式，可以在 Creo Elements/Pro 的 Pro/Mechanica 模块中进行组件的机构运动学与动力学分析。

（a）下滑面板选项   （b）【可变项目】对话框

图 8-8 【挠性】下滑面板

③【 自动 】框,通过该框用户可以选择装配约束的类型,主要包括 11 种装配约束类型,如图 8-12 所示。

图 8-9　【属性】下滑面板

图 8-10　【属性】信息的展开

图 8-11　约束定义方式

图 8-12　装配约束类型

④【 ⊥ 】列表框,当装配约束类型为"匹配"或"对齐"时,该选项可用,用于设置两个要匹配或对齐的平面对象之间的相对位置关系,包括三种类型: ⊥ 表示两个平面重合; ⊓ 表示两个平面相互平行,但不限制它们之间的距离; ⊓ 表示两个平面之间相互平行,且通过尺寸控制它们之间的距离。

⑤【 189.61 】框,当装配约束类型为"匹配"或"对齐",且两个平面对象之间的关系为 ⊓ 时,该框可用,用户可通过该框设置两个平面之间的距离。

⑥ ⁄ 按钮,当装配约束类型为"匹配"或"对齐"时,用户通过点击该按钮可实现在"匹配"和"对齐"两种装配约束方式之间的切换。该按钮的功能与【放置】下滑面板中的 反向 按钮(如图 8-6 所示)一致。

⑦【 状态:部分约束 】框,主要显示当前待装配元件的装配状态——没有约束、部分约束、完

全约束和约束无效。

⑧【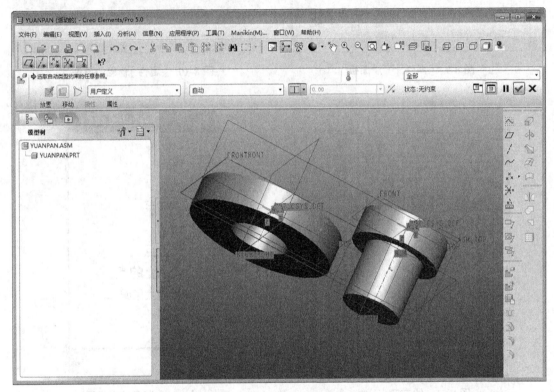】框,主要用于待装配零组件的显示方式,⬜按钮用于控制是否要在单独的窗口中显示待装配的元件,⬜按钮用于控制是否在装配主界面中显示出待装配零组件。

回到我们装配实例,因为"yuanpan.prt"零件是装配体的第一个零件,不存在零件间的相互约束关系,我们可以直接在装配定义操控板的装配约束类型列表中选择【 固定 】(或"缺省"约束方式),将该零件固定于当前位置,点击 确定 按钮,完成第一个零件的调入。

(3)单击菜单【插入】→【元件】→【装配】或单击按钮,在弹出的【打开】对话框中选择另一个零件"zhou.prt",单击 打开 按钮,所选零件出现在主窗口内,同时在主窗口上方出现装配定义操控板,如图8-13所示。

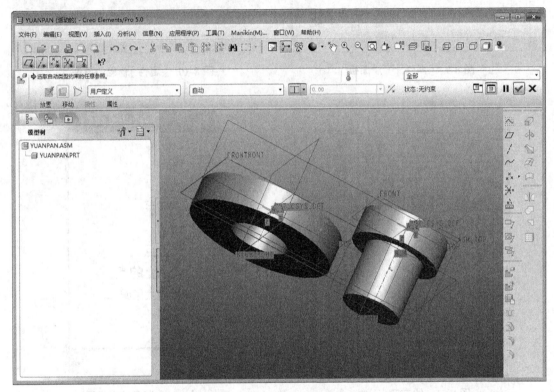

图8-13 调用另一个零件

(4)在零组件上定义装配约束。零件调入后,装配约束类型框中默认设置了当前装配约束类型为"自动",用户可直接选择该类型约束的几何对象,一般一个约束包含两个几何对象,这两个几何对象分别位于要定义约束关系的待装配元件和当前已经装配过的装配体上。

我们首先选择图8-14所示的两个平面,所选择的对象出现在了【放置】下滑面板中,如图8-15所示,下滑面板左侧列出了当前装配约束,同时当前装配约束下面列出了两个装配约束几何对象,分别为元件参照对象和组件参照对象,元件参照对象为待装配零组件上的约束几何对象,而组件参照为当前装配体中的几何对象。如果需要更改已经存在的元件参照对象或组件参照对象,可以先右击要更改的对象,在弹出菜单中选择【移除】,然后再利用参照对象搜集器重新选择新的元件参照对象或组件参照对象。

装配约束类型为【自动】时，Creo Elements/Pro 系统会根据用户所选的元件参照对象和组件参照对象,自动给出相应类型的装配约束,同时将可能存在的其他类型的约束列在【约束类型】列表中。此处我们在约束【类型】中选择【匹配】,完成第一个约束,如图 8-15 所示。

点击【放置】下滑面板左侧的【新建约束】选项,或者直接在上一个约束已经定义完成的基础上,继续选择元件参照或组件参照,即可添加下一个约束。我们选择图 8-14 所示的两根轴线,约束类型接受默认的【对齐】,如图 8-16 所示,此时 "zhou.prt" 零件的装配约束状态已经显示为 "完全约束"。

图 8-14　选取装配参考几何

图 8-15　【放置】下滑面板 (部分约束)

图 8-16　【放置】下滑面板 (完全约束)

如果当前元件装配中存在轴孔插入或轴线对齐约束时,则存在【允许假设】选项,如图8-16所示。如果【允许假设】选项被选中,则无须定义轴孔之间相互旋转的约束,否则,需要进一步定义限制轴孔之间相互旋转的约束。对于本例来说,由于选中了【允许假设】选项,所以不需定义旋转约束,如果去掉【允许假设】的选中状态,则当前元件的装配约束状态仍为"部分约束",需进一步定义限制轴孔之间相互旋转的约束,当前元件的装配约束状态才能为"完全约束"。

图 8-17 Zhou 零件未被完全约束的模型树

用户可不断增加装配约束,直至【放置】下滑面板或装配定义操控版中显示当前元件的装配约束状态为"完全约束",再单击装配定义操控板中的☑按钮,即可完成零组件的装配。

用户也可以在没有定义约束或者在部分约束的状态下,点击装配定义操控板中的☑按钮,完成当前元件的装配。没有被完全约束的元件在装配模型树中,其图标前面将会出现一个"▯"标记,如图8-17中的"ZHOU.PRT"零件。用户可以通过右击模型树中的某元件,然后在弹出菜单中选择【编辑定义】,可重新打开该元件的装配定义操控板,进行该元件装配约束的添加或修改。

定义约束时,用户也可先在【放置】下滑面板或装配定义操控板中选择适当的装配约束类型,然后再选择相应的装配约束参照几何对象。各种装配约束类型将在下一节中作详细说明。

(5)若需要再进行其他零组件的装配,重复步骤(3)和步骤(4)。

(6)装配完成后,通过菜单项【视图】→【分解】→【分解视图】可以将装配好的各个零组件根据装配约束关系分解开来,对上面的装配结果(即图8-18(a)所示的装配模型)进行装配分解的结果如图8-18(b)所示。若要恢复成原始的未分解开的装配图,则选择【视图】→【分解】→【取消分解视图】即可。我们还可以通过【视图】→【分解】→【编辑位置】,来设置各个零件或组件在分解视图中的位置。

8.1.3 装配约束的类型

下面将详细说明如何使用各种装配约束进行零组件的定位,限于篇幅,零组件机构连接的定义、修改及其在 Pro/Mechanica 模块中进行机构运动学与动力学分析等内容在本书中将

（a）装配模型   （b）装配分解视图（爆炸图）

图 8-18   零件的装配与分解

不做详细介绍,读者可参阅其他相关书籍或 Creo Elements/Pro 帮助文件。

利用装配定义操控板的【放置】下滑面板中装配约束类型选择框或装配定义操控板中的装配约束类型选择框可定义各种约束,对待装配元件进行定位,装配约束的类型共有 11 种,即匹配、对齐、插入、坐标系、相切、线上点、曲面上的点、曲面上的边、固定、缺省、自动,如图 8-12 所示。完整定义一个零件或组件的约束,除了利用"⤴ 坐标系"、"⤴ 固定"及"⤴ 缺省"三种方式外,一般均需要定义 2 ~ 3 个约束,才能完成某个元件的装配,而利用"⤴ 坐标系"、"⤴ 固定"或"⤴ 缺省"这三种装配方式中的一种进行装配约束时,只需要定义一个约束,即可完成零组件的装配。各种约束类型的详细说明如下:

(1)匹配。两个平面(包括基准面)相互平行,且法线方向相反。根据两个平面之间偏移类型的不同,匹配约束可以分为三种子类型,即匹配 / 重合、匹配 / 定向和匹配 / 偏距,用户可以在装配定义操控板的【设置】下滑面板或装配定义操控板进行偏移类型的选择和设置,如图 8-19 所示。

(a)在【放置】下滑面板中设置

(b)在装配定义操控板中设置

图 8-19　匹配约束的三种类型

a. 匹配 / 重合,即图 8-19 中的【工】选项,此时两个平面相互平行,法线方向相反,且两个平面位置重合,如图 8-20 和图 8-21 所示。图 8-21 中的两个零件分别为 PRTPointlinesurface2.prt 和 PRTPiPei.prt。

b. 匹配 / 偏距,即图 8-19 中的【⌺】选项,此时两个平面相互平行,法线方向相反,且两个平面相互距离可由用户指定,如图 8-22 及图 8-23 所示。图 8-23 中两个零件分别为 PRTPointlinesurface2.prt 和 PRTPiPei.prt。

注意:Creo Elements/Pro 的间距默认值为零,若要设置非零的间距,则可在装配定义操控板的【放置】下滑面板中的【约束偏距】输入框或直接在装配定义操控板的【约束偏距】输入框中输入偏移距离,如果偏距值为零,则结果与"匹配 / 重合"相同。为了保证【约束偏距】输入框可用,必须满足下列条件:装配约束类型为"匹配"或"对齐";两个平面对象之间的关系为⌺;已经分别在元件和组件上选择了参与匹配或对齐约束的两个平面几何对象。

图 8-20　匹配 / 重合约束示例

图 8-21　匹配 / 重合约束实例

图 8-22　匹配 / 偏距约束示例

图 8-23　匹配 / 偏距约束实例

c. 匹配 / 定向：即图 8-19 中的【▢▢】选项,此时两个平面相互平行,法线方向相反,且不限制两个平面之间的相互距离。"匹配＋定向"只是用来进行装配的定向,可以有效防止因应用"匹配 / 重合"和"匹配 / 偏距"两种约束选项而产生的过约束及约束冲突情况,两个平面之间的相互距离可以由其他相关约束来限定。

（2）对齐。对齐约束用于两个平面（包括基准面）时,两平面相互平行,且法线方向相同;对齐约束用于两条直线（包括基准轴、回转体的轴线）时,可以使两直线重合;对齐约束还可以用于两个回转面,使它们的轴线重合,但约束类型会自动转换为"插入"。选择对齐约束时,必须选择相同的几何元素来配合,如平面与平面、直线与直线、两个回转面等。

类似于匹配约束,当对齐约束应用于两个平面时,同样有三种子类型,即对齐 / 重合、对齐 / 偏距和对齐 / 定向,这些子类型的选择和设置方法与上面匹配约束基本相同,在此不再赘述。

图 8-24 及图 8-25 分别给出了"对齐 / 重合"约束的说明和实例。图 8-25 中的两个零件均为 PRTPointlinesurface2.prt。

图 8-26 及图 8-27 分别给出了"对齐 / 偏距"约束的说明和实例。图 8-27 中的两个零件均为 PRTPointlinesurface2.prt。

图 8-24 对齐 / 重合约束示例　　　　**图 8-25** 对齐 / 重合约束实例

图 8-26 对齐 / 偏距约束示例

图 8-27 对齐 / 偏距约束实例

（3）插入。可以使两个元件指定的旋转面的旋转中心重合，主要用于轴和孔的装配，也可用于两根轴之间共线或两个孔之间共线。装配实例如图 8-28 所示，图中两个零件分别为 YuanPan.prt 和 Zhou.prt。

图 8-28　插入约束实例

（4）坐标系。利用元件和组件的坐标系进行装配，使元件和组件的坐标系对齐，如图 8-29 所示。利用坐标系进行装配后，元件和组件坐标系原点重合，且元件和组件坐标系的 x、y、z 轴分别对应重合。显然，使用这种方式时，只需一个约束即可达到"完全约束"的装配状态。

（5）相切。两曲面以相切方式进行装配，如图 8-30 所示，图中两个零件分别为 PRTBianMian1.prt 和 Zhou.prt。

（6）线上点。零组件上的某一点位于另一零组件的某条边线或边线的延长线上，如图 8-31 所示，图中两个零件分别为 PRTPointLineSurface1.prt 和 PRTPointLineSurface2.prt。

（7）曲面上的点。零组件的某一点位于另一零组件的某个面上或该面的延伸面上，如图 8-32 所示。

图 8-29　坐标系约束实例

图 8-30 相切约束实例

图 8-31 利用点、线、面等几何元素进行装配(1)

（8）曲面上的边：零组件的某一边位于另一零组件的某个面上或该面的延伸面上，如图 8-32，图中两个零件分别为 PRTBianMian1.prt 和 PRTBianMian2.prt。

（9）固定：直接将零组件固定在当前位置上。显然，这种装配约束方式下，只需一个约束，就可以完成零组件的装配。零组件固定后，仍可利用装配约束的编辑，变换该零组件的位置。

（10）缺省：将零组件以缺省的方式进行装配，如果零组件有坐标系统，则以此坐标系来进行装配，如果没有，则 Creo Elements/Pro 系统将自行判断，并假设一个坐标系统来装配。与"固定"装配约束方式类似，这种装配约束方式也只需一个约束就可以完成零组件的装配。"固定"和"缺省"这两种装配约束方式一般用于装配体第一个零组件的快速装配，即主体零组件的快速装配。

图 8-32　利用点、线、面等几何元素进行装配（2）

（11）自动：用户直接在元件和组件上选取装配约束参考几何对象，由 Creo Elements/ Pro 系统自动根据两个约束几何对象的类型来判断可能存在的装配约束类型，并将这些装配约束类型列在装配定义操控板的装配约束类型列表中，供用户选择，从而快速实现零组件的装配。

8.1.4　装配约束的添加、删除与禁用 / 启用

Creo Elements/Pro 中装配约束的添加主要有两种方法：一种是在上一个约束已经定义完成的基础上，继续在元件和组件上选取装配约束几何对象，由系统自动添加新的约束；另一种则是点击装配定义操控板【放置】下滑面板中的【 ➡ 新建约束】选项，如图 8-33 所示。添加约束一般用于当前元件处于部分约束装配状态，用户可以再增加新的装配约束以达到完全约束状态。

装配约束的删除也比较简单，只需在装配定义操控板【放置】下滑面板中右击要删除的约束，然后在弹出菜单上选择【删除】即可。

对某个装配约束内元件或组件上的装配约束几何对象进行修改时，需要先删除已有的约束几何对象，然后再重新选择新的几何对象。删除某约束内的几何对象时，只需在装配定

图 8-33　约束的添加与删除

义操控板【放置】下滑面板中右击要删除的几何对象,然后在弹出菜单上选择【移除】即可,如图 8-34 所示。

图 8-34　约束几何对象的删除

Creo Elements/Pro 还可以对当前存在的装配约束进行禁用 / 启用设置,设置方法是在装配定义操控板【放置】下滑面板中右击要设置的约束,在弹出菜单上选择【禁用】或【启用】即可,也可以通过点击装配定义操控板【放置】下滑面板的【约束已启用】复选框,在禁用和启用两种状态之间进行切换,如图 8-33 所示。约束被禁用后,约束集中该约束将以灰色显示。

另外,对于匹配、对齐和插入约束,可以通过点击装配定义操控板【放置】下滑面板中的反向按钮或装配定义操控板中的 ⤢ 按钮（如图 8-19）,实现装配的反向。如果两个约束几何对象均为平面,则反向操作后,会将装配约束类型在匹配和对齐之间进行切换。将图 8-32 中的对齐约束更改方向,其余约束不变,得到的结果如图 8-35 所示。

图 8-35　约束方向的设置

8.1.5　元件的显示

装配定义操控板中的 ▣ 及 ▣ 按钮用以控制元件（待装配零组件）在装配时的显示方式，按钮 ▣ 实现待装配的零组件是否在单独子窗口中显示的切换，按钮 ▣ 实现待装配的零组件是否在主窗口显示的切换。具体运用时有三种显示方式，这三种方式在装配定义过程中可以随时进行切换，实例如下（本小节所用实例中的两个零件分别为 PRTPointLineSurface1.prt 和 PRTPointLineSurface2.prt）。

（1）待装配零组件只在单独窗口显示，而不在主窗口显示，主窗口中只显示已建立的装配，如图 8-36 所示。用这种方式建立装配约束时，由于两个零组件位于不同的窗口，因此无法实时显示出装配的结果。此种方式适用于待装配的零组件尺寸相对于已有组件来说小很多，或待装配的零组件与已有零组件在实时显示装配结果时定义约束不太方便的情况。

（2）待装配的零组件只在主窗口显示，而不在独立窗口中显示，该方式为缺省的零组件显示方式，如图 8-37 所示。此方式下进行装配约束设置时，工作区会实时地显示出每一个约束定义后的结果。

（3）待装配零组件既在单独窗口显示，又在主窗口显示，如图 8-38 所示。

图 8-36　待装配零组件只在单独窗口显示

图 8-37 待装配的零组件只在主窗口显示

图 8-38 待装配零组件同时在单独窗口和主窗口中显示

最后需要注意的是,元件在单独窗口中显示和在主装配界面中显示这两种方式在同一时刻至少要有一种处于激活状态,如果一种方式已经处于关闭状态,则无法再关闭另一种方式,除非先打开那个已经关闭的状态。另外,要关闭元件的单独显示窗口,要点击装配定义操控板上的 □ 按钮,来关闭元件在子窗口中单独显示状态。

8.2 零组件装配的修改及相关操作

完成零件的装配后,有时需要更新零件之间的装配约束或添加、删除和修改装配约束,有时需要对装配的元件进行复制、阵列,有时需要在零件之间做布尔运算或干涉检查等工作,本章将就装配中的这些常用操作加以介绍。

8.2.1 重定义零组件的装配约束关系

在零件的装配过程中,有时需要更改原装配的设计意图,重新定义零件之间的装配约束关系。在装配模型树上选择要修改装配关系的零组件,单击右键,然后在弹出的快捷菜单中选择【编辑定义】命令,如图 8-39 所示,接着系统在窗口底部弹出我们前面介绍过的装配定义操控板,在其中重新定义零件间的装配约束即可,包括删除已有的约束或添加新的约束等操作。由于该部分的操作和前面的装配约束的定义操作完全相同,在此我们不再做详细介绍。

图 8-39 重新定义零件间的装配约束关系

8.2.2 元件的隐含、恢复、隐藏、删除及修改

在零件的装配过程中,有时为了看清装配体内部结构、简化装配体或节省装配模型的调入和显示时间,可以隐含相关的零组件,在需要时再恢复这些被隐含的零组件。

1. 隐含零组件

隐含零组件的操作方法如下:

在模型树或工作区中选中要隐含的零组件,然后单击鼠标右键,将弹出如图 8-39 所示的快捷菜单,选择【隐含】命令,在弹出的图 8-40(a)所示的【隐含】对话框中,点击 确定 按钮,即可完成所选零件的隐含。

当要隐含的零组件具有子项零组件时,【隐含】对话框将会出现一个 选项>> 按钮,单击该按钮将弹出【子项处理】对话框,如图 8-40(b)所示。如果在某子项的状态选项中选择了【冻结】,则系统总是将该冻结的零组件放到原来的位置,直到系统通过恢复父项、重新定义放置或为子项重定参照,并对其成功再生为止。

我们还可以先选中要隐含的零组件,然后执行菜单项【编辑】→【隐含】,在图 8-41 中显示的三个子菜单项中选择一项,即可完成对相关零组件的隐含。【隐含】菜单的三个子菜单项的意义分别为:

（a）隐含对话框　　　　　　　　　　　　　　（b）【子项处理】对话框

图 8-40　含子项的元件的隐含

图 8-41　【编辑】→【隐含】菜单项及其子菜单项

（1）【隐含】——与上面使用快捷菜单实现特征的隐含操作一样。如果该零组件不包含子项，则可直接实现该零组件的隐含；如果该零组件包含子项，默认处理方式是隐含选定零组件及其所有子项，同时可在图 8-40（b）所示的【子项处理】对话框对各个子项进行隐含、保留（挂起）或冻结等操作。

（2）【隐含直到模型的终点】——隐含选定零组件和随后的所有零组件。

（3）【隐含不相关的项目】——隐含选定零组件及其父项之外的所有零组件。

2.恢复零组件

隐含零组件只是为了简化装配模型和减少再生时间而暂时从显示中删除零组件，我们随时可以对隐含的零组件进行恢复。选择菜单【编辑】→【恢复】，然后在【恢复】菜单的子菜单中选择某一项，即可完成相关元件的恢复，如图 8-42 所示。三个子菜单项及其意义如下：

图 8-42　特征的恢复

（1）【恢复】——恢复所选特征。

（2）【恢复上一个集】——恢复上一次隐含操作所隐含的零组件。

（3）【恢复全部】——恢复所有被隐含的零组件。

3. 隐藏零组件

前面进行零组件的隐含操作时，如果被隐含零组件包含子零组件，则这些子零组件会被一并隐含。为了满足查看内部零组件等要求，经常需要将选定的一些零组件隐藏起来，而不希望其子零组件被一并隐藏，此时我们可以使用零组件的隐藏操作。

零组件的隐藏操作比较简单，首先在装配模型树或工作区中选中要隐藏的零组件，然后右击并在弹出菜单中执行【隐藏】项，即可实现对所选零组件的隐藏。需要取消对某个零件的隐藏时，我们只需在模型树中选中被隐藏的零组件，然后右击并在弹出菜单中执行【取消隐藏】即可。

4. 删除零组件

删除零组件的操作与隐含零组件的操作类似，不过删除的零组件不能再被恢复。删除零组件的操作方法如下：

在模型树或工作区中选中要删除的零组件，然后单击鼠标右键，弹出如图 8-43 所示的菜单，选择【删除】命令，在弹出的【删除】对话框中，点击 确定 按钮，即可完成所选零件的删除。

我们还可以先选中要删除的零件，然后通过菜单栏【编辑】→【删除】，在图 8-43 显示的三个子菜单项中选择一项，即可完成对相关零组件的删除，即可完成所选零组件的删除。各个子菜单项的意义与上面零组件的隐含操作相同。

图 8-43 【编辑】→【删除】菜单项及其子菜单项

5. 修改零组件

如果要在零组件或子零组件中创建特征或其他模型数据，则应将组件的模型焦点切换到所需修改的零组件，要完成该操作，可以先在模型树或工作区域选择所要修改的零组件，然后选择菜单【编辑】→【激活】，或在所选零组件上直接单击鼠标右键，然后在弹出的快捷菜单中选择【激活】选项。零组件一旦被激活，即可像当初设计该零组件一样，添加、删除、修改或重定义特征，或编辑装配约束关系等，修改完成后再按上面类似的方法激活当前的装配模型，即可继续对当前装配模型进行操作。

我们还可以在模型树或工作区选择要修改的零组件，然后右击，在弹出的快捷菜单中选择【打开】选项，即可单独打开一个独立的设计该零组件的窗口，在该窗口中我们可以修改该零组件，修改完成后，关闭该零件组件的设计窗口，即可返回到原来的装配模型窗口。

8.2.3 零组件装配的重新排序

调整零组件的装配顺序的操作方法如下:

(1) 执行【编辑】→【元件操作】,然后弹出【元件】菜单管理器,如图 8-44(a)所示,从中选择【重新排序】命令。

(2) 选取要重排序的元件,如果要选择多个元件,这些元件必须是连续的。选中的元件以红色高亮显示。

(3) 选择【选取特征】下的【完成】菜单项,弹出【重新排序】菜单,该菜单中存在两个命令,分别为【之前】和【之后】,可根据要求选择其中之一,如图 8-44(b)所示。同时信息区提示插入零件的位置。

(4) 根据信息区提示选择一个插入位置的参考零件。此时系统自动对零件进行重新排序,在模型树中可以发现重新排序的结果。

注意:系统会自动给出所选元件所有可能的重新排序的方式,图 8-45 是在某实例中选择了要重新排序的元件——特征 12,系统

(a)重新排序　　　(b)可能的重新排序的方式

图 8-44 【元件】菜单管理器

⇨ 选取要重排序的元件。多个元件必须是连续顺序。
⇨ 可以在特征[10-17]前/后插入[12]。完成插入。
⇨ 可以在特征[10-11]或[15-18]前插入特征12。选取特征。

图 8-45 元件重新排序

列出了特征 12 所有可能的重新排序方式。另外,并不是所有零组件都能够在装配序列中被重新排序。

8.2.4 装配元件的复制与阵列

在零件装配过程中,经常会碰到同一零件多处出现的情况,此时我们可以利用装配元件的复制或阵列功能,快速完成这些相同零件的复制,而不必每次重新插入零件、定义约束。sd

1. 装配元件的复制

我们可以通过【复制/粘贴】的方法,一次复制一个被选元件(组),也可以通过【元件操作】菜单项来实现一次复制一个或多个被选元件(组)。

【例 8-1】 使用【复制/粘贴】的方法进行元件的复制。

(1) 首先建立一个法兰—螺栓装配——asscopyarray.asm,两个零件分别为 FaLanPan. prt 和 luoshuan.prt,添加如图 8-46 所示的两个约束。

(2) 在工作区或模型树中选择刚装入的螺栓零件。选择【编辑】→【复制】,或直接按键盘上的 Ctrl+C 键。

(3) 选择菜单项【编辑】→【粘贴】,或直接按键盘上的 Ctrl+V 键,系统弹出装配定义操控板,同时信息提示区提示"⇨ 在另一零件上选取匹配曲面或基准平面。",由于我们要复制的螺栓在同一个装配面上,因此仍然选择图 8-46 所示的法兰盘匹配约束装配面。

图 8-46   法兰螺栓装配

（4）信息区提示选择第二个参考——""，此时我们要安装图 8-46 所示的"A-11"孔，选择该孔的表面。

图 8-47   元件的复制结果

（3）选取要复制的元件。在模型树或工作区内选择螺栓，完成后按【选取】对话框内的 确定 按钮，弹出图 8-49 所示的元件复制菜单管理器，利用该菜单管理器我们可以完成【平移】复制或【旋转】复制，并且可以同时完成多个方向的复制，每个方向上均可指定要复制的数量，相当于阵列功能。此处我们选择【旋转】，选并择 y 轴作为复制旋转轴。

（4）此时系统提示""，输

（5）在装配定义操控板中点击 ✔ 按钮，即可完成该元件的复制，如图 8-47 所示，同时模型树中也多了一个零件。

【例 8-2】 使用【元件操作】的方式进行元件的复制。

（1）我们在【例 8-1】的基础上继续另外一种复制方式——通过【元件】菜单管理器来实现元件的复制，首先删除上面复制出的元件。选择菜单【编辑】→【元件操作】，在弹出的【元件】菜单管理器中选择【复制】。

（2）系统提示选择要复制的坐标系。点击系统工具栏上的 按钮，打开坐标显示，选择法兰盘对应的坐标系，如图 8-48 所示。

图 8-48   选择坐标系

入 y 方向的旋转角度 60。

（5）然后点击【完成移动】，系统提示""，输入该方向下的复制数量 6（该数量包括已经存在的那个零件实例）。

（6）系统此时提示"⇨ 定义 second 的复制方向或退出菜单。"，由于我们不需要第二个方向的复制，直接按【完成】即可。完成复制后的结果如图 8-50 所示。

我们还可以通过对装配特征的操作来完成元件的复制，执行【编辑】→【特征操作】菜单项，弹出图 8-51 所示的【装配特征】菜单管理器，在该菜单管理器中可以完成元件的复

图 8-49 【元件】菜单管理器（复制）

图 8-50 复制结果

图 8-51 【装配特征】菜单管理器

制，该操作与前面特征复制的方式类似，故在此不再赘述。

最后，我们还可以使用 Creo Elements/Pro 的元件重复装配操作，实现装配元件的复制。

【例 8-3】 使用元件【重复】装配操作实现图 8-50 所示的装配结果。

（1）在模型树或工作区中选中第一个已经装配的螺栓，然后执行菜单【编辑】→【重复】，弹出图 8-52 所示的【重复元件】对话框。

（2）由于本例中复制时，螺栓的装配平面不发生变化，而只是插入约束中的装配孔发生变化，因而在【重复元件】对话框中的【可变组件参照】中选择第二项——【插入】。

（3）点击【重复元件】对话框中 添加 按钮，并依次选择法兰盘上需要装配螺栓的各个孔表面，即可完成这些孔内的螺栓装配。

2. 装配元件的阵列

通过装配阵列功能，可以快速复制出多个零件。与零件

图 8-52 【重复元件】对话框

中的特征阵列类似,我们可以通过尺寸、方向、轴、填充、参照等方法来完成元件的阵列。使用驱动尺寸方法进行元件的装配阵列时,需要在装配该元件时定义过偏移距离等尺寸,由于上例中螺栓装配时没有定义任何装配尺寸,故阵列该螺栓零件时尺寸方式为禁用状态。

【例 8-4】 用参考阵列方法实现螺栓装配阵列。

(1) 我们继续上面的实例,完成装配元件的阵列。首先删除刚才复制出的几个零件,仅保留最初的那个螺栓。在工作区或模型树上选中螺栓零件,并单击鼠标右键,在弹出的快捷菜单中选择【阵列】。也可以先选择螺栓,然后点击工具栏中的▦按钮,或选择菜单项【编辑】→【阵列】即可弹出阵列操控板。如图 8-53 所示。

图 8-53 元件阵列操控板

图 8-54 装配阵列完成后的模型树

(2) 由于安装螺栓的孔在法兰盘零件上是阵列特征,故 Creo Elements/Pro 自动给出参考阵列。我们直接按✔按钮即可完成整列,所得装配结果和图 8-50 相同,但模型树中以阵列形式组织所复制的零件,如图 8-54 所示。

【例 8-5】 用轴阵列的方法来完成螺栓装配阵列。

(1) 首先删除上例中的阵列,在模型树的阵列菜单上右击,在弹出的快捷菜单中选择【删除阵列】(注意:如果选择了【删除】,则连最初的那一个螺栓零件也被删除)。

(2) 选中螺栓零件,打开阵列操控板。

(3) 此时不用默认的【参照】阵列,在阵列方式列表中选择【轴】,则操控板如图 8-55 所示。选取图 8-46 中的 A-5 轴为阵列参考轴,数量为 6 个,角度输入框中输入 60。

(4) 单击✔按钮,完成阵列的结果与图 8-50 相同。

图 8-55 装配元件阵列的"轴"控制方式

8.2.5 零件间的布尔运算

布尔运算主要包括并、交、差三种基本形式,在 Creo Elements/Pro 中通过装配零件之间相交、合并和切除,我们可以得到符合要求的新零件。

选择菜单【插入】→【元件】→【创建】,弹出【元件创建】对话框,如图 8-56 所示,该对话框中的【子类型】选项中的【相交】选项,可用于装配零件间的相交操作。

选择【编辑】→【元件操作】命令,将弹出【元件】菜单管理器,如图 8-57 所示。其中的【合并】和【切除】命令分别用于装配元件间的合并和切除操作。

图 8-56 【元件创建】对话框

图 8-57 【元件】菜单管理器

1. 合并

下面我们通过一个实例来说明装配体内零件之间的合并运算操作。

【例 8-6】 装配元件之间的合并。

(1)首先我们打开装配文件 asmbool.asm,该装配模型包含两个零件——prtbool1.prt 和 prtbool2.prt,两个零件及装配结果如图 8-58 所示。

(2)选择【编辑】→【元件操作】命令,在弹出【元件】菜单管理器中选择【合并】。

(3)系统提示“ 选取要对其执行合并处理的零件。 ”,我们选择长方体“prtbool2.prt”零件,在【选取】对话框中按 确定 按钮。

(4)系统提示“ 为合并处理选取参照零件。 ”,我们选择“prtbool1.prt”零件,在【选取】对话框中按 确定 按钮。

(5)此时【元件】菜单管理器中弹出图 8-59 所示的【元件合并参考】菜单,选择【参考】→【无基准】→【完成】。

(6)系统提示“ 是否支持特征的失联放置? ”【确认】对话框,按下回车键或单击 否(N) 按钮。

(7)系统提示“ 是否从装配中分离零件PRTBOOL1? ”【确认】对话框,按下回车键或单击 是(Y) 按钮。

(8)零件成功合并,打开 prtbool2.prt,我们会发现零件 prtbool1.prt 已经合并进来,形成该零件的一个“合并”特征,合并的结果如图 8-58(c)的模型所示。

在第(5)步中,我们选择了以【参考】方式来进行合并运算,合并后如果再更改零件 prtbool1.prt,则 prtbool2.prt 中的合并特征也会随之更新,而如果选择了【复制】方式,则“合并”特征不会随原被合并零件的更新而更新。

2. 切除

我们继续通过实例来说明元件之间的切除操作。

（a）Prtbool 2.prt　　（b）prtbool 1.prt

（c）asmbool.asm

图 8-58　装配实例

图 8-59　元件合并参考

【**例 8-7**】　装配元件之间的切除。

（1）我们用【例 8-6】中的装配实例来进行装配元件间切除操作。不要保存前面的操作结果，通过【文件】→【拭除】、【关闭窗口】等菜单从内存中清除前面的合并操作结果。重新打开装配文件 asmbool.asm。

（2）选择【编辑】→【元件操作】命令，在弹出【元件】菜单中选择【切除】。

（3）系统提示"⇨选取要对其执行切出处理的零件。"，我们选择长方体"prtbool2.prt"零件，在【选取】对话框中按 确定 按钮。

（4）系统提示"⇨为合并处理选取参照零件。"，我们选择"prtbool1.prt"零件，在【选取】对话框中按 确定 按钮。

（5）此时弹出图 8-60 所示的【元件切除参考】菜单，选择【参考】→【完成】。

（6）系统提示"是否支持特征的相关放置？"【确认】对话框，按下回车键或单击 否(N) 按钮。

零件切除成功，打开 prtbool2.prt，该零件中新增了一个"切出"特征，切除后的结果如图 8-61 所示。

图 8-60　元件切除参考

图 8-61　零件切除操作的结果

3. 相交

下面我们将通过实例来说明元件间的相交运算操作。

【例 8-8】 装配元件之间的相交运算。

（1）我们仍然用【例 8-6】中的装配实例来进行装配元件间的相交运算，不要保存上面的操作结果，通过【文件】→【拭除】、【关闭窗口】等菜单项，从内存中清除前面的切除操作结果。重新打开装配文件 asmbool.asm。

（2）选择菜单【插入】→【元件】→【创建】，弹出如图 8-56 所示的【元件创建】对话框，在该对话框的【类型】选项中选择【零件】，【子类型】选项中选择【相交】，输入要创建的零件名称"Intersect"，点击 确定 按钮。

（3）系统提示"⇨选取第一个零件。"，我们选择长方体"prtbool2.prt"零件。

（4）系统接着提示"⇨选取零件求交。"，我们选择"prtbool1.prt"零件。

（5）单击【选取】对话框的 确定 按钮，便完成了"Intersect.prt"零件的创建。如图 8-62 所示。

（a）三维模型　　　　　　　　（b）模型树

图 8-62　相交操作产生的新零件

8.2.6　装配的干涉检查

我们建立装配模型的一个重要目的之一就是为了检查零件之间是否存在干涉。通过 Creo Elements/Pro 对装配模型的分析，我们可以很方便地检查模型内部是否存在干涉以及发生干涉部分的体积大小。

在 Creo Elements/Pro 中，先点击菜单项【分析】→【模型】，然后在该菜单项的子菜单项中选择我们需要分析的项目，即可实现装配模型的各种分析，如图 8-63 所示。我们可以进行配合间隙、全局间隙、体积干涉、全局干涉等项目的分析、检查工作。

【例 8-9】 装配元件间的干涉检查。

（1）下面我们对【例 8-6】中的装配实例进行干涉检查，不要保存前面对装配

图 8-63　【分析】→【模型】菜单项及其子菜单项

体布尔操作的结果,通过【文件】→【拭除】、【关闭窗口】等菜单项,从内存中清除前面的布尔操作结果。重新打开装配文件 asmbool.asm。

　　(2)执行菜单项【分析】→【模型】,然后在子菜单项中选择【全局干涉】,点击 按钮。前面我们已经知道,这个装配模型的两个零件之间是存在干涉的,故计算完成后,系统会将零件之间存在干涉的部分红色高亮显示,如图 8-64 所示。同时在【模型分析】对话框中列出这些干涉,如图 8-65 所示,我们可以很清楚地看到干涉发生在哪两个零件之间,干涉部分的体积等信息。

图 8-64　干涉部分以红色高亮显示

图 8-65　干涉数据统计

8.2.7　装配基本环境的设置

　　(1)点击模型树中的 按钮,在弹出的下拉菜单中选择【树过滤器】,然后在所获得的【模型树项目】对话框中可以进行模型树中各个显示项目的选择过滤。例如在【模型树项目】对话框中选中【隐含的对象】时,则模型树中将显示出被隐含的元件,可以便于我们对那些被隐含的元件进行相关操作。

　　(2)通过执行菜单项【工具】→【定制屏幕】,可弹出【定制】对话框,在该对话框的【选项】选项卡中可设置待装配元件显示窗口的缺省大小。

8.3　球阀装配实例

　　本节主要通过球阀的装配实例,来加深读者对零件装配操作的过程和方法的理解与掌握。球阀在液体回路中起到启闭和调节流量的作用,球阀的装配约束关系如图 8-66 所示,沿垂直和水平两条装配干线装配,阀体、密封圈、阀芯、阀盖、螺栓、螺母等沿水平装配干线装配,阀体、阀芯、阀杆、填料压紧套、扳手等沿垂直装配干线装配。球阀的工作原理比较简单,当扳手处于图示位置时,阀体、阀盖、阀芯形成一个通路,则阀门全部开启;当扳手顺时针方向旋转一个角度时,扳手带动阀杆旋转,阀杆又进一步带动阀芯转动,阀体、阀盖、阀芯构成的通路截面变小,整个通路流量减小;当扳手顺时针方向旋转 90° 时,通路堵死,阀门全部关

图 8-66　球阀装配图

闭。阀体与扳手之间存在一个限位结构,扳手只能作 90°旋转,两个方向的极限位置就是全部开启和全部闭合的位置。

下面我们开始进行装配。首先我们创建两个组件,分别为阀芯—密封圈组件和扳手—阀杆组件。在进行装配操作前,应该首先设置当前工作目录为要创建的装配文件的存放路径。

(1) 首先建立阀芯—密封圈组件。单击菜单【文件】→【新建】或工具栏新建文件的按钮 ⬜ ,出现【新建】对话框。在【类型】中选择【组件】,在【名称】中输入"Faxin_Mifengquan",不使用缺省模板,点击 确定 按钮,然后将模板设置为"空",点击 确定 按钮,进入装配设计界面。

(2) 单击菜单【插入】→【元件】→【装配】或单击按钮 ,弹出【打开】文件对话框,在对话框中选择"CreoElementsChap8\球阀模型"目录下的"faxin.prt"零件,然后单击 打开 ▾ 按钮,零件被打开后,便会在工作区中显示出来,由于没有使用模板,所以第一个零件就是其他零件的装配参考,不需对其进行装配约束。

(3) 单击菜单【插入】→【元件】→【装配】或单击按钮 ,弹出【打开】文件对话框,在对话框中选择"CreoElementsChap8\球阀模型"目录下的"mifengquan.prt"零件,然后单击 打开 ▾ 按钮。

(4) 在装配定义操控板中定义如图 8-67(a)所示的两个约束——面—面匹配以及两个基准面的对齐(定向),结果如图 8-67(b)所示。

(5) 执行元件复制操作,将密封圈复制到阀芯的另外一侧,结果如图 8-68 所示。完成后保存并关闭当前文件。

(6) 下面建立另一个组件——扳手—阀杆组件。单击菜单【文件】→【新建】或工具

（a）阀芯－密封圈装配约束   （b）阀芯－密封圈装配结果

图 8-67　阀芯—密封圈组件装配

图 8-68　复制"密封圈"元件

栏新建文件的按钮 ，出现【新建】对话框。在【类型】中选择【组件】，在【名称】中输入"Banshou_Fagan"，不使用缺省模板，点击 确定 按钮，然后将模板设置为"空"，点击 确定 按钮，进入装配设计界面。

（7）单击菜单【插入】→【元件】→【装配】或单击按钮 ，弹出【打开】文件对话框，在对话框中选择"CreoElementsChap8\ 球阀模型"目录下的"fagan.prt"零件，然后单击 打开 按钮，零件被打开后，便会在工作区显示出来。

（8）单击菜单【插入】→【元件】→【装配】或单击按钮 ，弹出【打开】文件对话框，在对话框中选择"CreoElementsChap8\ 球阀模型"目录下的"Banshou.prt"零件，然后单击 打开 按钮。

（9）在装配定义操控板中定义如图 8-69（a）所示的三个约束——一个轴线对齐约束和

（a）扳手–阀杆装配约束   （b）扳手–阀杆装配结果

图 8-69　扳手—阀杆组件的装配

两个面 - 面匹配约束,结果如图 8-69(b)所示。完成后保存,关闭当前文件。

(10)下面建立球阀的总装配。单击菜单【文件】→【新建】或工具栏新建文件的按钮□,出现【新建】对话框。在【类型】中选择【组件】,在【名称】中输入"QiuFa",使用缺省模板,点击 确定 按钮,进入装配设计界面。

(11)单击菜单【插入】→【元件】→【装配】或单击按钮,弹出【打开】文件对话框,在对话框中选择"CreoElementsChap8\ 球阀模型"目录下的"fati.prt"零件,然后单击 打开 ▼按钮,零件被打开后,便会在工作区中显示出来,在弹出的装配定义操控板的装配约束类型中选择" 固定 ",将零件安缺省的方式进行定位,按✓按钮,完成第一个零件的调入。

(12)下面安装阀芯—密封圈组件。单击菜单【插入】→【元件】→【装配】或单击按钮,弹出【打开】文件对话框,在对话框中选择"CreoElementsChap8\ 球阀模型"目录下的"faxin_mifengquan.asm"组件,然后单击 打开 ▼按钮。

(13)在装配定义操控板中定义如图 8-70(a)所示的三个约束,完成后按✓按钮退出,装配结果如图 8-70(b)所示。

两基准面匹配

两基准面
匹配(定向)

两轴线对齐

(a)阀芯-密封圈组件与阀体的装配约束　　　　　(b)阀芯-密封圈组件与阀体的装配结果

图 8-70　阀芯—密封圈组件与阀体的装配

(14)下面安装扳手—阀杆组件。单击菜单【插入】→【元件】→【装配】或单击按钮,弹出【打开】文件对话框,在对话框中选择"CreoElementsChap8\ 球阀模型"目录下的"banshou_fagan.asm"组件,然后单击 打开 ▼按钮。

(15)在【元件放置】对话框中定义如图 8-71(a)所示的三个约束,完成后按✓按钮退出,装配结果如图 8-71(b)所示。

(16)下面安装填料压紧套。在模型树或工作区选择"banshou_fagan.asm"组件并单击鼠标右键,在弹出的快捷菜单中选择【隐含】。在随后弹出的【隐含】对话框中,点击 确定 按钮。单击菜单【插入】→【元件】→【装配】或单击按钮,弹出【打开】文件对话框,在对话框中选择"CreoElementsChap8\ 球阀模型"目录下的"tianliaoyajintao.prt"零件,然后单击 打开 ▼按钮。

(17)在装配定义操控板中定义如图 8-72(a)所示的三个约束,完成后按✓按钮退出,得到装配结果如图 8-72(b)所示。

(18)下面接着安装阀盖。单击菜单【插入】→【元件】→【装配】或单击按钮,

（a）扳手–阀杆组件与阀体的装配约束　　　　　　（b）扳手–阀杆组件与阀体的装配结果

图 8-71　扳手——阀杆组件与阀体的装配

（a）填料压紧套–阀体的装配约束　　　　　　（b）填料压紧套–阀体的装配结果

图 8-72　填料压紧套——阀体的装配

弹出【打开】文件对话框，在对话框中选择"CreoElementsChap8\ 球阀模型"目录下的"tianliaoyajintao.prt"零件，然后单击 打开 按钮。

（19）在装配定义操控板中定义如图 8-73（a）所示的三个约束，完成后按 ✓ 按钮退出，装配结果如图 8-73（b）所示。

（20）下面接着安装螺栓。单击菜单【插入】→【元件】→【装配】或单击按钮 ，弹出【打开】文件对话框，在对话框中选择"CreoElementsChap8\ 球阀模型"目录下的"Luoshuan.

（a）阀盖–阀体的装配约束　　　　　　（b）阀盖–阀体的装配结果

图 8-73　阀盖——阀体的装配

prt"零件,然后单击 打开 ▾ 按钮。

（21）在装配定义操控板中定义如图 8-74（a）所示的三个约束,完成后按 ☑ 按钮退出,装配结果如图 8-74（b）所示。

轴线对齐

匹配

（a）螺栓–阀体的装配约束

（b）螺栓–阀体的装配结果

图 8-74　螺栓—阀体的装配

（22）用类似的方法装入螺母——"CreoElements Chap8\球阀模型"目录下的"Luomu.prt"零件,如图 8-75 所示。

（23）下面将对螺母和螺栓进行复制。选中刚刚装好的螺栓和螺母,选中后这两个零件红色高亮显示。执行菜单【编辑】→【复制】,或直接按键盘上的 Ctrl+C 键,进行这两个零件的复制。

（24）执行菜单【编辑】→【粘贴】,或直接按键盘上的 Ctrl+V 键,分别在装配体上为要复制的螺栓、螺母指定新的装配参照轴线和参照面,并在弹出的装配定义操控板上点击 ☑ 按钮退出。因为要复制的为两个零件,故本过程需执行两遍。

图 8-75　螺母的装配

（25）再进行两次螺栓、螺母的复制,完成阀体、阀盖上共四组螺栓、螺母的装配。读者也可利用本章前面介绍的装配元件的复制和阵列中的相关方法,以矩形阵列或环形阵列的方式完成这四组螺栓装配连接的复制。

（26）执行菜单项【编辑】→【恢复】→【全部】,将隐含的扳手—阀杆组件恢复。至此装配完成,如图 8-76 所示。

图 8-76　球阀装配结果

（27）为了更清楚地看清其内部结构,下面我们创建模型的剖截面,单击菜单【视图】→【视图管理器】,或单击工具栏内的 🔲 按钮,弹出【视图管理器】对话框,如图 8-77 所示,选择【X 截面】选项,点击【新建】,可以新建模型的剖截面。利用同位置的模型基准面（球阀上的前后对称的两个基准面）新建两个截面,名称分别为 A 和 B,然后 A 截面用于将模型前面的部分切除掉,B 截面则用于显示剖面线,剖视的结果如图 8-78 所示。

图 8-77　视图管理器

图 8-78　模型剖视

图 8-79 则显示了球阀装配模型被一个【偏距】型剖截面（由两个平面共同组成）剪切后的模型及截面显示。

（28）下面进行装配的爆炸图的编辑。执行菜单【视图】→【分解】→【分解视图】，可得系统默认的分解视图。我们一般需要对默认的分解视图进行位置的调整，执行菜单【视图】→【分解】→【编辑位置】，弹出【编辑分解位置】下滑面板，如图 8-80 所示，该对话框可以让爆炸图中的各零件沿指定的方向移动。首先需要选取一根轴线或零件上的直线边作为移动元件的方向参照，然后选择零件并拖动，即可将该零件沿指定的方向移动；一个方向上的零件移动结束后，可以再次点击运动参照搜集器，指定新的移动方向，然后再拖动需要在该新方向上移动的零件。对于本球阀装配来说，主要应根据水平装配线和垂直装配线来进行调整，调整结果如图 8-81 所示。

图 8-79　球阀截面图

图 8-80　【编辑分解位置】下滑面板

图 8-81　球阀的装配爆炸图

如果要取消爆炸图显示,执行菜单【视图】→【分解】→【取消分解视图】即可。保存文件。

最后,需要注意的是,执行菜单【视图】→【分解】→【编辑位置】,通过弹出的【分解位置】对话框对各零件在爆炸图中的位置调整后,这些零件的位置并不会随着文件的保存而保存。如果需要保存各零件在爆炸图中的位置,则方法如下。

（1）单击菜单【视图】→【视图管理器】,或单击工具栏内的按钮,弹出【视图管理器】对话框,选择【分解】选项,弹出如图 8-82 所示的分解【视图管理器】对话框,在该对话框中可以新建分解,也可以对已有分解进行编辑（包括【缺省分解】）。

（2）编辑各零组件在分解中的位置的方法是,首先在分解列表中选择要编辑的分解,然后点击对话框内的 属性>> 按钮,弹出当前分解的分解属性【视图管理器】对话框,如图 8-83 所示,点击编辑位置按钮 ，弹出前面图 8-80 所示的【编辑分解位置】下滑面板,利用该操控板可对各零件的位置进行移动,完成后点击 按钮,退出【编辑分解位置】下滑面板。点击【视图管理器】对话框中的 <<.... 按钮,回到图 8-82 所示的对话框,此时被编辑过位置的分解的图标后会有一个"（+）"符号,右击该分解,在弹出菜单中选择【保存...】,弹出图 8-84 所示的【保存显示元素】对话框,点击该对话框中的 确定 按钮,即可将定义过的各零件位置保存起来。

图 8-82 【视图管理器】对话框（分解）

图 8-83 【视图管理器】对话框（分解属性）

图 8-84 【保存显示元素】对话框

9 工程图的创建

9.1 工程图模块简介

工程图样是表达和交流技术思想的重要工具,是工程界的语言。Creo Elements/Pro 拥有强大的工程图生成能力,它允许使用者直接从三维模型生成二维工程图,大大缩短了产品的设计研发周期。Creo Elements/Pro 中由三维模型生成的各个视图之间是相互关联的,如果在一个视图中修改了尺寸,则所有其他视图中的相关部分都会被自动更新并且重新生成。工程图与相应的三维实体模型之间也是相互关联的,在三维模型或工程图中所做的修改会自动体现在相应的工程图或三维模型上。

9.1.1 工程图基本知识

在机械制图中,将零件向投影面投影所得的图形称为视图。在获取基本视图时,我国采用第一角投影法(GB4458.1—84 中规定),而欧美等国家采用第三角投影法,Creo Elements/Pro 默认采用第三角投影法。采用不同投影法得到的三视图如图 9-1 所示。

| 主视图 | 左视图 | 前视图 | 右视图 |

俯视图　　　　　　　　　仰视图

（a）零件模型　　　　　（b）第一角投影　　　　　（c）第三角投影

图 9-1　零件模型及其第一角投影和第三角投影

为了符合我国的国家标准,需要将 Creo Elements/Pro 默认的第三角投影法改为第一角投影法。进入工程图模块后,执行菜单【文件】→【绘图选项】,弹出【选项】对话框,如图 9-2 所示。将绘图参数 projection_type 设置为 first_angle,该参数的设置只对其后加入的视图有效,对于已经加入的视图则不起作用。详细的绘图参数设置方法参见 9.9 节。本章实例中,无特殊说明的情况下均采用第一角投影。

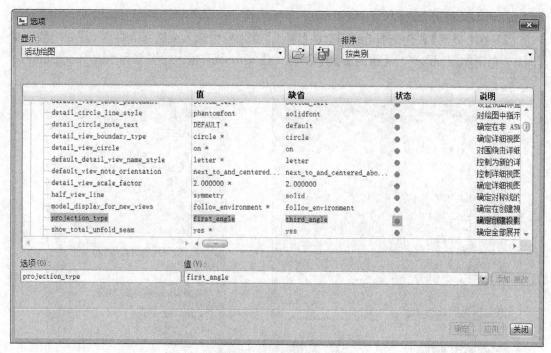

图 9-2 【选项】对话框

在工程设计中,为了更加清楚地表达设计意图,除了三视图外,还经常采用局部视图、细节放大图、辅助视图等方法进行表达,Creo Elements/Pro 中可以很方便地实现这些视图的绘制。

9.1.2　工程图设计的一般流程

下面以流程图的方式说明利用 Creo Elements/Pro 进行工程图设计的一般流程,如图 9-3 所示。

9.1.3　工程图界面介绍

Creo Elements/Pro 中的工程图操作界面完全采用了 Windows 风格的设计界面,大大减少了鼠标的移动和点击次数,并增加了一些快捷键的设置,如双击所选视图或图元便可以对视图或图元属性进行编辑。本小节将以一个简单的三视图的建立实例来说明工程图的创建界面。

【例 9-1】 三视图创建实例。

(1) 启动 Creo Elements/Pro 后,选择菜单【文件】→【新建】(或单击 □ 按钮),弹出【新

图 9-3　工程图制作基本流程

建】对话框,如图 9-4 所示。

（2）在【类型】栏中选择【绘图】,在【名称】文本框中输入或选择文件名（或使用默认文件名）,单击 确定 按钮,弹出【新制图】对话框,如图 9-5 所示,输入绘图名称"drw_jibenshitu"。

图 9-4 【新建】对话框

图 9-5 【新制图】

【新制图】对话框主要用于选取零件模型和指定设计模板等。

【缺省模型】选项组用于选取产生投影视图的零件模型。如果已经打开了一个零件或组件的模型,则此处将缺省显示该模型的名称。如果当前没有模型或需要选择其他模型进行工程图制作,则通过单击 浏览 按钮,选择要绘制工程图的模型文件。

【指定模板】选项组中有 3 个单选按钮——使用模板、格式为空、空,这三个单选按钮的含义如下:

①选择【使用模板】时,在【模板】栏列出多个模板,每一个模板对应一种幅面的图纸,同时会自动生成某些基本视图、设定绘图比例等。

②选择【格式为空】时,【新制图】对话框如图 9-6 所示。可以通过执行【格式】选项组中的 浏览 按钮来调入系统格式或自定义格式。自定义格式可以通过在 Creo Elements/Pro 中新建一个【格式】文件来建立。

③选择【空】时,【新制图】对话框如图 9-7 所示。在该对话框中可以设置图纸的大小、方向,也可以自定义图纸的大小。

本实例选择模型"jibenshitu.prt",如图 9-1（a）所示。指定格式为"空"。图纸设置采用默认值,点击 确定 按钮,进入 Creo Elements/Pro 绘图模块工作界面,如图 9-8 所示。

（3）进入工程图环境后,点击【布局】选项卡→【模型视图】组→【一般】,系统提示" 选取绘制视图的中心点。",在绘图区的适当位置点击,确定绘制视图的中心点,然后系统弹出【绘图视图】对话框,如图 9-9 所示。

图 9-6 【新制图】对话框（格式为空）　　　图 9-7 【新制图】对话框（空模板）

图 9-8 Creo Elements/Pro 绘图模块工作界面

图 9-9 【绘图视图】对话框(视图类型)

在【类别】选项组中可以进行视图类型、可见区域、比例、截面、视图状态等设置,每一个设置分别对应一个对话框,在后续章节内容中将对它们陆续进行介绍。

【视图类型】区域可用于修改视图名称、视图类型。如果当前工程图视图中还没有一般视图,则不能更改视图类型。

【视图方向】选项组用来定向视图,有以下三种定向视图的方法:

①选择【查看来自模型的名称】,可使用来自模型的已保存视图定向。

可以从【模型视图名】列表中选取相应的模型视图作为视图方向。

也可以选取所需的【缺省方向】来定义 x 和 y 方向,列表中有"等轴测"、"斜轴测"和"用户定义"三个选项,选择"用户定义"时,需输入 x 和 y 角度值。

②选择【几何参照】,可使用来自绘图中预览模型的几何参照进行定向,如图 9-10 所示。

在绘图中预览的模型上选取所需参照来定位视图,包括指定"前"、"后面"、"顶部"、"底部"、"左"、"右"等。从参照方向列表中选取另一方向,可更改方向,并且可以通过单击几何参照收集器并在绘图模型上选取参照,可更改选定的参照。

注意:要将视图恢复为其原始方向,请单击按钮 缺省方向 。

③选择【角度】,可通过对话框中的【参照角度】和【角度值】等项的操作来进行视图定向,如图 9-11 所示。

【参照角度】表列出用于定向视图的参照。缺省情况下,将新参照添加到列表中并高亮显示。【旋转参照】为表中加亮的参照选取定位视图选项:

①【法向】——绕通过视图原点并绕垂直于绘图页面的轴旋转模型。

②【垂直】——绕通过视图原点并绕绘图页面内的竖直轴(Y 轴)旋转模型。

③【水平】——绕通过视图原点并绕绘图页面内的水平轴(X 轴)旋转模型。

图 9-10 【绘图视图】对话框（几何参照）

图 9-11 【绘图视图】对话框（角度参照）

④【边/轴】——绕通过视图原点并绕绘图页面内指定角度的轴旋转模型。需要在预览的绘图视图上选取适当的边或轴作为参照，来指定旋转轴。选定参照加亮，并列在【参照角度】表中。

最后，在【角度值】输入框中键入要旋转的角度值即可。

如果要创建附加参照,可单击 按钮,并重复角度定向过程。如果删除或隐含系统用来定向视图的几何,视图及其所有子项都将恢复为缺省定向。如果删除了几何,则无法恢复原始视图定向,但是,恢复隐含特征将恢复视图的原始方向。

本实例选择第二种定位视图的方式,分别选择其"前面"和"顶面"进行定位,如图 9-12 所示。

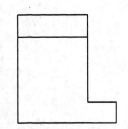

图 9-12　视图定位面　　　　　图 9-13　一般视图(主视图)

完成后点击【绘图视图】对话框中的 确定 按钮,得到如图 9-13 所示的视图,即主视图。

(4)建立俯视图。由于已经建立了一个一般视图,此时,【布局】选项卡【模型视图】组中的投影、详细、辅助和旋转等视图生成按钮均由原先的不可用状态变为可用状态,也就是说建立这些视图时,必须要基于一个已经存在的视图来进行。

建立投影视图时,首先需要选取一个投影父视图,如果当前图形中只有一个视图或某个视图处于选择状态,则系统默认为以该视图作为投影父视图,创建过程中,用户可以选择其他视图作为父视图。然后需要在父视图的上、下、左、右四个区域中的某个区域指定一个位置来放置视图,投影关系则按照指定的位置自动建立。

点击【布局】选项卡→【模型视图】组→ 投影...,由于当前只建立了一个主视图,该主视图被自动选择作为投影父视图,故无需选择投影父视图,在主视图下方适当位置处单击,即可建立俯视图。

(5)建立左视图。完成俯视图绘制后,系统会自动将刚建立的俯视图作为当前视图,而左视图是以主视图作为投影的父视图来进行的,所以需要先设定主视图为当前视图。在主视图上单击,即可指定主视图为当前视图,当前视图周围有一点划线线框包围,如图 9-14 所示。

点击【布局】选项卡→【模型视图】组→ 投影...,在主视图右边某一位置单击,即可建立左视图,如图 9-15 所示。这样,就已经完成了零件三视图的绘制。

(6)这时,一个零件的三视图基本完成。点击【注释】选项卡→【插入】组→ 显示模型注释,系统会弹出【显示模型注释】对话框,如图 9-16 所示,通过该对话框中可以自动显示尺寸、几何公差、表面粗糙度等注释元素。

标注视图中的注释元素的一般步骤如下:

①选择要在绘图中要标注元素所属的视图、元件或特征等。

②选择【注释】选项卡→【注释】组→ 显示模型注释,【显示模型注释】对话框打开。

③单击注释类型选项按钮: ——列出模型尺寸; ——列出几何公差; ——列出

图 9-14　主、俯视图　　　　　　　　　图 9-15　零件的三视图

注解；☑——列出表面粗糙度；⚠——列出符号；▣——列出基准。

④从【类型】下的列表中选择注释类型。对于已被选择要显示注释的元件或特征，如果需要，也可以更改选择结果。

⑤相关注释元素会显示在注释元素列表中，单击▣按钮，可选择所有注释元素，单击▣按钮则可清除所有注释元素的选定。

⑥单击确定按钮将自动标注选定的注释元素，并关闭【显示模型注释】对话框；单击取消按钮将放弃标注注释元素，并关闭【显示模型注释】对话框；单击应用按钮，将自动标注选定的注释元素，并继续保留【显示模型注释】对话框。

回到本例中，在【显示模型注释】对话框顶部工具栏中点击【显示模型尺寸】按钮，接着在【类型】中选择【全部】，然后选择要显示尺寸的视图，按 [Ctrl] 键依次选择主视图和左视图，最后点击【显示模型注释】对话框中的【选择全部】按钮▣，并按确定按钮，即可完成零件尺寸的自动标注，最后对尺寸位置等进行适当调整，

选择要标注的特征，本模型中有两个特征。选择特征后，在视图上会出现该特征的相应的尺寸，从而自动建立尺寸标注，进行尺寸的位置调整后，可得图 9-17 所示的工程图。

图 9-16　【显示模型注释】对话框

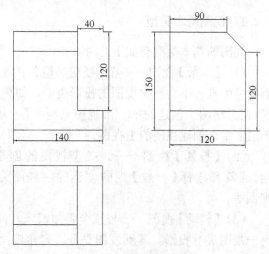

图 9-17　尺寸标注图

为了使图形中的尺寸标注符合我国《机械制图国家标准》的要求,必要时需要执行菜单【文件】→【绘图选项】,在【选项】对话框中修改如下两个绘图参数:

① witness_line_offset:设置尺寸界线起点与标注尺寸的图形对象之间的距离为"0"。

② text_orientation:设置线性尺寸的默认文本方向为"parallel_to_and_above_leader",即尺寸文字在尺寸线的上方,方向和尺寸线的方向平行。

③ tol_display:控制尺寸公差是否显示,本例中将其设置为"no"。

参数设置完成后,点击窗口顶部【快速访问】工具栏中的【再生模型】按钮,即可看到图形在新参数下的结果。

设置尺寸的小数位数的典型方法:

①选中相关尺寸标注右击,在弹出菜单中选择"属性",在弹出的"尺寸属性"对话框中设置小数位数。

②设置绘图选项"default_dec_places"为 0。

③通过【注释】选项卡→【格式】组菜单→【小数位数】菜单项设置尺寸的显示精度。

④绘图选项"lead_trail_zeros"控制前导与尾随零的显示,将其设置为"std_metric"(可以同时控制尺寸公差的显示)。

(7)选择【文件】→【保存】菜单,对文件进行保存。

这样,一个简单的工程图就创建好了。相信读者对工程图的创建已经有了一个大致的了解,在后面的章节中,我们将进一步介绍工程图的创建和编辑。

9.2 工程图视图

在工程图的创建过程中,视图的创建是工程图制作的重要的部分,视图创建的好坏直接影响工程图的质量和可读性。视图的类型可分为【一般】、【投影】、【辅助】、【详图】、【旋转】、【复制并对齐】等,下面将具体介绍各种类型视图的用途与创建技巧。为了符合我国的国家标准的有关规定,除采用第一角投影外,本节将结合国家标准《机械制图》中的有关规定和机件的各种表达方法来进行介绍。

9.2.1 视图基本类型

视图的基本类型有如下几种:

(1)【一般】视图——在【视图类型】中,它是所有其他类型视图的基础,而且是所有投影类型中唯一不需要父视图的投影类型。如果在创建视图时没有使用模板或者选择空模板时,在工程图中创建的第一个视图只能是【一般】视图,此时只有该视图类型有效。一般视图通常用来创建视图的主视图。

(2)【投影】视图——该类型视图的创建需要为其指定父视图。在视图创建的开始,通常都选择【一般】视图创建的主视图为父视图,然后创建其他视图,如左视图、俯视图等。

(3)【辅助】视图——与某个斜面或倾斜的基准平面成 90° 的方向,或沿着某根轴线对另一视图进行投影。辅助视图是非固定角度上的投影,与基本视图的投影不同。如果拾取一条边作为参照,该视图将平行于计算机屏幕显示的这条边的方向;如果拾取一个基准平面,该视图将平行于屏幕显示的基准平面;如果拾取一个基准轴,将沿基准轴的方向显示视图,这对于查看模型上与基本投影面倾斜的孔、凸台等倾斜特征非常方便。该类型视图相当于常用表达方法中的斜视图。

（4）【详图】视图——以较大的比例显示现有视图的一部分,以便查看零件模型上某些细节处的几何形状。详图视图与创建它的视图相关联,但可以独立于其父视图移动。该类型视图可用于工程图中局部放大图的绘制。

（5）【旋转】视图——将剖切平面旋转90°,并沿剖切平面线长度方向移出的剖视图,其截面是一个区域剖截面,仅显示被切割的材料。注意:该类型视图与我们机件表达方法中的旋转视图不一样,该类型视图类似于表达方法中的断面图。

（6）【复制并对齐】——从一个部分视图中再继续创建一个或多个部分视图,通过该视图可以在同一个视图方向上有选择性地显示几何模型,并且与父视图之间保持一定的相对位置。要创建【复制并对齐】视图,在视图区必须存在部分视图。

以上是几种视图的基本类型,对这些基本类型视图的一些属性进行设置或修改,可以建立其他视图。这些属性可以在视图创建时设置,也可以在视图创建后再修改。设置或修改视图的界面如图9-11所示的【绘图视图】对话框,通过对话框的【可见区域】中各选项的设置,可以建立全视图、半视图、局部视图、剖断视图等,而通过【截面】中各选项的设置,可以建立全剖、半剖、局部剖等不同的剖切方法形成的剖视图。

9.2.2 创建全视图

在创建前面几种基本视图时,如一般视图、投影视图、辅助视图等,如果没有对【绘图视图】对话框【可见区域】选项中的【视图可见性】进行设置,或将【视图可见性】设置为默认值——【全视图】,则可建立全视图。在前面9.1.3节中所创建的三视图,就是三个全视图。【视图可见性】中的其他几个选项分别为半视图、局部视图、剖断视图,下面将分别进行讲述。

9.2.3 创建半视图

本节将通过一个实例来说明半视图的创建。

【例9-2】 半视图的创建实例。

（1）打开模型"BanShiTu.prt",如图9-18所示。

（2）新建一个绘图项目"drw_BanShiTu",模型选用上面第一步打开的模型,【指定模板】选择【空】,采用第一角投影。点击【布局】选项卡→【模型视图】组→【一般】⬜,选取适当参照来定位视图,创建如图9-19所示的俯视图。

图9-18 零件模型

图9-19 俯视图

（3）将俯视图修改为半视图。通过点击【顶部工具栏】中的【平面显示】 按钮，确保基准面处于显示状态。在刚建立的俯视图上双击，激活【绘图视图】对话框，打开【可见区域】选项，在【视图可见性】列表中选择【半视图】。如图 9-20 所示。

图 9-20 【绘图视图】对话框（可见区域）

关于【在 z 方向上修剪视图】：利用该选项，通过在其他相关视图上选择平行于当前视图投影平面的基准面、平面、边等作为修剪参照，可在当前视图上排除参照几何"后面"的所有图形元素，而只显示其"前面"部分。该功能一般使用不多，读者可自行练习。

（4）系统此时提示"给半视图的创建选择参照平面"，在俯视图中选择基准面"FRONT"作为参照平面。选择参照平面后，可以通过点击对话框中【保持侧】后面的 按钮，选择视图所要保持的一侧，视图中箭头所指的一侧为要保留的部分，本例中保留俯视图的下侧。

（5）选择【对称线标准】，有【没有直线】、【实线】、【对称线】、【对称线 ISO】、【对称线 ASME】等几个选项，此处选择【对称线 ISO】，该选项符合我国制图标准，从而实现对半视图的标注，如图 9-21 所示。

图 9-21 俯视图（半视图）

（6）点击【布局】选项卡→【模型视图】组→🔲投影…，在俯视图上方的适当位置点击，建立主视图，并用【全部（对齐）】方式建立全剖的主视图（此步骤请参见本章后面相关章节的内容）。

（7）设置【绘图视图】对话框【视图显示】选项中的【显示样式】为【消隐】（主视图为隐藏线方式），【相切边显示样式】设置为【无】，如图 9-22 所示。

图 9-22　【绘图视图】对话框（视图显示）

（8）完成后按【绘图视图】对话框中的确定按钮，显示视图中的轴线，【顶部工具栏】中的【平面显示】🔲按钮，关闭基准面显示，可得到图 9-23 所示的零件视图。

图 9-23　半视图

如果想创建【一般】视图、【辅助】视图等视图的半视图,其步骤与创建投影视图的半视图方法类似,读者可以根据需要来创建。半视图的分割参照平面可以是零件上的某一平面,也可以是基准面,该面不要求必须是零件的对称面,但是必须与要创建的半视图的投影面垂直。

9.2.4　创建破断视图(断裂视图)

破断视图相当于我国机械制图国家标准中的断裂视图,主要用于表达较狭长的零件,这类零件如果完整地在一张图纸中显示出来不是很方便,故可以在不影响工程图的可读性的情况下,把零件中形状相同的部分截去,只留下可以表示零件形状的部分。

破断视图只适用于一般视图和投影视图类型。一旦将视图定义为破断视图,就不能将其更改为其他视图类型。可进行水平、垂直,或同时进行水平和垂直破断,并选择破断的各种图形边界样式。

【例 9-3】　破断视图的创建实例。

(1) 打开模型"partexample1.prt",如图 9-24 所示。

(2) 为上面的模型新建一个绘图项目"drw_shitu",并建立图 9-25 所示的主视图。

图 9-24　零件模型　　　　　　　　　　　图 9-25　主视图

(3) 双击上面创建的主视图,打开【绘图视图】对话框,点击【可见区域】选项,在【视图可见性】中选择【剖断视图】。点击 ➕ 按钮,构建一个新的剖断区域,如图 9-26 所示。构建了多个剖断区域后,还可以点击 ➖ 按钮删除剖断区域。

图 9-26　【绘图视图】对话框(破断视图)

（4）分别定义第一剖断线和第二剖断线，可通过在图元上点击适当位置来获取两个剖断线的位置，如图 9-27 所示，图中两条蓝色的线条，表示剖断的方向为垂直。

图 9-27 剖断线位置

（5）拖动图 9-26 中的水平滚动条，找到【剖断线造型】列，可以选择如下形式的剖断线：【直】、【草绘】、【视图轮廓上的 S 曲线】、【几何上的 S 曲线】、【视图轮廓上的心电图形】、【几何上的心电图形】，如图 9-28 所示。

图 9-28 剖断线线体的选择

本实例选用"几何上的 S 曲线"方式，为 S 曲线选定上下两个位置，完成后按 确定 按钮，得到如图 9-29 所示的剖断视图。

投影视图的破断视图创建方法与一般视图的破断视图创建方法类似。创建视图后，用户可以根据需要进行移动和编辑，这将在以后的章节中进行讲解。

图 9-29 剖断视图

（6）保存绘图文件。

9.2.5 创建辅助视图（斜视图）

辅助视图的基本知识在视图的基本类型中已经做过介绍，它相当于我国机械制图国家标准中的规定的机件常用表达方法中的斜视图。斜视图用于表达零件上的倾斜结构，一般采用局部视图来表达。下面将通过实例来说明辅助视图的创建。

【例 9-4】 辅助视图的创建实例。

（1）接着上面的实例，用辅助视图来表达图 9-30 中的倾斜部分。点击【布局】选项卡

→【模型视图】组→【辅助视图】 ◇辅助···，系统提示"在主视图上选取穿过前侧曲面的轴或作为基准曲面的前侧曲面的基准平面"，选择图 9-30 所示的边来确定辅助视图的投影方向（与该边垂直）。

（2）系统提示"选取绘制视图的中心点"，在主视图左上方选择一个合适的位置来放置视图，结果如图 9-31 所示。

图 9-30　确定辅助视图方向　　　　　　　　　图 9-31　辅助视图

9.2.6　创建局部视图

局部视图是用来显示零件某一部分的视图，它是通过对某个一般视图、投影视图或辅助视图进行设置或修改而得到的。

【例 9-5】　局部视图的创建实例。

（1）下面我们将【例 9-4】中建立的辅助视图修改为局部视图，保留其右上角的部分，而将原主视图中水平部分的投影从辅助视图中去掉。双击辅助视图，打开【绘图视图】对话框，点击【可见区域】选项，在【视图可见性】中选择【局部视图】，如图 9-32 所示。

（2）系统提示"选取新的参照点。单击'确定'完成"，选择图 9-33 所示的点，所选点只要在要保留区域内部即可。

图 9-32　【绘图视图】对话框（局部视图）　　　　　图 9-33　选择局部视图上的参考点

（3）系统提示"在当前视图上草绘样条来定义外部边界"，用鼠标左键点击适当位置，输入一系列的点来定义边界样条，以鼠标中键结束输入。在绘制样条曲线时，一定要把中心点包括在样条曲线中，否则局部视图将不会创建。如图 9-34 所示。

如果要在局部视图中显示样条曲线边界，请确保选取【在视图上显示样条边界】选项。

（4）将视图中【显示线型】设置为【消隐】，点击 确定 按钮，建立如图 9-35 所示的局部视图。

图 9-34 草绘边界样条曲线图

图 9-35 局部视图

（5）创建一个投影类型的俯视图，其父视图为主视图，并将俯视图修改为局部视图。一般视图、投影视图、旋转视图等的局部视图创建方法与辅助视图的局部视图创建方法类似，读者可自行练习。

（6）创建一个投影类型的左视图，其父视图为主视图，并将左视图修改为半视图。

（7）设置各个视图的线型、相切边等的显示方式，并显示出视图中的轴线，可得模型的视图如图 9-36 所示。

图 9-36 创建局部的俯视图

9.2.7 创建详细视图（局部放大图）

详细视图是用较大的比例显示现有视图的一部分，以便查看几何和尺寸。详细视图相当于我国机械制图国家标准规定的机件常用表达方法中的局部放大图。

【例 9-6】 详细视图的创建实例。

（1）将图 9-36 中的凸台部分进行放大显示，获取其详细视图。点击【布局】选项卡→【模型视图】组→【详细】 详细… ，系统提示"在一现有视图上选取要查看细节的中心点"，选取如图 9-37 所示的点。

（2）系统提示"草绘样条，不相交其他样条，来定义一轮廓线"，用鼠标左键点击适当位置，输入一系列的点来定义边界样条，以鼠标中键结束输入。在绘制样条曲线时，一定要把中心点包括在样条曲线中，否则详细视图将不会被创建。

（3）选取绘制视图的中心点，在图形空白处的适当位置输入视图位置，即可建立详细视图。

草绘样条边界

选择该点

图 9-37 选择详细视图的中心点

（4）双击上面建立的详细视图，可以打开【绘图视图】对话框。设置对话框中的【比例】选项，可以修改视图比例。在【视图类型】选项内，可以设置【父项视图上的边界类型】，如图 9-38 所示，边界类型有以下选项：

①圆——在父视图中为详细视图部分绘制圆。

②椭圆——在父视图中为详细视图部分绘制椭圆与样条边界紧密配合，并提示在椭圆上选取一个视图注释的连接点。

③水平/垂直椭圆——绘制具有水平或垂直主轴的椭圆，并提示在椭圆上选取一个视图注释的连接点。

④样条——在父视图上显示详细视图部分的实际样条边界，并提示在样条上选取一个视图注释的连接点。

⑤ ASME94 圆——在父视图中显示详细视图部分的 ASME 标准的圆，并显示为带有箭头和详细视图名称的圆。

在【视图类型】中，还可以设置【视图名】等，读者可以自行练习。

本例选择【圆】作为父项视图上的边界标注类型，对所得详细视图的线型显示方式等进行设置，最终可得模型的视图如图 9-39 所示。

（5）保存文件。

图 9-38 【绘图视图】对话框（详细视图）

图 9-39 详细视图

9.3 剖视图的创建

为了清楚地表达零件的内部结构和形状,经常采用剖视图。创建剖视图时,需要在【绘图视图】对话框中的【截面】选项卡中指定横截面。在视图中的选择或创建新横截面之前,必须先定向该视图,以确定横截面是否平行于该视图的投影平面。

9.3.1 全剖、半剖与局部剖视图

创建全剖视图、半剖视图、局部剖视图的一般步骤如下：

（1）在视图创建或修改对话框——【绘图视图】对话框中选择【截面】选项。

（2）选择【2D 剖面】，启用 2D 横截面属性表，点击对话框中的 ➕ 按钮，创建一个新的剖视，如图 9-40 所示。如果模型中不存在 2D 横截面，则需要创建一个新 2D 横截面。创建一个新 2D 横截面的过程与零件中创建横截面的方法类似，在此不再赘述。如果模型中存在 2D 横截面，就可以选取这些现有横截面，也可创建新的横截面，已有横截面按字母顺序列出，有效横截面由【✔】指示，如图 9-40 中的 B 横截面；而【✖】表示该横截面不平行于当前视图的投影平面，不能作为当前视图的剖切面，如图中的 A 横截面和 C 横截面。

关于【3D 剖面】：使用在模型中创建的三维横截面可简化绘图内横截面的显示。可在任何常规、投影或详细视图中显示 3D 横截面，并可显示、修改工程图中这些横截面的横截面线。

关于【单个零件曲面】：通过使用实体表面或基准面组来创建单个零件中某曲面（通常为平面）的视图。单一零件曲面视图用线框显示选定曲面，但将拭除其他任何几何，包括基准、修饰特征和坐标系。

（3）【剖切区域】选项的设置。一旦选取了有效的横截面，可定义剖切区域的显示方式。从【剖切区域】列表中可选取以下样式：

①完全——将整个视图以横截面的形式显示，即全剖视图。

②一半——将视图的一半以截面的形式显示，另一半以完整形式显示，即半剖视图。

③局部——由用户绘制需要剖切的局部区域，即局部剖视图。

图 9-40 【绘图视图】对话框（截面）

④全部（展开）——显示一个展开的区域截面，使截面平行于投影平面。

⑤全部（对齐）——围绕某轴线旋转并展开全部的截面。

注意：一个视图中可以定义两个横截面，分别为【完全】和【局部】横截面，但同一视图中至多只能存在一个具有【完全】可见性的横截面。

（4）如果【剖切区域】设置为【一半】、【局部】或【全部（对齐）】时，必须定义放置参考。在表中单击黄色的参考收集器，然后在视图上选取适当的参考：

①一半——选取一个基准平面参考，参考需垂直于视图，选择后在表中列出参考名称。

②局部——选取点参考。确保点参考位于任何其他横截面断点样条的外部，几何名称会在表中列出，并显示在视图上。

③全部（对齐）——选取轴参考。偏移横截面的所有切割平面应包含参考轴，该参考轴的名称会在表中列出，并显示在视图上。

（5）如果选择了【一半】横截面，需单击分隔参考平面的某一侧来定义剖切侧。

如果选择了【局部】横截面，则应围绕要在视图中显示横截面的区域绘制样条曲线。绘制时应确保样条曲线不与其他横截面样条曲线相交，并且样条曲线要封闭，如果存在横截面断点，则它不应完全处于视图外边界的外部，单击鼠标中键，完成绘制。

（6）通过选取【模型边可见性】可控制模型边的显示。

①全部——显示横截面平面后面的模型边和横截面边。此时获取的视图相当于我国制图标准中常用表达方法的剖视图。

②区域——仅显示横截面边。此时获取的视图相当于我国制图标准中常用表达方法的断面图。

（7）通过单击 ✕ 可反向横截面的方向。反向横截面不会重定向视图中的模型，它只会更改切割平面模型材料被横截面所去除的一侧。

（8）如果需要，可在相关视图上对横截面进行标注。在横截面列表中拖动水平滚动条，单击【箭头显示】收集器，并在绘图上选取与该剖视图在投影方向上相互垂直的视图。单击 应用 按钮可以预览箭头和横截面名称等标注。剖视图中获取的标注，包括箭头、横截面名称等，可以进行移动、删除等操作。通过右击【箭头显示】收集器中的选项并选取【移除】，或者在绘图区域中直接删除，可删除箭头等剖视的标注。

（9）通过单击并重复步骤（2）至（7）可向绘图中添加其他 2D 横截面。

下面将通过实例来说明剖视图的创建过程。

【例 9-7】 剖视图的创建实例。

（1）打开模型"partexample2.prt"，如图 9-41 所示。该模型中已经用基准面 DTM1、DTM4 和 DTM7 分别建立了三个剖切面（截面），其名称分别为 A、B 和 C。

（2）新建一个绘图"drw_poushi"，模型选用上面第一步打开的模型，【指定模板】选择【空】，采用第一角投影。选择【插入】→【绘图视图】→【一般】（或单击工具栏中的 按钮）插入一般视图，选

图 9-41　零件模型

图 9-42　主视图

取适当参照定位视图,创建如图 9-42 所示的主视图。

（3）创建全剖的左视图。【插入】→【绘图视图】→【投影】,在主视图右边适当位置单击,建立左视图。

（4）双击左视图,激活【绘图视图】对话框,选择 2D 截面,点击 ⬛ 按钮,创建一个新的剖视,选择剖面 A。【剖切区域】选项选择【完全】。在剖面列表中拖动水平滚动条,单击【箭头显示】视图收集器,并在绘图上选取主视图为剖面位置及投影方向标注的视图,如图 9-43 所示。

（5）点击"确定"按钮,此时可建立全剖的左视图,如图 9-44 所示。

图 9-43　【绘图视图】对话框（剖面→箭头显示）

剖面A-A

图 9-44　全剖的左视图

（6）在左视图的剖视图中再作一个局部剖视,以表达左视图底板上的孔的结构,这种剖视的方法又称作"剖中剖"。采用这种表达方法时,两个剖面的剖面线应该同方向、同间隔,但要相互错开,并用引出线标注。具体步骤如下:

①点击【绘图视图】对话框中的 ⬛ 按钮（图 9-43 所示）,创建一个新的剖视。选择剖面 C 作为其剖切平面,【剖切区域】选项选择【局部】。

②系统提示"选取截面间断的中心点",在左视图右下角底板孔位置处选择一点。如图 9-45 所示。

③草绘样条定义局部剖视图的边界,点击 确定 按钮,得到图 9-46 所示的剖中剖。

（7）将主视图修改为半剖视图。双击主视图,激活【绘图视图】对话框,选择 2D 截面,点击 ⬛ 按钮,创建一个新的剖视,选择剖面 B 作剖切面。

（8）【剖切区域】选项选择【一半】,打开基准面显示,在【参照】收集器中选择 DTM1 作为半剖的分界面。在【边界】搜集器中可以选择要剖切的一侧。完成后按 确定 按钮,可建立如图 9-47 所示的半剖视图。

草绘样条

点选此位置

剖面A-A

图 9-45　选择局部剖的中心点位置

剖面A-A

C-C

图 9-46　剖中剖

（9）最后建立半剖的俯视图，先利用【投影】类型的视图来建立模型的俯视图。

（10）双击俯视图，激活【绘图视图】对话框，选择 2D 截面，点击 按钮，创建一个新的剖视，此时无直接可用的剖面，需要新建一个剖面。系统弹出剖截面创建菜单，如图 9-48 所示，将创建的剖截面名称设置为 D，并选择基准面 DTM6 作为剖截面。

A

剖面B-B

A

图 9-47　半剖视图

菜单管理器

▼ 剖截面创建

平面

偏移

单侧

双侧

单一

阵列

完成

退出

图 9-48　剖截面创建

（11）【剖切区域】选项选择【一半】，选择 DTM5 作半剖分界面，选取俯视图前侧作为剖切区域，完成后点击确定按钮退出。通过 Creo Elements/Pro 系统的【显示 / 拭除】对话框显示视图中所有的轴线，得到如图 9-49 所示的零件表达视图。

（12）保存文件。

9.3.2　创建旋转视图（斜剖视）

旋转视图相当于我国《机械制图国家标准》规定的机件常用表达方法中的斜剖视，下面将简要介绍该类型的视图的创建。

【例 9-8】　旋转视图的创建实例。

（1）打开模型 "xuanzhuanshitu.prt"，如图 9-50 所示，图中还显示了用于创建旋转视图的 "C" 剖截面。新建绘图文件 "drw_xuanzhuanshitu"。

剖面B-B

剖面A-A

剖面D-D

图 9-49　零件视图表达结果

"C"剖截面

图 9-50　零件模型

（2）分别利用模型中"A"剖截面和"B"剖截面创建局部剖的主视图和全剖的俯视图，并对视图显示作适当设置，如图 9-51 所示。

（3）点击【布局】选项卡→【模型视图】组下拉面板→【旋转视图】，系统提示"选取旋转截面的父视图"，选择前面创建的主视图作为其父视图。

（4）系统提示"选取绘制视图的中心点"，在主视图右上方适当位置点击，弹出如图 9-52 所示的对话框。

图 9-51 零件模型

图 9-52 【绘图视图】对话框（旋转视图）

（5）在【截面】列表中可以选取已有截面（剖截面）或创建一个新的截面,如果绘图中不存在 2D 剖面,则需要创建一个新 2D 剖面。由于本模型中已经创建了用于旋转视图的剖截面 C,我们直接选择该剖截面。点击 确定 按钮,即可建立如图 9-53 所示的旋转视图。

（6）保存绘图文件。

图 9-53 旋转视图

9.3.3 旋转剖、阶梯剖和剖面展开图

最后,我们再通过几个实例来简单说明旋转剖视图、阶梯剖视图及剖面展开图的绘制,这些剖视图都是由多个剖切面形成的。

旋转剖视图剖切面中可以包含圆柱剖切面,该圆柱剖切面的轴线必须与旋转剖的旋转轴线同轴。各个平面剖切面要通过旋转剖的旋转轴线,如果被剖开的结构为倾斜结构,则先将其旋转至与投影面平行,然后再向投影面上进行投影。这些剖视图中的剖切面(截面)既可以在模型中创建,也可以在设置视图剖面时创建,创建剖截面的类型是【偏距】,具体剖截面的创建方法请参考"4.8 小节——横截面的创建与编辑"中的相关内容。

【例 9-9】 旋转剖视图的创建实例。

(1)打开模型"xuanzhuanpou3.prt"。

(2)新建一个绘图文件"drw_xuanzhuanpou3",建立如图 9-54 所示的俯视图,视图类型为【一般】视图,显示视图中所有的轴线。

(3)执行菜单【文件】→【绘图选项】,弹出绘图参数【选项】对话框,设定绘图参数"show_total_unfold_seam"为"no",其默认值为"yes",如该参数设置为"yes",则在剖视图中显示剖切面之间的交线,而这不符合我国绘图标准,故设置该参数为"no"。

(4)插入一个【投影】视图类型的主视图。双击该主视图,进入【绘图视图】对话框,选择【2D 剖面】,剖面选择模型中创建好的"A",剖面 A 为模型中的"偏距"型剖面。【剖切区

图 9-54 俯视图

域】选择【全部（对齐）】,然后选择模型中的"A_2"轴作旋转剖的轴线,最后在【箭头显示】项参照中选择第（2）步中创建的俯视图。

（5）完成后按 确定 按钮,并通过 Creo Elements/Pro 系统的【显示／拭除】对话框显示视图中所有的轴线,可建立如图 9-55 所示的旋转剖视图,保存文件。

剖面A-A

图 9-55　旋转剖视图

【例 9-10】　阶梯剖视图的创建实例。

（1）打开模型"jietipou2.prt"。

（2）新建一个绘图文件"drw_jietipou2",建立如图 9-56 所示的左视图,视图类型为【一般】视图。

（3）设定绘图参数"show_total_unfold_seam"为"no"。

（4）插入一个【投影】视图类型的主视图。双击该主视图,进入【绘图视图】对话框,选择【2D 剖面】,剖面选择模型中创建好的"A",剖面 A 为模型中的【偏距】型剖面。【剖切区域】选择【完全】,【箭头显示】项参照中选择第（2）步中创建的左视图。

（5）设置【绘图视图】对话框【视图显示】选项中的【显示线型】为【消隐】,【相切边显示样式】为【无】。

（6）完成后按 确定 按钮,并通过 Creo Elements/Pro 系统的【显示／拭除】对话框显示视图中所有的轴线,可建立如图 9-57 所示的阶梯剖视图。

【例 9-11】　剖面展开图的创建实例。

（1）打开模型"zhankai.prt"。

（2）新建一个绘图文件"drw_zhankai",并建立模型主视图和俯视图,其中主视图和俯视图类型均为【一般】视图,通过【绘图视图】对话框中的【视图显示】选项卡,设置【显示

图 9-56　左视图　　　　　　　　　　　图 9-57　阶梯剖视图

线型】为【消隐】,【相切边显示样式】为【无】,并通过 Creo Elements/Pro 系统的【显示 / 拭除】对话框显示视图中所有的轴线,结果如图 9-58 所示。

（3）下面将俯视图修改为剖面展开图,双击刚建立的俯视图,进入【绘图视图】对话框,选择【2D 截面】,剖面选择模型中创建好的"A",【剖切区域】选择【全部（展开）】,【箭头

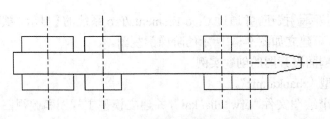

图 9-58　主、俯视图

显示】项参照中选择第（2）步中创建的主视图。

注意：剖面展开图只能在【一般】视图上进行，而不能在【投影】视图上进行，且创建剖面展开图的一般视图不能包含投影子视图。【一般】视图转为剖面展开图后，不能再作为投影视图的父视图，并且不能再恢复为【无剖面】视图。另外，与前面的旋转剖不同，剖面展开图不要求所有的剖切面都通过同一条旋转轴线。

（4）完成后按 确定 按钮，可建立如图9-59所示的剖面展开图。

（5）保存文件。

图9-60给出了利用同样的剖截面创建的【剖切区域】为【完全】的全剖主视图，与图9-59相对比，我们可以很容易地看出两者之间的差异。

图9-59　剖面展开图　　　　　　　　　　图9-60　剖视图

9.3.4　筋板纵向剖切的剖视图

我国《机械制图国家标准》规定，对于机件的肋（筋板）、轮辐及薄壁等，如按纵向剖切，这些结构均应按不剖来绘制，用粗实线将它与其邻接部分分开。而Creo Elements/Pro不能自动生成符合要求的筋板纵向剖切表达，解决这个问题的一个基本思路是：建立零件的简化表示，利用零件简化表示模型生成各个基本视图，然后在视图中将筋板相关的图形元素绘制出来，再编辑零件的简化表示，排除筋板特征，最后生成剖视图即可。下例说明了在Creo Elements/Pro中筋板等薄壁结构纵向剖切时剖视图表达的典型方法。

图9-61　绘图模型【打开表示】对话框

【例9-12】　筋板纵向剖切剖视图创建实例。

（1）打开模型"JinBanPouQie.prt"。

（2）点击【主工具栏】中的 ，在弹出的【视图管理器】对话框【简化表示】选项卡中，建立模型的简化视图——"RepJinBan"。

（3）新建一个绘图文件"drw_JinBanPouQie.drw"，不要使用缺省模板，格式为"空"，图纸A3横向。基本设置确认后，系统弹出绘图模型【打开表示】对话框，提示用哪一个简化表示进行图形的绘制，如图9-61所示，此处选择"REPJINBAN"，系统进入绘图模块。

（4）通过一个常规视图、两个投影视图，分别建立模型的主视图、俯视图和左视图，并通过模型中已经建好的"A"横截面将主视图全剖，如图 9-62 所示，显然主视图中筋板纵向剖切的剖视图不符合我国《机械制图国家标准》的规定。

（5）点击【草绘】选项卡→【插入】组→【使用边】▢，按住键盘上的 [Ctrl] 键，选择图形中与筋板特征相关边，如图 9-63 所示。

（6）选中主视图中的筋板边线，右击并在弹出菜单中选择【与视图相关】，然后再选择主视图，完成主视图中的筋板边线与主视图的相关，保证主视图移动时，这两条筋板边线会随之一起移动。类似的，完成另外两个视图中各个筋板边线与相应视图的相关。

截面A-A

图 9-62　模型的三视图

截面A-A

图 9-63　绘制筋板特征相关的边线

（7）激活"JinBanPouQie.prt"零件窗口，通过【视图管理器】对话框，编辑简化表示——"RepJinBan"，排除四两个筋板特征，如图 9-64 所示。在视图管理器中保存"RepJinBan"简化表示，并保存零件。

图 9-64　简化表示中排除掉左右筋板特征

（8）激活绘图文件"drw_JinBanPouQie.drw"，此时筋板剖切的剖视图已经规范表达出来。选择【注释】选项卡→【注释】组→【显示模型注释】，在【显示模型注释】对话框中选择【显示模型基准】→【轴】，按住键盘上的 [Ctrl] 键分别选择三个视图，最后在【显示模型注释】对话框中选中所有的轴线，如图 9-65 所示，点击 确定 按钮，即可完成视图中所有轴线的显示。图 9-66 给出了剖视图的最终表达结果。

图 9-65　显示模型中的轴线

图 9-66　剖视图表达结果

9.4　视图编辑

9.4.1　移动视图

为了调整视图在图纸上的位置，视图创建好后可以进行移动。在工程图初始创建时，视图移动设为锁定。在绘图区右击，弹出菜单中选择【锁定视图移动】项，或者通过【工具】|【环境】，设定【锁定视图移动】选项。图 9-67 表示了视图的移动和禁止移动两种状态，视图可移动时，其四角点和中心点上有可控制的图柄，如图 9-67（a）所示。

（a）可移动状态　　　　　　　　　　　　（b）不可移动状态

图 9-67　视图移动状态

移动视图的步骤是,先选中要移动的视图,设置视图为可移动状态,然后将鼠标置于要移动的视图上,鼠标形状变为✛时,可按下鼠标左键直接拖动视图。也可以在视图上右击,弹出如图 9-68 所示的菜单,或单击【编辑】→【移动特殊】,在弹出的【移动特殊】对话框中输入移动视图的 X 和 Y 的数值（如图 9-69 所示）,利用该对话框还可以将某个视图控制点移动到某目标捕捉点。

图 9-68　视图快捷菜单　　　　　　　　图 9-69　【移动特殊】对话框

在移动视图时,系统会自动保证视图之间的投影关系。【一般】视图、【详细】视图等可以自由移动,相关视图则会作相应的移动。而子视图为了保证与父视图的关系,一般只能沿一个方向移动。

9.4.2　修改视图

在工程图设计过程中,如果对设计的视图不满意,可以对其进行修改,可对视图类型、视图比例、视图名称、重定向、剖截面、边界等进行修改。由于修改操作是针对视图设计过程而设定的,其可修改内容与设计内容是对应的。而视图修改对话框就是前面的视图创建过程中多次出现过的【绘图视图】对话框,故不再做详细介绍。

在要修改的视图上双击,或者选中要修改的视图后单击右键,在弹出的快捷菜单中选择【属性】,即可打开【绘图视图】对话框。

（1）修改边界

修改边界是对局部视图或者详细视图的边界进行修改,其操作步骤如下:

① 双击要修改的视图,打开【绘图视图】对话框。

② 对于局部视图,进入【绘图视图】对话框的【可见区域】选项,在【样条边界】搜集器中单击,然后可以重新绘制样条边界。对于详细视图,进入【绘图视图】对话框的【视图类型】选项,然后在【父视图上的样条边界】搜集器中单击,最后在其父视图上重新绘制样条边界,绘制样条边界的过程和要求参见视图的创建。

③ 按 确定 或 应用 按钮即可。

（2）修改视图类型、名称等,操作步骤如下:

①双击要修改的视图,打开【绘图视图】对话框。

②在对话框中的【视图类型】选项中可以修改视图的基本类型、视图名称。

③在对话框的【可见区域】和【剖面】中可以进一步修改视图类型等。

（3）修改视图的比例

视图比例的修改只适用于【一般】视图和【详细】视图的视图比例,具体步骤如下:

①双击要修改的视图,打开【绘图视图】对话框。

②打开对话框中的【比例】选项,如图 9-70 所示,可在选项对话框中设定比例。

可在绘图中使用下列类型的比例:

●【页面的缺省比例】——根据缺省值确定绘图视图大小。如果不设置缺省值,Creo Elements/Pro 会根据页面尺寸大小和模型尺寸确定每一页面的缺省比例。该比例适用于未应用定制比例的视图或透视图。绘图页面比例显示在绘图页面的底部。

图 9-70 【绘图视图】对话框(修改比例)

●【定制比例】——使用在【定制比例】框中键入的定制值确定视图大小。修改绘图页面比例时,定制视图不变,因为比例因子是独立的。定制比例出现在每个视图的下方,在注释"比例＜值＞"中显示。

●【透视图】——使用来自模型空间的观察距离和视图直径(如 mm)的组合来确定视图大小。此比例选项仅适用于一般视图。

通过以上设置,即完成了视图比例的修改。修改了某个视图的绘图比例后,所有相关的父 / 子视图(投影视图、破断视图等)都会相应的更新,以保证投影关系。

（4）重定向视图

重新定向是指在视图已经根据相关参照定义完成后,想重新对视图进行定向所做的操作,该操作主要用于【一般】视图。具体步骤如下:

①双击要修改的视图,打开【绘图视图】对话框。

②在对话框中的【视图类型】选项中的【视图方向】设定栏中进行设定,如该视图存在子视图则弹出如图 9-71 所示的确认对话框。具体设定方法参见9.1.3 小节。

图 9-71　修改视图方向

修改视图方向后,相关的子视图投影方向及位置也会发生相应变化,以保持合理的投影关系。

（5）修改视图显示

【绘图视图】中对话框中的【视图显示】选项,主要用来设定视图中各种线、面的显示方式,具体设置步骤如下:

①双击要修改的视图,打开【绘图视图】对话框。

②打开对话框中的【视图显示】选项,如图 9-72 所示。

图 9-72　【绘图视图】对话框（视图显示）

③通过选取【显示样式】列表中的选项来设定隐藏边（不可见边）的显示方式：

● 缺省——使用【工具】|【环境】|【显示样式】或主窗口内【模型显示】工具栏中各视图显示样式图标中的设置。

● 线框——以线框形式显示所有边。

● 隐藏线——以隐藏线（系统设定为颜色较浅的线，可自行设定）显示不可见边。

● 消隐——从视图中不显示隐藏边。

● 着色——以着色的方式显示视图。

● 从动环境——由工具栏上的一组按钮——的当前状态决定视图的显示方式，并可通过点击这组按钮中的不同按钮来改变视图的显示方式。

④通过选取相切边显示样式来定义在模型上显示相切边的方式：

● 缺省——使用【工具】|【环境】|【相切边】中的设置。

● 无——不显示相切边，该选项符合我国制图标准。

● 实线——显示相切边。

● <edge_dimmed>灰色——以灰色显示相切边。

● 中心线——以中心线型显示相切边。

● 双点划线——以虚线显示相切边。

其他选项请读者参照有关资料自行练习。

9.4.3 拭除与恢复视图

在工程图模块中，拭除视图与零件模块中的特征隐含的作用类似，可将某些视图暂时隐藏，待需要时再将其恢复，具体操作如下：

（1）拭除视图的操作如下：

①点击【布局】选项卡→【模型视图】组下拉面板→ 拭除视图 。

②在绘图区选择要拭除的视图。

③如果在其他视图中有与所选视图相关的剖视图的标注、详图的标注等，则提示用户是否连同这些标注一起删除。

拭除视图的实例如图 9-73 所示。

图 9-73 拭除视图

（2）恢复视图的操作如下：

①点击【布局】选项卡→【模型视图】组下拉面板→ 恢复视图 。

②在弹出的菜单管理器中选择【恢复视图】。

③弹出图 9-74 所示的【视图】菜单管理器，从中可以选择要恢复的视图，也可以在绘图

图 9-74 【视图】菜单管理器（恢复视图）

区直接选择被拭除的视图（在绘图区被拭除的视图显示为一方框和该视图的名称）。如果要恢复所有被拭除的视图,可以在图 9-74 所示的【视图】菜单管理器中执行【全选】命令,要取消选择所有视图,可执行【取消选取全部】命令。

视图被恢复后将以先前的方式重新显示。

9.4.4 删除视图

将已经创建的视图从绘图区中删除,需要进行以下操作:

（1）在视图区选中要删除的视图。

（2）单击右键,在弹出的菜单中选择【删除】,或选择菜单【编辑】→【删除】,或直接按键盘上的【Del】键。

（3）删除视图时,如果该视图存在子视图,则提醒用户会将它们一并删除,在弹出的确认窗口中选择 按钮,完成对视图的删除。

注意: 视图删除之后不能恢复,所以必须谨慎。

9.4.5 修改剖面线

如果要修改剖面线的属性,可以通过右键单击视图中的剖面线,在弹出的快捷菜单中选择【属性】,或直接双击剖面线,可弹出【修改剖面线】菜单管理器,如图 9-75 所示,从中可对剖面线作如下修改:

（1）【间距】——设置修改剖面线的疏密程度。在【修改剖面线】菜单管理器中选择【间距】,然后在【间距】选项中选择、调整剖面线之间的间距,如图 9-76 所示。

（2）【角度】——用来设置剖面线的角度。选择了【角度】后,可以在下拉菜单中选择剖面线的角度或选择【值】,对剖面线角度进行输入。

（3）【偏移】——更改平行类型剖面线第二根线的偏移。

（4）【线造型】——用来设置剖面线的线条样式。选择了【线造型】后,弹出图 9-77 所示的【修改线造型】对话框,从中可以选择或设置剖面线的线型、宽度、颜色等。

（5）【新增直线】——在现有的剖面

图 9-75 【修改剖面线】菜单管理器

图 9-76 【修改剖面线】菜单管理器（间距）

线的基础上再添加剖面线。用户可以利用它来创建网格线或者其他线型。

（6）【保存】——可将当前的剖面线样式进行保存。

（7）【检索】——设置的剖面线样式，包括填充图案，系统提供的有铝、铜、电气、玻璃、铁等形式的剖面图案。机械零件剖面线填充图案一般为"铁"的表示方式，即一般用相互平行的 45 度斜线的方式。

图 9-77　【修改线造型】对话框

9.5　工程图的尺寸与注释

工程图中，除了各种视图外，尺寸、注释、公差等也是工程图中必不可少的部分。这些内容可以在视图上直接创建详细项目，也可以在视图上通过零件来创建。本节将介绍如何创建和编辑尺寸、公差、注释等。

9.5.1　标注尺寸

1.尺寸的显示 / 拭除

尺寸的显示有两种方法，分别是：

（1）使用模型树显示尺寸。使用模型树来显示尺寸是尺寸显示方法中最简便的一种方法，在模型树中，右键单击要显示尺寸的特征，则会弹出快捷菜单，如图 9-78 所示。

（2）使用【显示模型注释】对话框。通过模型树来显示尺寸一次只能选择性地显示某些选定的特征（组）的尺寸，而【显示模型注释】对话框能提供更多选项和控制方式。点击【注释】选项卡→【插入】组→ 📑，系统会弹出【显示模型注释】对话框，如图 9-79，通过该对话框中可以自动显示尺寸、几何公差、表面粗糙度等注释元素。

该部分操作相对容易，简单实例请参见 9.1.3 小节。

视图中得到尺寸、公差等对象后，可以通过鼠标拖动等方式改变这些对象在视图中的位置，可以在某个尺寸上右击，在弹出的快捷菜单中选择【反向箭头】改变箭头方向；在某尺寸箭头上右击，在弹出的快捷菜单中选择【箭头样式】，或点击【注释】选项卡→【格式化】

组→ 箭头样式...，即可弹出图9-80所示的【箭头样式】菜单管理器,利用该菜单管理器中的各菜单项可对箭头样式进行修改,这部分内容较多、较杂,但操作相对简单,易于理解,限于篇幅,在此不再详细介绍,读者可自行练习。

图 9-78 通过模型树来
显示尺寸

图 9-79 【显示 / 拭除】对话框

图 9-80 【箭头样式】菜
单管理器

2. 手工标注尺寸

通过【显示模型注释】对话框所标注的尺寸有时并不能按照用户的要求显示尺寸,这就要求用户手工标注尺寸。要使用手工标注,可以通过单击【注释】选项卡【插入】组中的【尺寸 - 新参考】及【尺寸 - 公共参考】、纵坐标尺寸】及【自动标注纵坐标尺寸】、【参考尺寸 - 新参考】、【参考尺寸 - 公共参考】等6个按钮来实现。

要标注线性尺寸,可以选择【注释】选项卡→【插入】组→【尺寸 - 新参考】,弹出【依附类型】菜单管理器,如图9-81所示。菜单管理器中各菜单项的含义如下:

图 9-81 【依附类型】菜单管理器

（1）【图元上】——可以直接在图形中选择图元进行标注。用鼠标左键选择要标注的第一个图元,继续选择另一个要标注的图元,用鼠标中键单击要放标注的位置,完成对尺寸的标注,如图 9-82 所示。也可以只选择一个图元,然后点击中键指定尺寸位置,如某直线段,则标注其长度。

图 9-82　标注尺寸

（2）【中点】——可通过获取图元的中点来进行标注尺寸。单击要标注的第一个图元,再单击要标注的第二个图元,单击鼠标中键选择标注的位置,最后在【尺寸方向】菜单管理器中选择【垂直】,如图 9-83 所示。

（3）【中心】——用于将尺寸附着在图元的中心,如附着在圆、孔、曲线、曲面等。具体的操作步骤与前面的操作类似。

图 9-83　利用图元中点进行标注尺寸

（4）【求交】——将尺寸的标注附着在两个图元的最近交点上,可以是虚焦点。

（5）【做线】——可以通过【2 点】、【水平直线】、【竖直线】3 种方式来创建导引线。

直径尺寸、半径尺寸、角度尺寸等的标注方法与草绘截面的标注方法相同,在此不再赘述。下面介绍一下基准方式标注的尺寸。

所谓基准方式标注就是允许用户将一些尺寸根据同一参照（公共参考）来进行标注,操作步骤如下:

（1）选择【注释】选项卡→【插入】组→【尺寸 - 公共参考】$\boxed{}$,弹出菜单管理器,从中选择【图元上】。

（2）选择第一个图元作为基准边。

（3）选择第二个图元进行标注。

（4）用鼠标中键选择标注放置的位置。

（5）分别选择第三、四、五个图元进行标注,并用鼠标中键放置尺寸,如图 9-84 所示。

图 9-84　按基准方式标注尺寸

3. 参照尺寸的标注

参照尺寸用于标注模型上相关结构的尺寸参考,其尺寸值由模型上的其他相关尺寸确定。我们不能通过修改参考尺寸值来驱动模型中相关特征的修改。标注了参考尺寸后,会在尺寸数值后出现"REF"字样。用户可添加线性、公共参照或纵坐标格式的参照尺寸,创建参照尺寸的步骤如下:

（1）选择【注释】选项卡→【插入】组→【参考尺寸 - 新参考】$\boxed{}$（其下拉的【参考尺寸 - 公共参考】$\boxed{}$的操作方法类似）,弹出【依附类型】菜单管理器。

（2）使用【依附类型】菜单管理器选择要标注参考尺寸的图元和方式:

①【图元上】:根据创建常规尺寸的规则,将该尺寸附着在图元的拾取点处,可以进行如下类型图元的选择:一条边;一条边和一个点;两个点（顶点）。

②【中点】:将尺寸附着到所选图元的中点。

③【中心】：将尺寸附着到圆边的中心。圆边包括圆几何（孔、倒圆角、曲线、曲面等）和圆形草绘图元。如果选择的是非圆形图元，则采用与选择【图元上】的操作相同的方式，将尺寸附着在该图元上。

④【求交】：将尺寸附着到所选的两个图元的最近交点处。

⑤【做线】：参照当前模型视图方向的 x 和 y 轴。

注意：要创建弧长驱动的尺寸，可选取弧的两个端点和中间点，然后选择【弧尺寸类型】→【弧长】。

（3）单击尺寸的起始和结束参照。如果选取了两个弧或圆，可使用【弧 / 点类型】菜单以执行以下操作之一：

①【中心】：创建弧、椭圆或圆中心之间的尺寸。

②【相切】：创建圆边、弧边或椭圆边之间的尺寸，在最靠近选择点的相切点处进行标注。

（4）中键单击以完成尺寸。此时仍然在尺寸模式中，可继续创建其他尺寸。

4. 尺寸编辑

尺寸编辑主要包括移动尺寸的位置和修改尺寸的属性。

尺寸的移动有两种方式，一种是在同一个视图内对尺寸进行移动，另一种是在视图间进行移动。第一种移动操作比较简单，只需选中所要移动的尺寸，然后直接按住左键拖动即可。第二种移动则相对复杂，具体操作如下：

（1）用鼠标选中要移动的尺寸。

（2）选择【注释】选项卡→【排列】组→ 移动到视图，或右击尺寸，在弹出菜单中执行相应的操作。

（3）选择尺寸移动的目标视图。

对尺寸的属性进行编辑操作方法是：选中一个或多个要编辑的尺寸，单击右键，在弹出的快捷菜单中选择【属性】，或者选择菜单【编辑】→【属性】，打开【尺寸属性】对话框，如图 9-85 所示。

图 9-85 【尺寸属性】对话框

●【属性】选项卡用来编辑尺寸的【值和显示】、【公差】、【格式】、【双重尺寸】等。

●【显示】选项卡用来编辑尺寸文本的前缀、后缀,设置尺寸箭头、尺寸界线的显示方式等。

●【文本样式】选项卡用来编辑标注文本的字体、高度、宽度、颜色、下划线等特征。

9.5.2 尺寸公差和几何公差

工程图模块中,执行菜单【文件】→【绘图选项】,然后设置参数"tol_display"为 yes 或 no,可以将公差显示设置为打开或者关闭。

设定公差标准的方法是,单击菜单【文件】→【公差标准】,从弹出的【公差设置】菜单管理器中选择【标准】,然后可以选择 ANSI 或 ISO/DIN 标准,如图 9-86 所示。

图 9-86 【文件属性】菜单管理器

关于公差设置中的【模型等级】和【公差表】选项:

●【模型等级】用来设置加工的精度,有【精加工】、【中】、【粗加工】、【非常粗糙】4 个选项。

●【公差表】用来设置 ISO 公差所采用的公差表。

几何公差用来设定零件上相关线、面的形状误差及这些线、面之间如何相互关联,如何检测零件,以确定其是否合格。在工程图模块、零件和组件模块中都可以创建几何公差。

要在工程图模块中创建几何公差,选择【注释】选项卡→【插入】组→【几何公差】，弹出如图 9-87 所示的【几何公差】对话框,从中进行设置操作。

图 9-87 【几何公差】对话框

某些几何公差的标注需要使用参照基准,参照基准的创建方法为:单击【注释】选项卡→【插入】组下拉面板→ 模型基准平面 按钮及其下拉的 模型基准轴 按钮,弹出如图 9-88、图 9-89 所示的【基准】(创建基准平面)、【轴】(创建基准轴)对话框。在这个对话框中,用户可以指定参考基准的名称、参考基准的位置、类型和放置方式等。

将几何公差添加到工程图中的一般步骤是:

(1)选择【注释】选项卡→【插入】组→，弹出【几何公差】对话框,如图 9-87 所示。

(2)在对话框中选择要创建的公差类型,如直线度、平面度等。

（3）在【模型参照】选项卡中选择要进行标注公差的模型，一般默认为当前的工程图所用的模型。

（4）在【参照】框中选择参照对象的类型并定义公差的参照图元（要为其定义公差的对象），在【放置】框中选择公差的放置方式并选择放置公差的参考对象。

（5）选择【基准参照】选项卡，对需要选择基准参照的公差标注选择参照基准。

（6）选择【公差值】选项卡，为尺寸设置公差值，同时可注明材料条件。

（7）选择【符号】选项卡，为公差选择符号，如【直径符号】、【统计公差】、【自由状态】等，单击 确定 按钮完成。

一个公差标注的实例如图 9-90 所示。

图 9-88　创建基准平面对话框

图 9-89　创建基准轴对话框

图 9-90　公差标注实例

9.5.3　添加注释

为了更加详细地说明一些信息，需要在视图中添加必要的注释和文本。

1. 制作注解

创建注释的基本步骤如下：

（1）点击【注释】选项卡→【插入】组→【注解】 ，弹出如图 9-91 所示【注释类型】菜单管理器，从中选择注释类型、注释内容的输入方法、注释的放置方向、指引线的形式、注释文本与所选位置点的关系、注释的样式等。

（2）单击【注解类型】菜单管理器中的【进行注解】，弹出【获得点】菜单管理器，如图9-92所示。通过该菜单管理器选择相应的图元或输入坐标，可确定注解的位置。

图 9-91 【注解类型】菜单管理器

图 9-92 【获得点】菜单管理器

（3）在【输入注解】提示框中输入要添加的注解。完成一行的输入后，按 Enter 键确定，信息栏会变成空白，如果要继续输入，则在空白处输入；如果要结束，只需按 Enter 键或点击【输入注解】提示框中的 ✔ 按钮即可。

一些特殊信息可采用如下方法输入：

①输入"&todays_date"可以自动增加日期的注释。

②输入"&scale"可以自动添加当前工程图的比例。

③输入"&dwg_name"可以添加当前视图的名称。

另外，还可以通过屏幕上的【文本符号】对话框为注释输入特殊符号，如图 9-93 所示。

如果在前面创建注释的第（1）步中选择了【带引线】类型的注解，则会弹出如图 9-94 的【依附类型】菜单管理器，从中可以选择指引线的指引对象类型、指引箭头形状等。

图 9-93 【文本符号】对话框　　　　　　　　**图 9-94 【依附类型】菜单管理器**

2. 创建球标注解

创建球标注解的操作步骤如下：

（1）执行【注释】选项卡→【插入】组→【球标注解】 ⚓ 。

（2）在弹出的【注解类型】菜单管理器中选择注释类型，然后单击【进行注解】。

（3）为球标选取注解的位置（如注解类型为【带引线】型，则需先输入要指引的对象）

（4）输入注解文本。

3. 注解的编辑

我们可以对注解进行剪切、复制、粘贴、移动等操作。一般先选中要编辑的注解，然后执行菜单【编辑】→【剪切】、【复制】或【粘贴】等操作，也可先选中注解，然后用鼠标直接拖动注释上的相关对象，完成对注解的移动，还可以先选中注解然后单击鼠标右键，利用弹出菜单对注解进行其他的编辑。

9.5.4　标注表面粗糙度

下面将在9.2.2中创建的剖视图——"drw_poushi.drw"中标注如图9-95所示的表面粗糙度，以说明工程图模块中创建表面粗糙度的一般操作过程。

（1）打开"drw_poushi.drw"。

（2）为了获得符合国家标准的粗糙度文字注解方向，在标注图形的第一个粗糙度符号之前需要设置绘图选项"sym_flip_rotated_text"为"yes"。

图9-95　表面粗糙度标注实例

（3）点击【注释】选项卡→【插入】组→【表面粗糙度】。

（4）由于是在图中第一次标注粗糙度符号，因而只能在图9-96所示的【得到符号】菜单管理器中选择【检索】。

图9-96　【得到符号】菜单管理器

（5）从图9-97所示的【打开】对话框中，双击【machined】目录，并选择该目录下的【standard1.sym】，单击对话框中的 确定 按钮。

（6）在图9-98所示的【实例依附】菜单管理器中选取附着类型，本例中选择【法向】，接着在工程图中选择要标注粗糙度的图元。选取【法向】方式时，如果参照图元为实体上的图元，则系统会自动将粗糙度符号标注在材料的外侧，如果参照图元为交互绘制的草绘图元，则系统会提示用户选择粗糙度符号所在的一侧。

（7）系统提示"输入 roughness_height 的值"，输入相应的表面粗糙度值即可完成一个符号的标注。

（8）循环第（6）步和第（7）步，直至完成所需的表面粗糙度符号的标注。

图9-97 【打开】对话框

图9-98 【实例依附】菜单管理器

9.6 工程图的表格与二维草绘

9.6.1 工程图中表格的绘制与编辑

工程图中经常需要创建一些表格,表格中可包含一些文本。下面介绍如何创建和编辑工程图中的表格。

1. 表格的创建

创建表格的步骤:

(1)点击【表】选项卡→【表】组→【表】▦,弹出如图9-99所示的【创建表】菜单管理器。

(2)在视图区选择表格左上角的放置位置。

(3)为表格的列选择宽度,定义完所有的列宽后,单击鼠标中键或选择【创建表】菜单管理器上的【完成】结束。

(4)为表格的行选择宽度,定义完所有的行宽后,单击鼠标中键或选择【创建表】菜单管理器上的【完成】结束。一个简单的表格实例如图 9-100 所示。

定义表格的列宽和行宽有两种方式：按字符数和按长度方式。

图 9-99　【创建表】菜单管理器　　　　　　图 9-100　表格实例

2. 表格的编辑

对表格可以执行如下操作：

（1）插入行 / 列。如果要在表格中插入行或列，点击【表】选项卡→【行和列】组→【添加行】按钮或【添加列】按钮，在表格中某行水平线或某列竖直线处点击，确定插入位置即可。

（2）合并单元格。如果要合并单元格，可以按住［Ctrl］键，选中要合并的单元格，点击【表】选项卡→【行和列】组→合并单元格...，完成对单元格的合并。如果要取消单元格的合并，先选择已经合并过的单元格，然后点击【表】选项卡→【行和列】组→取消合并单元格按钮即可。

（3）删除行或列。首先选中该行或该列的一个单元格，右击选择行或列，然后左键选中，最后按下 Delete 键删除即可。

（4）移动表格。要移动表格，首先要选中要移动的表格，然后拖动表格到要移动的位置即可。

（5）保存表格。表格创建好以后，可以给其他的工程图使用，这时可以将表格保存起来。具体操作是：选择要保存的表格，点击【表】选项卡→【表】组→另存为表 按钮，弹出【保存绘图表】对话框，选择要保存表的位置和名称后，对表进行保存。另存为表 按钮还包含了另外两个下拉列表选项——另存为 csv 和另存为文本，可以分别将表格保存为"逗号分隔值"文件（*.csv，可用电子表格应用程序或文本编辑器打开，用该格式保存表将忽略表格的行高、列宽等信息）和文本文件（*.txt）。

（6）打开表格。选择【表】选项卡→【表】组→表来自文件... 按钮，然后选择表文件（*.tbl 文件或 *.csv 文件）以及表的插入位置即可。

（7）编辑单元格的高度和宽度。要编辑单元格的高度和宽度需要执行的操作是，选中要编辑的单元格右击，在弹出菜单中选择【高度和宽度】；或选择要编辑的单元格后，执行【表】选项卡→【行和列】组→ 高度和宽度...，对单元格的宽度和高度进行编辑。

（8）添加和编辑文字。要在表格中添加文字，可以通过以下操作实现：

①双击单元格，或在单元格上右击，在弹出的快捷菜单中选择【属性】，弹出如图 9-101 所示的【注释属性】对话框。

②在文本窗口中输入要编辑的文字。

③如需编辑文字的格式，可以通过【文本样式】选项卡来编辑。

图 9-101 【注释属性】对话框

9.6.2 工程图中的二维草绘

在工程图模块中允许用户自行绘制二维工程图，下面将作简要介绍。

1. 草绘环境的设置

在进行二维图草绘之前，需要设置工程图草绘环境。草绘环境的常用设置如下：

①设置栅格，单击【草绘】选项卡→【设置】组→ 绘制栅格 ，弹出【栅格修改】菜单管理器，在【栅格修改】菜单管理器中选择【栅格参数】，弹出如图 9-102 所示的【栅格参数】菜单管理器，进行相应的设置后，单击【完成／返回】退出设置。

②设置捕捉，单击【草绘】选项卡→【设置】组→ 草绘器首选项，进入【草绘首选项】对话框（如图 9-103 所示），在该对话框中进行相应的选择即可。

图 9-102 【网格修改】及【网格参数】菜单管理器

图 9-103 【草绘首选项】对话框

2. 图元草绘

用户通过图 9-104 所示的【草绘】选项卡→【插入】组内的各绘图工具,在绘图区域进行二维图形的绘制,具体绘制方法可参见第二章的相关内容。

3. 编辑草绘

可以对所绘制的二维图元进行平移、旋转、延伸等操作。

(1) 在二维平面图中平移图元有以下方法:

①点击【草绘】选项卡→【排列】组→【平移】 ✛。

②选择一个或多个要平移的图元,直接拖动,或鼠标右键点击选中的图元,在弹出的快捷菜单中选择【移动特殊】。

图 9-104　绘图工具

(2) 要旋转图元可以执行下列操作:

①点击【草绘】选项卡→【排列】组→【旋转】。

②选择一个或多个要旋转的图元。

③弹出如图 9-105 所示的【获得点】菜单管理器,在绘图区指定一点作为旋转的中心。

④输入要旋转的角度后,完成对图元的旋转。

(3) 要拉伸图元可以执行下列操作:

①点击【草绘】选项卡→【修剪】组→【拉伸】。

②选择要拉伸的图元。

③接下来要执行的步骤与执行平移图元的步骤类似。

(4) 除了可以通过右击选定的图元,通过快捷菜单中的相关命令来对图元进行复制以外,在同一张图中还可以通过【平移复制】和【旋转复制】来实现图元的平移阵列或旋转阵列复制,具体步骤如下:

图 9-105　【获得点】菜单管理器

①点击【草绘】选项卡→【排列】组下拉面板→ 平移并复制 或 旋转并复制。

②选择一个或多个图元,以完成对图元的复制。

③其他操作与图元的平移和旋转相同。

(5) 对图元的镜像可以通过如下步骤来实现:

①点击【草绘】选项卡→【排列】组下拉面板→ 镜像 。

②选择要镜像的图元。

③选择镜像中心线,完成对图元的镜像。

9.7　绘图模板的应用

工程图模板在工程图格式文件的基础上进一步扩充绘图管理和视图生成等功能,除了具有格式文件定义图纸大小、图纸方向、绘图边框、表格等所有功能特性外,还具有如下主要功能特性:定义视图及视图布局、定义视图的显示模式、定义技术说明及注释、放置工程图符号、创建尺寸对齐线、显示工程图尺寸等。通过工程图模板的定义和使用,可以极大提高绘图效率,减少重复工作。本小节通过一个简单的实例,说明创建和使用工程图模板的一般方法和步骤。

9.7.1 创建工程图模板

下面建立一个 A3 幅面的零件图模板,通过这个实例,我们可以举一反三地建立企业实际应用中所需的各种工程图模板。

【例 9-13】 创建工程图模板

(1) 设置 Creo Elements/Pro 选项"drawing_setup_file"为 Creo Elements/Pro 安装目录下的"...\text\iso.dtl"。

(2) 将当前工作目录设置为"…\CreoElementsChap9"。

(3) 新建绘图文件,名称中输入"A3_PART_DRW_TEMPLATE",在【新建绘图】对话框中,设置【默认模型】为空白,【指定模板】为"空",【方向】为横向,【大小】为 A3。

(4) 点击菜单【应用程序】→【模板】,系统进入模板编辑模式。

(5) 插入绘图边框。模板文件中的图框、标题栏等内容可以通过草绘、表格等进行绘制,也可以插入在其他文件中生成的图框。此处我们插入 AutoCAD 中绘制号的 A3 图框,点击【布局】选项卡→【插入】组下拉面板→ 导入绘图/数据 ,在文件打开对话框中选择"A3_Format.dwg"文件,接受插入图形的默认设置,插入后的图形如图 9-106 所示(如果看不到插入的图形,请注意当前系统颜色显示设置)。

(6) 生成视图模板。点击【布局】选项卡→【模型视图】组→ 模板视图... ,弹出如图 9-107

图 9-106 插入图框后的工程图

所示的【模板视图指令】对话框,点击对话框左侧的【视图选项】下的选项,在对话框右侧【视图值】区域可以进行相关选项的设置,图 9-108 说明了【尺寸】选项的相关设置。依次创建以下四个视图模板:

图 9-107 【模板视图指令】对话框(视图状态)　　**图 9-108** 【模板视图指令】对话框(尺寸)

①主视图:视图类型为"一般";视图方向为"FRONT";模型显示设置为"隐藏线";"相切边显示"设置为"不显示切线";显示尺寸,增量间距和初始偏移分别为 5 和 10。

②俯视图:视图类型为"投影";投影父视图名称为"主视图";模型显示设置为"消隐";"相切边显示"设置为"不显示切线";显示尺寸,增量间距和初始偏移分别为 5 和 10。

③左视图:视图类型为"投影";投影父视图名称为"主视图";模型显示设置为"消隐";"相切边显示"设置为"不显示切线";显示尺寸,增量间距和初始偏移分别为 5 和 10。

④轴测图:视图类型为"一般";视图方向为"标准方向";模型显示设置为"消隐";"相切边显示"设置为"切线实线";不显示尺寸。

插入四个模板视图后的图形如图 9-109 所示。通过视图状态中"横截面"等选项的设置,可以自动完成剖视图等类型的视图生成,但该选项不具有一般性,限于篇幅,在此不再赘述,读者可自行练习。

(7) 设置相关绘图选项。点击【文件】菜单→【准备】→【绘图属性】,点击【绘图属性】对话框中【详细信息选项】后的【更改】,弹出绘图【选项】对话框。通过绘图【选项】对话框,进行如下关键绘图选项的确认或设置:将"projection_type"设置为"first_angle";将"lead_trail_zeros"选项设置为"std_metric";"tol_display"选项设置为"no";将"witness_line_offset"设置为 0;将"text_orientation"设置为"iso_parallel";将"view_scale_format"设为"ratio_colon_normalized";将"view_scale_denominator"设为 120。其余绘图选项可以根据实际需要进行设置。

(8) 在标题栏表格中设置相关信息。为标题栏表格输入零件和工程图中的相关参数和文本,可以一劳永逸地自动生成相关标题栏信息。点击【注释】选项卡→【插入】组→【注

图 9-109   插入四个模板视图

解】,随后弹出【注解类型】菜单管理器,通过该菜单管理器,设置图 9-110 所示的 6 个无引线注解,注解文本样式中"水平"选项设置为"居中",同时注意各个选项文本的高度设置。6 个无引线注解分别为:零件名称:"&Description";图号或零件代号:"&Dwg_No";设计日期:"&todays_date";材料:"&material";重量:"&mass";比例:"&scale"。其他标题栏中的参数可以类似地提取,如果要提取的参数不是零件或工程图的初始参数,可以在零件中建立这些参数并为其赋值即可。

完成后,保存绘图模板文件。类似地,可以进行装配图模板设计,装配图中除了视图、标题栏等内容外,还包括明细表等,明细表也可以自动生成,参见陈功、孙海波编著的《Creo_Parametriec2.0 三维造型及其应用》9.6.2 等小节。

标记	处数	分	区	更改文件名	签名	年、月、日		中国矿业大学	
							&Description	工设 ｜2-｜	
设计				标准化		&todays_date			
制图							阶段标记	重量	比例
审核								&material	
工艺				批准			DRAWING SCALE		
							共 张 第 张	&Dwg_No	

图 9-110   输入 6 个参数

9.7.2 创建零件模板

为了能在零件图及装配图中顺利提取零部件的名称、重量、材料、数量等信息,必须保证所有零件都具有相同的基本属性,如单位、基本参数、参数值等,使用合适的零件模板可以高效、准确地帮助我们建立和管理这些零件图和装配明细表中所需的各项基本信息。

(1)将当前工作目录设置为"…\CreoElementsChap9"。基于系统提供的"mmns_part_solid.prt"模板,新建一个零件文件,零件名称为"startpart.prt"。

(2)更改系统单位

装配明细表中,零件重量的单位为 kg,因此需要设置模型的系统单位。

①点击【文件】菜单→【属性】,在弹出的【模型属性】对话框中,点击【单位】项后面的【更改】,弹出如图 9-111 所示的【单位管理器】对话框。

②点击【单位管理器】对话框中的 新建… 按钮,在【单位制定义】对话框中输入或设置如下信息,【名称】:"mmKGS",【长度】:"mm",【质量】:"kg",【时间】:"sec",【温度】:"C",如图 9-112 所示。点击对话框中的 确定 按钮,返回【单位管理器】对话框。

③在【单位管理器】对话框中点击前面建立的"mmKGS",并点击 ➡设置… 按钮,在随后弹出的【更改模型单位】对话框中,接受默认的【转换尺寸】选项,点击 确定 按钮。

④点击【单位管理器】对话框 关闭 按钮,将零件的系统单位设置为"mmKGS"。

说明:在"mmKGS"单位系统中,力的单位是毫牛(0.001N)。

图 9-111 【单位管理器】对话框

图 9-112 【单位制定义】对话框

(3)建立模型的基本参数

①点击菜单【工具】→【参数】,系统打开【参数】对话框。

②模板文件中自带两个参数:"Description"和"Modeled_By",其中"Description"参数将用于零件名称的描述,我们在建立每一个零件时,需要通过该参数设置零件的名称,在后续的装配明细表及标题栏中的"名称"栏也才能获得相应的零件名称信息。

③通过点击【参数】对话框中的 ➕ 按钮,新增 4 个参数,如表 9-1 所示,完成后的参数如图 9-113 所示。

表 9-1 新增的 4 个参数

名 称	Material	Mass	Dwg_No	Note
含义	材料	重量	代号	备注
类型	字符串	实数	字符串	字符串

图 9-113 【参数】对话框

（4）设置零件的材料

因为钢材（steel）是最普通，最常用的零件材料，所以将模板零件定义为钢材，对于不是钢材的零件，可以在具体零件中修改它的材料属性。只有设置了材料的零件，才能根据材料的密度和体积等信息，计算出零件的重量。

在建立零件时，需要输入前面建立的材料参数"Material"，此值可以和零件材料属性有所区别，如材料属性为"钢材（steel）"时，参数"Material"可以为"45# 钢"、"铸钢"、"HT150"，因为它们的密度基本一致，不影响重量的计算。

点击【文件】菜单→【属性】，在弹出的【模型属性】对话框中，点击【材料】项后面的【更改】，在弹出的【材料】对话框中选择"steel.mtl"，并点击 ▶▶▶ 按钮，最后点击 确定 按钮，如图 9-114 所示，并关闭【模型属性】对话框。

图 9-114 【材料】对话框

（5）计算零件重量

为了能够让系统实时、自动计算材料的重量,需要在零件模板的 program 中进行相关设置。

①点击菜单【工具】→【程序】,在系统弹出的图 9-115 所示的【程序】菜单管理器中选择【编辑设计】→【从模型】,并在随后【确认】对话框中点击 是(Y) 按钮。

②在系统弹出的 Program【记事本】窗口中,在文件最后"MASSPROP"和"END MASSPROP"之间添加一个新行,并输入"PART STARTPART",如图 9-116 所示。

说明:只要 PART 后的名称和当前零件的名称一致,零件重新生成时,就可以自动计算当前零件的重量。

图 9-115 【程序】菜单管理器

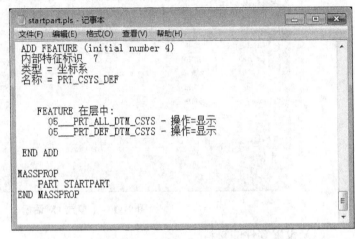

图 9-116 Program【记事本】窗口

③分别点击【记事本】中的【文件】→【保存】和【文件】→【退出】,在随后【确认】对话框中点击 是(Y) 按钮。

④点击【程序】菜单管理器中的【完成 / 返回】。

（6）建立参数与零件重量之间的关系。

点击菜单【工具】→【关系】,在系统弹出的图 9-117 所示的【关系】窗口中输入

图 9-117 【关系】窗口

"mass=mp_mass（""）"，将零件的重量赋值给参数"mass"，点击 确定 按钮。

说明：通过关系获取重量参数 mass 的值时，如果一次重新生成零件或工程图，看不到正确的结果，只需再次重新生成零件或工程图一次即可。如果输入关系式时，出现"此模型的质量属性还未计算"错误提示时，可以先点击菜单【分析】→【ModelCHECK】→【ModelCHECK 再生】，对模型质量属性等进行再生即可。

（7）保存并关闭"startpart.prt"文件，可以将文件保存于"Creo Elements/Pro 安装目录\templates"目录中。

（8）点击菜单【工具】→【选项】，在系统弹出的 Creo Elements/Pro【选项】对话框中，找到"template_solidpart"选项，在编辑框中将零件模板设置为刚保存的"startpart.prt"文件。最后将选项设置以"config.pro"为文件名保存于 Creo Elements/Pro 启动目录或"Creo Elements/Pro 安装目录 \text"目录中。

接下来我们以新的零件模板为基础建立产品的各个零部件。零部件建立后，需要输入 description、material、Dwg_No、Note 等参数值，必要时需要设置零件的材料属性，而零件重新生成后，可以通过参数 mass 获取当前零件的重量信息。

9.7.3 使用工程图模板

【例 9-14】 使用工程图模板生成工程图。

（1）打开"…\CreoElementsChap9"目录下的"ZhiZuo.prt"。该零件是基于 9.7.2 小节中创建的零件模板"startpart.prt"进行建立，因而包含了工程图自动信息提取所需的 Dwg_No、material、mass 等参数。

（2）为了在工程图中获得正确的日期显示格式，需要设置 Creo Elements/Pro 选项"todays_date_note_format"（注意：非绘图选项）为"%yyyy 年 %m 月 %d 日"。

（3）新建绘图文件"drw_ZhiZuo"，不使用默认模板，进入【新建绘图】对话框，在【指定模板】中选择【使用模板】，点击【模板】区域中的 浏览... ，找到前面保存好的模板文件"a3_part_drw_template.drw"，如图 9-118 所示，点击【新建绘图】对话框中的 确定 。

通 过 设 置 Creo Elements/Pro 选 项"template_drawing"为"a3_part_drw_template.drw"，并 将 选项设置结果以"config.pro"为文件名保存于 Creo Elements/Pro 启动目录或"Creo Elements/Pro 安装目录 \text"目录中，前面制作的模板文件就将作为 Creo Elements/Pro 缺省的工程图模板文件。

（4）系统自动生成零件图，我们只要做少许的后续修改，便可以完成该零件图的绘制，如图 9-119所示，自动生成的标题栏如图 9-120 所示。

（5）保存文件。

图 9-118 【新建绘图】对话框

图 9-119　基于绘图模板自动生成的零件图

标记	处数	分	区	更改文件名	签名	年、月、日			支座			中国矿业大学 工设12-1
设计	陈功				标准化		2016年 7月4日	阶段标记		重量	比例	
制图										40.164	1：5	YouBeng-00-08
审核												
工艺					批准			共　张　第　张				

图 9-120　基于绘图模板自动生成的标题栏

9.8　工程图的打印输出

工程图的打印输出是工程设计中的一个必要环节,在 Creo Elements/Pro 软件中,无论是在零件(Part)模式、装配(Assembly)模式还是在工程图(Drawing)模式下,都可以选择下拉菜单【文件】→【打印】,或点击工具栏中的打印按钮 ,进行打印出图。

9.8.1　Creo Elements/Pro 打印出图的注意事项

Creo Elements/Pro 的打印出图应注意以下一些事项：

（1）打印操作前，应该在 Creo Elements/Pro 的系统配置文件（config.pro）中进行必要的打印选项设置。

（2）在选用打印机时应注意：

①在零件（Part）模式、装配（Assembly）模式下，如果模型是线框状态（即当显示方式按钮 ⬚、⬚ 或 ⬚ 被按下时），打印出图时，一般选择系统打印机（MS Printer Manager）；如果模型是着色状态（即当显示方式按钮 ⬚ 被按下时），一般不选系统打印机，而是选择【普通模型彩色 Postscript】。

②在工程图（drawing）线框模式下，一般选择系统打印机（MS Printer Manager）；如果工程图显示在着色模式下，一般选择【普通模型彩色 Postscript】。

（3）隐藏线在屏幕上显示为灰色，在打印输出到图纸上时为虚线。

9.8.2　Creo Elements/Pro 工程图打印输出步骤

Creo Elements/Pro 中打印工程图的主要步骤如下：

（1）打开工程图文件，假设其图纸幅面为 A2。

（2）选择下拉菜单【文件】→【打印】，弹出图 9-121 所示【打印机配置】对话框。

图 9-121　【打印机配置】对话框——【目的】选项卡

（3）在上面的【打印机配置】对话框中进行如下操作，单击对话框【目的】选项卡中【打印机】后面的 ⬛ 按钮，在弹出菜单中选择打印机类型，如【MS Printer Manager】。

下面对【打印机配置】对话框中的一些其他项目作如下简要说明：

①【页面】框：如果一个模型的工程图分多个页面，则在【目的】选项卡中会出现【页面】框，该框可控制打印哪些页面，具体选项有【全部】、【当前】、【范围】。在 Creo Elements/

Pro 中可通过点击工程图界面下方工具栏中的 按钮,实现新页面的添加,也可以通过菜单【编辑】→【删除】→【删除页面】来删除一些页面,每一个页面可以绘制一张模型的工程图纸。

②【份数】框:用来指定打印的份数,最多可打 99 份。

③【绘图仪命令】框:用来键入操作系统的出图命令(可从系统管理员或工作站的操作系统手册获得相关命令),或者使用默认的命令。

(4)打开【打印机配置】对话框【页面】选项卡,如图 9-122 所示,在该选项卡中可以定义和设置图纸的幅面、偏距值、图纸标签和图纸单位,其中:

①【尺寸】框:用以指定打印纸的大小,用户可选取标准幅面或自定义幅面大小。需要指出的是,用户选择的打印页面的大小可以和图纸的实际幅面不一样,在后面【模型】选项卡中可以进一步选择打印方式或缩放打印处理。

②【偏移】框:用户通过该框可输入基于绘图原点的偏移值,通过偏移值可调整工程图在图纸上的实际打印位置。

③【标签】框:用户可选择是否包括标签、标签的高度等,标签的内容包括:用户名称、图纸名称、日期等。

④【单位】框:用户定义可变的打印幅面时,可通过该框选择不同的长度单位,包括【英寸】和【毫米】。

图 9-122 【打印机配置】对话框——【页面】选项卡

(5)打开【打印机配置】对话框【打印机】选项卡,如图 9-123 所示,该选项卡中可以选择笔参数文件、信号交换、旋转图纸等,其中:

①【笔】框:可决定是否使用默认的绘图笔线条文件和绘制的速度。

②【信号交换】框:用于选择绘图仪的初始化类型。

③【页面类型】框:用于指定纸的类型,包括 Sheet(平纸,例如复印纸)和 Roll(卷纸)

图 9-123 【打印机配置】对话框——【打印机】选项卡

两种。

④【旋转】框:用于指定图形绘制的旋转角度。

⑤【字体】框:选择打印字体。

(6)打开【打印机配置】对话框【模型】选项卡,如图 9-124 所示,在该选项卡中可以定义和设置打印类型、打印比例、打印质量等,其中:

①【出图】框:通过该框中的【出图】下拉列表,可以选择以下出图类型:【全部出图】是指创建整个幅面的出图;【修剪的】是指创建指定区域的出图打印,用于需交互指定绘图区域的边界框;【在缩放的基础上】(系统默认的选项)是指创建经过缩放和修剪的图形,比例和修剪基于当前图形窗口的纸张尺寸和缩放设置;【出图区域】是指将修剪框中的区域移到纸张的左下角,并调整修剪区域,使之与用户定义的比例相匹配,在出图区域内也将缩放和平移屏幕因子考虑在内;【纸张轮廓】(该选项仅在工程图的模式下有效)是指在指定纸张大小的绘图纸上创建特定大小的出图,例如对于尺寸大于 A0 幅面的工程图,如果要在 A4 幅面的纸张上打印,可选用此项;【模型大小】(该选项仅在零件和装配模式下线框打印时有效)是指将出图调整到指定的模型比例,如果输入 0.5,系统将按照 1:2 的比例创建模型的图形。

②【出图】框中的【比例】输入框中可以输入工程图的打印比例,范围可从 0.01 到 100。

③【层】框:用于通过 Creo Elements/Pro 中的层来选择打印对象,包括打印所有可见层中的对象和指定层内的对象两种方式。

④【质量】框:用于设置出图时重叠线的检测质量。

(7)打印配置完成后,点击【打印机配置】对话框中的 确定 按钮,将弹出图 9-125 所示的【打印】对话框,单击该对话框中【名称(N):】后的下拉箭头,在弹出菜单中选择合适的打印设备,然后点击 确定 按钮,即可进行打印。

Creo Elements/Pro 三维造型及应用

图 9-124 【打印机配置】对话框——【模型】选项卡

图 9-125 【打印】对话框

9.9 工程图绘图环境的设置

要更好地利用工程图,必须掌握工程图的绘图环境的设置。Creo Elements/Pro 系统环境的设置由环境配置文件"config.pro"进行管理。如果 Creo Elements/Pro 启动时在其启动目录、本地目录(即启动目录的上一级目录)或"Creo Elements/Pro 安装目录\text"目录中没有找到文件"config.pro"、"config.sup"等文件,Creo Elements/Pro 则加载系统缺省选项,对于工程图的环境配置则自动应用"Creo Elements/Pro 安装路径 \text"目录中的"prodetail.dtl"文件进行设置。

9.9.1　绘图环境设置的方法

对工程图绘制环境的设置主要有以下三种方法：

（1）进入绘图模块：选择菜单【文件】→【绘图选项】，然后在弹出的【选项】对话框中选择要修改的选项，输入选项的值，然后点击 添加/更改 按钮，所有选项的设置完成后，点击对话框中的 确定 或 应用 按钮即可。此处所做的设置一般只对其后的绘图有效。

（2）点击菜单【工具】→【选项】，弹出如图 9-126 所示的对话框，去除【仅显示从文件加载的选项】，找到【drawing_setup_file】选项，在编辑框中输入工程图配置文件及路径，如："d: \proefiles \my_config.dtl"，点击保存按钮 ，以"config.pro"为文件名将当前环境配置保存于 Creo Elements/Pro 启动目录中。然后在记事本中编辑刚才指定的工程图配置文件（如"d:\proefiles\my_config.dtl"文件），修改、设置相关的绘图选项。Creo Elements/Pro 重启时，自动应用上面指定的工程图配置文件进行绘图环境的设置。需要注意的是，"config.pro"文件应在 Creo Elements/Pro 的启动目录而不是当前工作目录下。

图 9-126　【选项】对话框

（3）退出 Creo Elements/Pro，直接编辑"Creo Elements/Pro 安装路径 \text"目录中的"prodetail.dtl"文件，修改、设置相关的绘图选项，然后重启 Creo Elements/Pro 即可。注意，如果已经用第 2 种方法指定了其他文件（如"my_config.dtl"文件）来配置工程图绘制环境，则此处修改"prodetail.dtl"文件不再有效。

9.9.2　配置绘图环境的主要选项

绘图环境配置中有很多选项，详细内容读者可参考 Creo Elements/Pro 的帮助文件。本章前面已经介绍过一些选项，如"projection_type"、"show_total_unfold_seam"、"tol_display"等，下面再列出一些常用选项：

（1）Draw_arrow_style，设置箭头式样，包括三个选项：closed、open、filled。控制所有涉及箭头的绘图项目，包括尺寸、注释、3D 注释、几何公差、符号和球标的引线等，按照我国国家制图标准，应将其设置为"filled"。

（2）Text_orientation，控制绘图中尺寸文本的显示，包括五个选项：horizontal, parallel, parallel_diam_horiz, ISO_parallel, ISO_parallel_diam_horiz，一般应将其设置为"ISO_parallel"。

（3）Circle_axis_offset，设置圆的十字线超出圆边缘的距离，一般应将其设置为 3。

（4）Text_thickness，为后面要绘制的文字和现有的文字线条宽度未改变的文字设置文字线条宽度，值在 0 到 0.5 之间，默认值为 0。

（5）Text_width_factor，设置文本宽度和高度的比例，值在 0.25 到 0.8 之间，默认值为 0.8。

（6）Draft_scale，确定绘图比例，默认值为 1.0。

（7）Drawing_units，确定绘图所采用的单位，包括 inch, foot, mm, cm, m。按照我国国家制图标准，一般应将其设置为"mm"。

（8）Drawing_text_height，设置文本的缺省高度，包括尺寸标注中文本的缺省高度，一般设置其为 3.5。

较为详细的工程图配置参见本教材附录。

附　录

常用配置文件

绘图环境设置 config.pro

名　称	说　明	参　考　值
绘图环境 spin_center_display	视图中不显示旋转中心符号	no
bell	关闭键盘提示铃声	no
menu_translation	同时显示中英文菜单	both
Default_abs_accuracy	默认的绝对零件精度	0
trail_dir	将轨迹文件保存到指定目录	
pro_material_dir	零件材料库目录	
pro_font_dir	直接调用 Windows 系统的中文字体	C:\WINNT\Fonts
pro_editor_command	直接调用 Windows 系统的中文字体	
BOM_FORMAT	BOM 格式文件 *.fmt	
start_model_dir	零件／组件模板目录	
template_designasm	组件模板文件 *.asm	
template_solidpart	零件模板文件 *.prt	
pro_format_dir	工程图格式文件目录	
template_drawing	工程图模板文件 *.drw	
drawing_setup_file	缺省的工程图配置文件 *.dtl	
pro_plot_config_dir	打印机配置文件 *.pcf	
pen_table_file	打印笔配置文件 *.pnt	

工作目录一栏对应 trail_dir 至 pen_table_file 各行。

工程图常用配置

名　称	说　明	参　考　值
文本 drawing_text_height	工程图中缺省文本高度	3.5
text_thickness	缺省文本粗细	0
text_width_factor	文本的宽度因子	0.7
broken_view_offset	破断视图中破断处偏距	3
create_area_unfold_segmented	使局部的剖视图的尺寸与全部展开的剖视图中的尺寸显示相似。该选项只对新的视图起作用	Yes
def_view_text_height	视图中说明文本的缺省高度	3.5
def_view_text_thickness	视图中说明文本的缺省宽度为 0	0
detail_circle_line_style	局部放大图的包围圆线型为实线	Solidfont
detail_view_circle	局部放大图的包围圆为显示	On
half_view_line	半剖视图中对称线显示方式为 ISO 标准	symmetry_iso

名　　称	说　　明	参考值
视图显示 model_display_for_new_views	创建视图时模型线显示采用环境缺省设置	Default
projection_type	视图投影方向为我国国标的第一角投影	First_angle
tan_edge_display_for_new_views	视图中相切边的显示为不显示	NO_disp_tan
view_scale_denominator	与 view_scale_format 确定视图比例的分母	100
view_scale_format	视图比例显示方式为比值形式	RATIO_COLON
剖面及箭头 crossec_arrow_length	剖切符号箭头长度	4
crossec_arrow_style	箭头显示为尾部接触剖面线	Tail_online
crossec_arrow_width	箭头尾部宽度	1
crossec_text_place	文本显示在箭头上部	Above_line
cutting_line	剖切符号连线显示为 ISO 标准	STD_ISO
cutting_line_segment	剖切符号长度	5
def_xhatch_break_around_text	剖面线沿注释文本环绕	yes
def_xhatch_break_margin_size	剖面线与注释文本距离	1
show_quilts_in_total_xsecs	剖视图中不显示曲面几何	no
图元显示 datum_point_shape	基准点显示	Dot
datum_point_size	基准点大小	1
hidden_tangent_edges	视图中隐藏相切边的显示	Default
thread_standard	螺纹孔积聚投影时的显示方式	STD_ISO_IMP
尺寸显示 allow_3d_dimensions	轴测图中不显示尺寸	no
angdim_text_orientation	角度尺寸的放置	Parallel_above
blank_zero_tolerance	公差为 0 时不显示公差值	Yes
chamfer_45deg_leader_style	倒角尺寸的导引类型为 ISO 样式	STD_ISO
dim_fraction_format	分数尺寸显示方式	STD
dim_leader_length	外侧显示箭头时超过尺寸界限的距离	5
dim_text_gap	尺寸文本到尺寸线的距离	1
display_tol_by_1000	公差显示值是否乘以系数 1000	no
draft_scale	显示尺寸与实际长度的比例	1
draw_ang_units	角度尺寸显示为度数	Ang_deg
parallel_dim_placement	尺寸文本平行显示时处于尺寸线上方	Above
text_orientation	尺寸文本的显示方向为与尺寸线平行	Parallel_diam_horiz
tol_display	不显示尺寸公差	no
witness_line_delta	尺寸界线超过尺寸线的距离	2
witness_line_offset	尺寸线与标注对象之间的间距	8

续表

名　　称	说　　明	参　考　值
	draw_arrow_length	尺寸线上箭头长度	4
尺寸线	draw_arrow_style	尺寸线上箭头显示方式	Filled
	draw_arrow_width	箭头尾部宽度	1
	leader_extension_font	尺寸延长线的线型	SOLIDFONT
轴线	axis_line_offset	轴超出其实体的距离	5
	circle_axis_offset	圆的十字轴线超出边缘的距离	5
	radial_pattern_axis_circle	径向阵列特征时采用圆形轴线	Yes
公差	gtol_datums	参照基准所遵循的标准	STD_ISO_JIS
	gtol_dim_placement	尺寸公差框显示于尺寸值下方	ON_BOTTOM
	new_iso_set_datums	按 ISO 标准显示基准	Yes
明细栏	2d_region_columns_fit_text	不允许自动调整二维重复区域的大小	no
	def_bom_balloons_attachment	球标指引线指向零件的表面	Surface
	def_bom_balloons_snap_lines	沿视图周围创建捕捉线	Yes
	def_bom_balloons_stagger	球标是否交错显示	no
	def_bom_balloons_view_offset	球标到视图边界的缺省距离	10
	def_bom_balloons_edge_att_sym	指引线端点连接到边时显示为实心点	Filled_dot
	def_bom_balloons_surf_att_sym	指引线端点连接到曲面时显示为实心点	Filled_dot

打印机配置文件 *.pcf

名　　称	说　　明	参　考　值
allow_file_naming	输入出图文件的名称	Yes
button_name	绘图仪配置文件的名称	自己命名,如 hp500
delete_after_plotting	不创建用于后续打印的 postscript 文件	no
interface_quality	全面检查所有边为出图收集有相同的笔颜色的线	3
pen_slew	参考产品说明书设置绘图仪笔速	待定
pen_table_file	打印笔配置文件 *. pnt	
plot_access	创建新的出图文件	create
plot_clip	不设定特定出图区域,全部出图	no
plot_drawing_format	采用特定格式出图	Yes
plot_linestyle_scale	点划线线型的比例因子	0.5
plot_names	采用 .plt 作为出图扩展名	no
plotter	设置缺省绘图仪名称	如 hp500

打印笔配置文件 *.pnt

名　　　称	说　　　明
pen 1 color 0.0 0.0 0.0; thickness 0.04 cm	白色,粗实线出图
pen 2 color 0.0 0.0 0.0; thickness 0.015 cm	黄色,细实线出图
pen 3 color 0.0 0.0 0.0; thickness 0.015 cm	隐藏线,细实线出图
pen 4 color 0.0 0.0 0.0; thickness 0.015 cm	红色,细实线出图
pen 5 color 0.0 0.0 0.0; thickness 0.015 cm	绿色,细实线出图
pen 6 color 0.0 0.0 0.0; thickness 0.015 cm	青色,细实线出图
pen 7 color 0.0 0.0 0.0; thickness 0.015 cm	灰色,细实线出图
pen 8 color 0.0 0.0 0.0; thickness 0.015 cm	蓝色,细实线出图

参 考 文 献

1. 孙海波，陈功 .Pro/ENGINEER WildFire4.0 三维造型及应用 . 南京：东南大学出版社，2013.7
2. 陈功，孙海波 .Creo Parametric2.0 三维造型及应用 . 南京：东南大学出版社，2014.7